PDM/PLM及应用系统集成技术

李少波　刘　丹　编著

机 械 工 业 出 版 社

本书全面汇集了作者在产品生命周期管理领域的研究成果及企业工程实践项目实施经验，以产品生命周期管理为核心，系统阐述了PDM/PLM系统的关键支撑技术、PLM系统的数据管理、PDM/PLM系统的主要功能、PLM的实施方法，以及产品生命周期中的应用系统集成技术。

本书可作为机械工程、计算机科学等相关领域的工程技术人员和科研人员的实用工具书，也可以作为智能制造专业本科生、研究生的相关课程用书及教学参考书。

图书在版编目（CIP）数据

PDM/PLM及应用系统集成技术/李少波，刘丹编著. —北京：机械工业出版社，2024.4（2024.12重印）

ISBN 978-7-111-75217-2

Ⅰ. ①P… Ⅱ. ①李… ②刘… Ⅲ. ①工业产品－计算机辅助设计－应用软件 Ⅳ. ①TB472-39

中国国家版本馆CIP数据核字（2024）第048272号

机械工业出版社（北京市百万庄大街22号 邮政编码100037）
策划编辑：雷云辉 责任编辑：雷云辉 侯 颖
责任校对：王小童 王 延 封面设计：马精明
责任印制：张 博
北京雁林吉兆印刷有限公司印刷
2024年12月第1版第2次印刷
169mm×239mm·16印张·302千字
标准书号：ISBN 978-7-111-75217-2
定价：119.00元

电话服务
客服电话：010-88361066
010-88379833
010-68326294

网络服务
机 工 官 网：www.cmpbook.com
机 工 官 博：weibo.com/cmp1952
金 书 网：www.golden-book.com
机工教育服务网：www.cmpedu.com

前言 Preface

随着下一代通信网络、云计算、物联网等新一代信息技术的迅猛发展，信息技术与制造技术相融合，形成了制造业信息化新的核心使能技术，包括新一代集成协同技术、制造服务技术、制造物联技术等，给制造业信息化发展注入了新内涵、新活力，也为制造业信息化支撑制造业和国民经济发展增添了更强的手段。在制造业快速发展的大趋势下，我国制造业要应对全球竞争、转型升级、绿色低碳的巨大挑战，实现从制造大国走向制造强国。迫切需要加快发展高端制造，促进制造业转型升级，占据产业制高点；迫切需要实现从“生产型制造”向“服务型制造”转变，占据产业价值链的高端；迫切需要打造集团企业全球协作、精细管控和绿色低碳制造模式，推动中小企业集群发展并融入产业链；迫切需要企业信息化与工业化的深度融合，由传统制造向智能制造转变，由中国制造向中国创造转变。以上几个迫切需要，对制造企业充分利用数字化成果，增强自主创新和协同创新能力提出了更高要求。

对于制造企业而言，虽然各种单元的计算机辅助技术已经日益成熟，但都自成体系，彼此之间缺少有效的信息共享和利用，形成所谓的“信息孤岛”；并且随着计算机应用的飞速发展，各种数据也急剧膨胀，对企业的相应管理形成巨大压力：数据种类繁多、数据重复冗余、数据检索困难、数据的安全性及共享管理成为企业亟待解决的问题。许多企业已经意识到，实现信息的有序管理将成为在未来的竞争中保持领先的关键因素。在这一背景下产生的产品数据管理（Product Data Management，PDM）为实现产品开发过程信息的有序管理提供了技术手段和实现系统。近年来，随着产品生命周期管理（Product Lifecycle Management，PLM）理念的提出，PDM 的概念和功能得到延伸。PLM 提供信息集成平台，实现产品生命周期中的数字化工具的集成使用，把 PDM 和其他系统整合成一个大系统，以协调产品研发、制造、销售和售后服务的全过程，缩短产品的研发周期，促进产品的柔性制造，全面提升企业产品的市场竞争力。

目前，许多企业对 PDM 和 PLM 的理念、功能、实施和应用方法仍然不是十分清楚，导致出现需求不清、认识和准备不足、项目延期甚至搁浅的情况。

因此，对于 PDM 和 PLM 的实施与应用来讲，基于高校的教育培训是很有必要的，对 PDM 和 PLM 的理念、功能、实施方法等方面的专业的、系统的培训也是十分必要的。除此之外，PDM 和 PLM 计划对于高校培养创新型人才具有非常重要的意义。PDM 和 PLM 作为一项对产品从研发到制造的整个生命周期进行管理的技术手段，学生在学校期间，如果能够对其核心思想进行体验，将对提升他们的创新意识作用显著。

本书以产品生命周期管理技术为核心。第 1 章对 PDM/PLM 技术进行了概述；第 2 章详细论述了 PDM/PLM 系统的关键支撑技术，如标准化技术、信息编码技术等；第 3 章对 PLM 不同阶段的数据管理技术和思想进行了深入阐述；第 4 章介绍了 PDM/PLM 系统的主要功能；第 5 章结合工程应用实际，讲述了 PLM 的实施方法；第 6 章介绍了 PLM 与 CAx 系统的集成技术，以及 PLM 与 ERP、MES 系统的集成技术。

本书内容讲解深入浅出，具有很强的理论与实践指导作用，具体特点有：基于最新的 PLM 技术现状和发展趋势，以及信息集成中应用的最新技术规范等知识，确保内容能与目前的技术趋势保持一致；将理论知识与 PDM/PLM 在企业中的实施相结合，对具备 PLM 核心功能的典型 PLM 系统进行剖析，融入了编著者在企业实施 PDM/PLM 系统得到的各种经验，贴合实际需求，强调 PLM 应用方面的技术和知识，避免理论与实际脱节；集成了 PLM 领域的最新科研成果及企业工程实践项目实施经验，使本书内容更具新颖性和实用性。

本书可作为机械工程、计算机科学等相关领域的工程技术人员、科研人员的实用工具书，也可以作为智能制造专业本科生、研究生的相关课程用书及教学参考书。

本书由贵州大学的李少波教授、刘丹副教授共同撰写，其中，第 1 章、第 5 章由李少波撰写，第 2 ~4 章、第 6 章由刘丹撰写。在此，对支持本书相关研究工作的国家科技支撑计划课题、贵州省重点科技攻关项目表示衷心的感谢。感谢西门子成都创新中心提供相关技术资料，感谢贵州大学现代制造技术教育部重点实验室（http://amt. gzu. edu. cn）、机械工程学院（http://mech. gzu. edu. cn）智能制造科研团队杨观赐、何玲、陈家兑等同志的帮助。

由于编著者水平有限，书中难免存在不足，恳切希望广大读者批评指正。

编著者

目录

Contents

前言

第1章 概论 …… 1

1.1 PDM/PLM技术产生的背景 …… 1

1.2 PDM的定义和内涵 …… 8

1.2.1 PDM的定义 …… 8

1.2.2 PDM的内涵 …… 9

1.3 PDM系统的体系结构和功能 …… 10

1.3.1 PDM系统的体系结构 …… 10

1.3.2 PDM系统的功能 …… 12

1.4 PDM的发展历程和演化 …… 14

1.4.1 PDM的发展历程 …… 14

1.4.2 PDM的演化 …… 16

1.5 产品生命周期的阶段划分和解决方案 …… 19

1.5.1 产品生命周期的阶段划分 …… 19

1.5.2 产品生命周期解决方案——PLM …… 24

1.6 PLM与PDM …… 25

1.6.1 PLM的概念和内涵 …… 25

1.6.2 PLM与PDM的关系 …… 27

1.7 PLM系统的技术体系和软件架构 …… 28

1.7.1 PLM系统的技术体系 …… 28

1.7.2 PLM系统的软件架构 …… 31

1.8 PLM系统的核心功能和核心作用 …… 33

1.8.1 PLM系统的核心功能 …… 33

1.8.2 PLM系统的核心作用 …… 34

1.9 PLM的发展趋势 …… 34

第 2 章 PDM/PLM 系统的关键支撑技术 …… 46
2.1 制造企业产品数据管理标准化技术 …… 46
2.1.1 产品数据接口与交换标准 …… 47
2.1.2 产品资源描述和共享标准 …… 55
2.1.3 PDM/PLM 系统开发相关标准 …… 62
2.1.4 PDM/PLM 系统实施相关标准 …… 63
2.2 PDM 编码技术 …… 63
2.2.1 PDM 中信息分类编码的意义 …… 63
2.2.2 零部件编码原则 …… 64
2.2.3 零部件编码的类型 …… 65
2.2.4 面向 PDM 的零部件编码技术 …… 66
2.3 产品生命周期数据模型 …… 70
2.3.1 概述 …… 70
2.3.2 产品生命周期数据模型构建技术 …… 71
2.3.3 面向对象的产品生命周期数据模型 …… 74
2.3.4 面向 PLM 的产品对象模型 …… 75
2.3.5 面向 PLM 的组织对象模型 …… 90
2.3.6 面向 PLM 的过程对象模型 …… 93
2.4 产品数据的存储管理 …… 95
2.4.1 电子仓库 …… 95
2.4.2 物理数据的存储方式 …… 98
2.5 PDM 系统的体系结构 …… 99
2.5.1 基于 C/S 结构的 PDM 系统体系结构 …… 99
2.5.2 基于 C/B/S 结构的 PDM 系统体系结构 …… 100

第 3 章 PLM 系统的数据管理 …… 103
3.1 概述 …… 103
3.1.1 产品数据对象的版本与版次 …… 103
3.1.2 物料清单 …… 105
3.2 产品设计生命周期的数据管理 …… 110
3.2.1 产品需求数据管理 …… 111
3.2.2 产品设计数据管理 …… 115
3.3 产品制造生命周期的数据管理 …… 126
3.3.1 产品工艺数据管理 …… 127
3.3.2 产品制造数据管理 …… 132

3.4 产品使用生命周期的数据管理 …… 133
3.4.1 产品使用生命周期阶段数据的主要内容 …… 135
3.4.2 产品使用生命周期数据组织结构模型 …… 136
3.4.3 产品使用生命周期以BOM为核心的集成管理框架 …… 138

第4章 PDM/PLM系统的主要功能 …… 142
4.1 概述 …… 142
4.2 PLM系统的通用功能 …… 144
4.2.1 文档管理功能 …… 144
4.2.2 零部件管理功能 …… 156
4.2.3 产品结构与配置管理功能 …… 160
4.2.4 项目管理功能 …… 164
4.2.5 产品开发过程管理功能 …… 167
4.3 PLM系统的其他功能 …… 173
4.3.1 系统工程与需求管理功能 …… 173
4.3.2 制造管理功能 …… 176
4.3.3 维护管理功能 …… 177
4.4 基于PLM的产品开发流程 …… 181
4.4.1 项目准备 …… 181
4.4.2 方案设计 …… 183
4.4.3 总体设计 …… 189
4.4.4 详细设计 …… 191

第5章 PLM的实施方法 …… 197
5.1 概述 …… 197
5.2 PLM实施的需求、目标及效益分析 …… 198
5.2.1 企业需求挖掘 …… 199
5.2.2 企业实施的目标 …… 199
5.2.3 PLM的效益评价 …… 200
5.3 PLM系统的选型 …… 202
5.3.1 PLM系统选型要考虑的因素 …… 202
5.3.2 PLM系统选型原则 …… 204
5.3.3 PLM系统选型步骤 …… 205
5.4 PLM系统实施的特点、原则和步骤 …… 207

5.4.1 PLM 系统的实施特点 …… 207
5.4.2 PLM 系统的实施原则 …… 208
5.4.3 PLM 系统的实施步骤 …… 209
5.5 PLM 应用成熟度分析 …… 214
5.6 典型行业 PLM 需求要点分析 …… 220
5.6.1 专用设备制造行业 PLM 需求要点分析 …… 220
5.6.2 电子行业 PLM 需求要点分析 …… 221
5.6.3 汽车制造行业 PLM 需求要点分析 …… 222
5.6.4 船舶行业 PLM 需求要点分析 …… 225
5.6.5 轨道交通行业 PLM 需求要点分析 …… 228

第 6 章 产品生命周期中的应用系统集成技术 …… 230
6.1 概述 …… 230
6.2 PLM 与 CAx 系统的集成 …… 231
6.2.1 PLM 与 CAx 系统的集成模式 …… 231
6.2.2 PLM 与 CAD 的集成 …… 232
6.2.3 PLM 与 CAPP 的集成 …… 235
6.2.4 PLM 与 CAM 的集成 …… 236
6.3 PLM 与 ERP、MES 系统的集成 …… 237
6.3.1 PLM 与 ERP、MES 集成的必要性分析 …… 237
6.3.2 PLM 与 ERP、MES 的集成模式 …… 238
6.3.3 PLM 与 ERP 的集成 …… 239
6.3.4 PLM 与 MES 的集成 …… 245

参考文献 …… 248

第1章 概 论

当企业的产品变得更加智能、人与物之间开始实现互联、个性化定制消费观念实现了消费者与生产厂家的信息对接时，新的产品创新模式也在不知不觉中逐渐形成，这些都促使制造企业不得不去重新思考如何推进新时代的产品创新，如何适应在产品生命周期越来越短的竞争环境中满足客户越来越个性化的产品需求。

从设计到服务、从供应链到资金再到人力资源、从产品使用维护到报废回收，产品数据如今变得无处不在。如何利用好这些数据，让这些数据发挥出应有的价值？如何将客户的需求与产品相连？企业应采用什么方式进行内外部的设计协同？

随着制造业智能制造战略的稳步推进，产品生命周期管理（Product Lifecycle Management，PLM）作为智能制造中一项不可缺少的技术，其核心作用日益凸显，并成为以上问题的解决方案，未来将在智能制造中发挥越来越重要的作用。为了对 PLM 技术有一个概要的了解，本章将首先针对 PLM 的前身——产品数据管理（Product Data Management，PDM）技术及 PLM 产生的背景开展介绍，然后在介绍 PDM 相关技术的基础上，介绍 PLM 的概念和内涵、技术体系及软件结构，并对智能制造模式下的发展趋势进行展望。

1.1 PDM/PLM 技术产生的背景

1. 知识经济推动信息交流与管理

人类社会离不开信息交流与沟通。信息交流的方式与程度倍受社会环境、文化氛围及经济基础的影响与制约。未来学家托夫勒曾指出：人类社会发展的第三次浪潮中出现了“知识经济”这样一种新的经济范畴。知识经济极大地推动了人类社会的发展，并促使社会产生了五大变化：资本性质的变化、生产方式的变化、就业方式的变化、生产速度的变化、产品价格的变化。其中，生产方式的变化意味着大规模集约化生产方式已不是最先进的生产方式。世界上已有很多新型企业以灵活多变的方式根据客户不同的需求组织生产。这种生产方式的特点可概括为“高速度、低库存”。它以科学的管理、有效的运作来随时接受订单、随时生产，并且不需要为此增加成本。

生产速度的变化意味着那些看似成本低但生产周期过长的产品和企业将被淘汰。在第三次浪潮中，“快速达到既定目标”对企业显得越来越重要。时间（现在）的任何一瞬都比前一瞬更值钱，因为现在的一瞬可以比以前做更多的事情。从这个意义上来说，高效、准时比低廉的劳动力更重要。对企业来说，“Time to Market”（上市时间）永远是第一位的。

上述生产方式和生产速度两方面的变化导致了人们观念的变化及生产行为的变化，变化的显著特点是强调科学的管理。管理离不开信息，离不开 IT 技术。人们必须寻求一种有效的工具和手段，建立起高效实用的信息管理体系，以对产品数据和企业工作流程实施有效的管理。

2. 制造型企业产品信息管理的现状及问题

制造业是一个国家经济发展的支柱，是国民收入的重要来源。无论在工业发达国家还是新兴工业国家，制造业都起着不可替代的作用。华中科技大学杨叔子院士认为：制造业是国家的战略性产业；高度发达的制造业，是实现工业化的必备条件，是衡量国家国际竞争力的重要标志，是决定国家在经济全球化竞争中国际分工地位的关键因素。

进入 21 世纪，经济全球化的浪潮风起云涌，世界科技进步突飞猛进，制造业面临着更加复杂的市场环境，主要表现为：①产品生命周期缩短；②价格和利润正在下降；③产品复杂性提高；④产品多样性增加。企业面临亟须提升产品附加值，缩短产品上市周期，满足客户个性化需求的巨大压力。

为了适应快速变化的市场环境，早在 20 世纪六七十年代，制造业企业在产品设计和生产过程中就开始使用 CAD、CAM 等技术，并进行了生产模式（从按库存生产到按订单生产、按订单组装或按订单设计）的转变，数字化技术在产品研发、制造和管理过程中得到了较为广泛的应用。数字化技术的应用，集中体现在缩短新品上市时间、增加产品品种、快速满足定制需求、降低产品成本、提高产品质量、降低运营成本、改善客户关系、加强对供应商的管理、机构扁平化等诸多方面，极大地增强了企业的综合竞争能力。

随着各种计算机应用系统在企业中的广泛应用，也出现了许多亟待解决的问题：

1）企业信息交互、传递缺少统一平台，存在大量的“信息孤岛”，效率低、准确性差。

2）知识经验得不到有效积累，技术资料只限于静态的管理，查询、复用困难。

3）设计周期、制造周期不断缩短，而对质量的要求更加严格，急需优化业务流程。

与此同时，由于企业在信息化过程中采用了不同软件供应商提供的 CAD、CAE、CAPP、CAM、PDM 等系统，业务部门的信息系统面临以下问题：

1）随着客户需求个性化，产品大类和产品规格不断变化，同一类产品各种客户又有不同的设计，以致现有的 CAD 系统成为产品工程师从事高强度、低技术的绘图工具。现有的产品开发环境和 CAD 系统不能满足这种持续变化的需求。

2）对于产品设计，CAD 软件与 CAPP 系统之间不能进行数据共享和交互，造成数据的重复，对设计的准确性造成影响，工作效率较低。

3）没有统一的产品生命周期管理平台，很难实现知识的积累和复用，造成重复设计的工作量很大，产品在客户处总是出现同样或类似的故障，或者生产的工艺水平不能持续改进提高。

4）企业中各种产品、零部件和文档都没有统一编码，各业务系统之间交互没有统一性，销售部门和售后服务部门难以查找、利用产品设计与制造过程中的信息。

5）各种 CAx 系统在实施时无法实现与其他业务系统（如 ERP 等）的数据传递，系统没有很好的扩展性。

6）ISO 标准规定的研发流程落实不彻底。

要克服这些发展中的困难，企业首先应通过构建 CAD、CAE、CAPP 等技术系统及与 ERP、MES、CRM、SRM 等管理系统的一体化集成系统，以快速增强产品研发能力、缩短研发周期、快速响应市场要求。具体要实现以下目标：

1）实现产品设计、工艺、生产数字化。

2）将 CAD、CAPP、车间生产管理系统有机整合在统一的数字化平台上。

3）通过项目管理控制产品设计、工艺、生产的过程。

4）实现产品数据与文档集中有效的管理，使产品数据可全过程共享和利用。

5）实现可视化审批，优化产品设计、工艺、生产过程。

6）实现产品创新过程的高效协作，保护企业知识资产。

7）支持企业向智能制造转型。

3. 产品形成过程的重要性及存在的问题

（1）*产品形成过程的重要性*　本书所指的产品形成过程即为通常所说的产品开发过程和产品设计过程。产品形成过程是产品生命周期的核心组成部分，其对产品的生产周期、产品的成本和产品的质量等具有十分重要的影响。

1）产品形成过程对产品生产周期的影响。因为订单生产型企业的产品必须按照客户的特殊需求进行开发或设计，所以产品形成过程很长，有些甚至超过整个产品交货期的60%（如工业汽轮机产品）。产品形成过程过长会造成两个严重的后果：一是产品交货期过长，从而使企业失去很多订单；二是如果必须保证定制产品在比较短的周期内交货，那么只能压缩产品的制造时间，从而影响了产品的质量，因为从某种程度上可以说，产品的质量是需要用时间来保证的。

2）产品形成过程对产品成本的影响。产品形成过程是降低产品总成本的重要环节。为了了解产品的开发设计、生产准备与加工、原材料与外购件的采购、管理和销售等部分工作的工时成本对产品总成本的影响，德国工程师协会（Verein Deutscher Ingenieure，VDI）曾经对一些企业做过调查。调查结果表明，虽然产品形成过程的成本大约只占产品总成本的6%，但对产品总成本的影响却占了70%左右（见图1-1）。这是因为，产品的形成过程决定了产品的工作原理、零部件的数量、结构尺寸和材料选用等对产品加工和使用有重大影响的因素，因而对产品的总成本造成了很大的影响。做好对产品形成过程的管理，是降低产品总成本的重要切入点；做好对产品形成过程的管理，就抓住了降低产品总成本的源头。

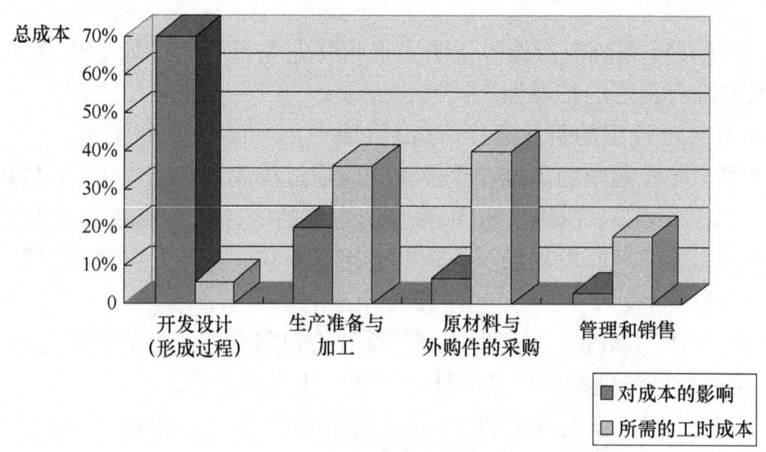

图1-1　产品形成过程在成本上的重要性

（来源：祁国宁，萧塔纳，顾新建，等著.《图解PDM》）

3）产品形成过程对质量的影响。根据统计，约75%的产品质量问题是由产品形成过程引起的，而约80%的质量问题的修改工作是在产品制造阶段或后续阶段完成的。处理质量问题的时间越滞后，所引起的连带质量问题就越多，处理质量问题所需要的费用也就越高。如何尽可能地避免发生质量问题和尽可能早地发现及处理质量问题，都对产品形成过程提出了更高的要求。

（2）*产品形成过程中存在的主要问题*　目前，制造企业的产品形成过程中存在的主要问题有：

1）不能准确地了解客户的需求。

2）CAD 系统仅被作为绘图工具，缺乏设计方法学的支持。

3）不能充分利用已有的零部件资源。

4）缺乏有效的数据管理和过程管理系统。

上述问题造成了产品开发设计人员始终处于极为被动的状态：没有足够的时间和精力考虑产品的系列化、标准化和长远发展规划；无法检索到可以通用或可以作为变型设计参考资料的技术文件。于是，新的零部件不断地被“设计”出来，源源不断地进入生产过程，造成零部件和文档数量过度增长、制造过程难以控制、工艺装备数量增加、生产成本提高、交货周期延长等严重后果。

图 1-2 简单描述了产品形成过程中的信息集成。

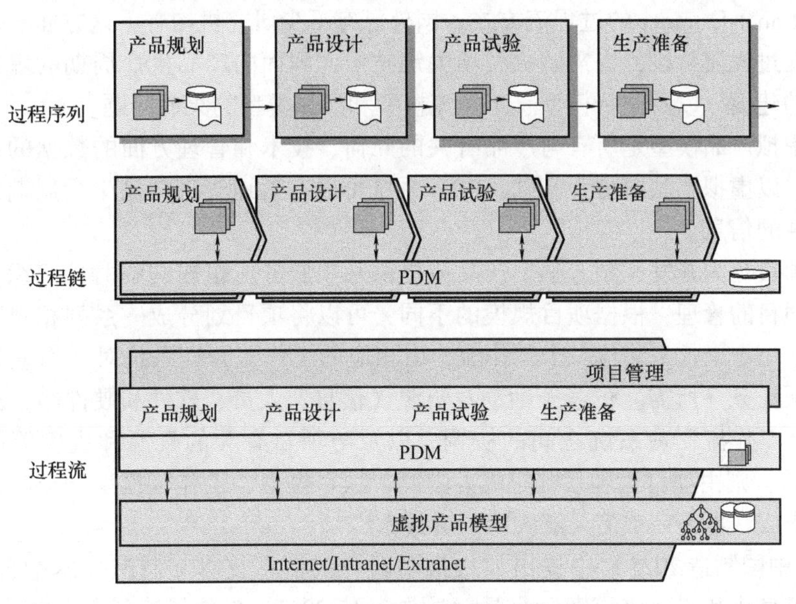

图 1-2　产品形成过程中的信息集成

一般情况下，可以将产品的形成过程分成产品规划、产品设计、产品试验和生产准备等几个相互关联的步骤。

1）过程序列。在早期的信息集成阶段，产品形成过程中各个步骤结束以后产生的数据被打包成数据文件，然后通过脱机或联机的方式传送给后续的步骤。可以将这种信息集成的方式称为过程序列。

过程序列的主要特征是：通过串行方式传递数据文件，以达到信息共享的目的。过程序列存在的主要问题是：基本上未对过程进行控制，数据文件的传递通常是单方向的，修改时返回上游步骤较为困难。

2）过程链。20 世纪 90 年代以后，在产品的形成过程中比较广泛地采用了 PDM 系统。PDM 系统的主要功能是对产品形成过程中的数据和过程进行管理。

可以将基于 PDM 系统的集成方式称为过程链。

过程链的主要特征是：可以通过并行的方式共享产品信息，修改时返回上游步骤比较容易。过程链存在的主要问题是：一般 PDM 系统中的工作流管理模块主要被用来（针对）对可以经常重复的过程，如更改过程、检验过程和发放过程等进行管理。对于较大规模的产品开发项目，除了需要对可以经常重复的过程进行管理以外，还要增加一些包括任务的规划、控制和监视等项目管理功能，这些是一般 PDM 系统所不具备的。

3）过程流。产品形成过程的集成在技术上还会向什么方向发展？可以认为，下一个阶段应该是以虚拟产品模型为核心，基于 PDM、项目管理和 Internet-Intranet-Extranet 的过程流方式。国外已有不少研究机构着手这方面的研究。

在过程流阶段，尚需解决两项关键技术，即面向产品生命周期的虚拟产品模型的建模，以及项目模型、工作流模型和产品模型的集成问题。

虚拟产品模型是所有与产品有关的几何、技术和管理方面的数据的结构化集成。以虚拟产品模型为基础，PDM 系统可以有效地管理产品生命周期中的各种复杂的信息。

项目是为开发和制造某个产品或提供某项服务所组成的临时性组织。为了简化项目的管理，根据项目规模的不同，可以将项目划分成一系列相对独立的任务。每一个任务对应一个工作流，由相应的工作流管理系统对（对应）为完成该项任务（所需）的各个活动及资源（信息、人员、软件和硬件等）进行管理。各工作流管理系统之间的协调，以及与项目有关的资源和进度等的管理（任务），则由项目管理系统完成。因此，项目模型、工作流模型和产品模型的有机集成，也是一项需要解决的关键技术。

《中国制造 2025》中提出加快推动新一代信息技术与制造技术融合发展。推进信息化和工业化深度融合是《中国制造 2025》9 项战略任务和重点之一，是我国目前及今后较长时间里的工业发展策略。两化深度融合主要体现在工业产品在设计、制造、集成、控制、管理、服务等领域的全面信息化，及其对信息技术发展本身的支撑与促进。制造企业所面临环境的变化，促使制造企业变得越来越重视产品生产的智能化和资源的合理利用问题。推进企业走向智能制造，利用数字化技术，建立产品数字化模型，开展电子图档管理及产品数据管理，开展基于数字化产品模型的设计、分析、仿真、工艺规划和制造，开展基于产品数字化模型的设计制造业务集成与协同，构建数字化的创新体系是制造业发展的必然趋势。为实现以上目标，企业必须采用统一的平台，将所有与产品相关的信息和所有与产品有关的过程集成到一起。通过共享统一的数据库、统一的数据模型，实现真正的单一数据源，消除数据的复制传递，绝对保障数据的一致性；同时，共享统一的用户访问权限控制机制，共享统一的工作流，实现跨部门的审批流程、工程更改流程，提高业务流程效率，实现企业信息系统的一体化。

4. 制造业价值链低端向价值链高端转移

随着自动化技术在企业中的广泛应用，企业的生产效率飞速提升，供过于求的买方市场已经形成。随着技术传播越来越快，有形产品本身的差异化空间越来越小。同时，产品技术含量提高，产品操作和维护复杂度提升，也向生产企业提出了更多的服务需求。用户的需求从有形产品向服务扩展。面对日益激烈的全球化竞争、多样化的客户需求、严峻的资源能源与环境压力，近 20 年来，许多制造企业开始从单纯的产品供应商向产品和服务的集成供应商转型。制造企业的市场竞争力不仅表现为产品质优价廉，还表现为杰出的客户服务和最佳的运营成本。制造业与服务业的产业边界逐渐模糊。在产品利润链中，服务带来的增值量开始超过物质生产所创造的增值量。在大多数价值链中，利润已从产品的制造环节分别向其上游（研发）和下游（使用）环节转移。上游产品研发阶段通过考虑个性需求、创新等，实现产品增值。生产商把产品卖出后，通过为客户提供更好的使用体验，而获取更高的利润。制造业的商业模式，从传统的以企业为中心、以产品为导向的模式向以客户为中心、以服务为导向的服务型制造模式转变。

欧美等发达国家的先进制造企业较早地认识到通过融入更多的服务元素，可以提高客户满意度，增加产品的附加值，进而实现传统制造模式的转型升级。通用电气、耐克、IBM、RR（罗尔斯-罗伊斯航空发动机公司）、卡特比勒、米其林等国际知名企业率先实现了由生产型制造向服务型制造转变，开创了制造业企业服务化的先河。由图 1-3 可看出，美国和英国的企业服务化比例最高，2018 年年均超过 50%。我国服务型制造起步较晚，服务化程度还相对较低，2007 年，我国制造企业服务化率只有 1%，但依靠巨大的潜在市场和政府的大力支持，近年来取得了巨大的进步。2018 年，我国的服务化率上升至 38%。制造服务业发展潜力巨大，是我国从制造大国向制造强国迈进的关键一步。近年来，我国不断推进服务业与制造业融合发展，2013 年—2018 年，我国生产性服务业营业收入年均增长 12. 9%，增速明显高于其他服务业。

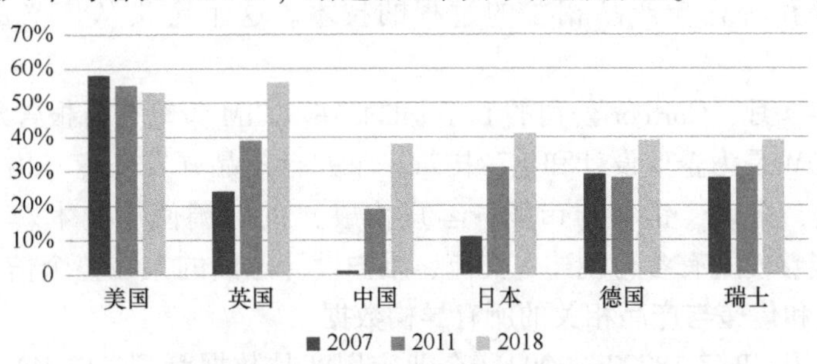

图 1-3　不同国家服务化水平比例

为了更好地获取产品价值链上游（研发）和下游（使用）环节的利润，制造企业需要有效地组织和管理产品整个生命周期内的数据、过程和资源，以实现从产品需求分析、概念与功能设计，直到生产制造、销售、服务和报废的整个产品生命周期范围的全局优化，从而挖掘最大化的产品与服务利润。以产品服务阶段为例，产品服务包括产品的安装、调试、维护、维修，以及客户培训、备件供应、客户关系维护等众多业务。在产品服务过程中，需要综合利用产品生命周期信息，特别是产品设计技术文档，以及产品的制造和装配信息；另一方面，在维修和服务过程中产生的信息，在促进产品的销售、提高供应商和产品生产制造过程质量、为新产品开发提供创意和产品改进等方面都具有十分重要的作用。因此，企业迫切需要从管理思想和信息技术上有效地从全局支持企业的战略转变和业务流程优化，支持产品创新的策略、手段和技术。

1.2 PDM 的定义和内涵

如前所述，各种计算机辅助设计、分析与仿真工具在制造企业中的广泛应用，使产品设计与生产的效率大大提高，但同时也带来了产品生命周期中相关数据和信息的管理问题。而且产品信息分散于企业内部不同应用系统之中。同时，这些应用系统大多运行于不同的平台，从而造成这些系统之间信息交换和集成困难。因此，企业需要产品信息生命周期管理的方法和技术，使产品的信息和产品的开发过程能够得到有效的管理。PDM 技术正是在这样的需求下应运而生的。

1.2.1 PDM 的定义

什么是 PDM？PDM（产品数据管理）很难用一个准确的定义加以描述。1995 年年初，致力于研究 PDM 技术和相关计算机集成技术的国际权威咨询公司 CIM Data 给 PDM 下了一个概括性的定义：PDM 是一门用来管理所有与产品相关的信息和所有与产品相关的过程的技术。这个定义从广义的角度解释了 PDM。

1995 年 9 月，Gartner 公司的 D. Burdick 在《CIM 策略分析报告》中把 PDM 定义为：PDM 是为企业设计和生产构筑一个并行产品开发环境（由供应、工程设计、制造、采购、销售与市场、客户构成）的关键使用技术。一个成熟的 PDM 系统能够使所有参与创建、交流、维护设计意图的人在整个信息生命周期中自由共享和传递与产品相关的所有异构数据。

本书引用 GB/Z 18727—2002《企业应用产品数据管理（PDM）实施规范》

中给出的关于 PDM 的定义：

PDM 是一门用来管理所有与产品相关的信息（包括零件信息、配置、文档、CAD 文件、结构、权限信息等）和所有与产品相关的过程（包括过程定义和管理）的技术。

PDM 系统为企业提供产品生命周期的信息管理，并可以在企业范围内为产品设计与制造建立一个并行化的协作环境。

PDM 系统为企业提供了一种宏观管理和控制所有与产品相关信息的机制，覆盖了产品生命周期内的全部信息。与产品相关的信息包括任何属于产品的信息，如 CAD 与 CAM 文件、物料清单（BOM）、产品配置、事务文件、产品订单、电子表格和供应商清单等。与产品有关的过程包括加工工序、加工指南、相关标准、工作流程和机构关系等处理程序。

PDM 的基本原理是，在逻辑上将各个 CAx 系统信息化孤岛集成起来，利用计算机系统控制整个产品的开发设计过程，通过逐步建立虚拟的产品模型，最终形成完整的产品描述、生产过程描述及生产过程控制数据。技术信息系统和管理信息系统的有机集成，构成了支持整个产品形成过程的信息系统，是数字工厂或数字制造的关键技术基础。通过建立虚拟的产品模型，PDM 系统可以有效、实时、完整地控制从产品规划到产品报废处理的整个产品生命周期中的各种复杂的数字化信息。

1.2.2　PDM 的内涵

观察当今 PDM 实施成功的企业，每个企业在实施 PDM 时，都有非常具体的奋斗目标和项目名称，从福特的“Ford2000”、波音的“DCAC、MRM”到日产的“业务过程革新”等，凡取得成功者，无一不是将 PDM 融汇于企业文化之中的。此外，PDM 还必须具备以下特性：①它必须是一种可以实现的技术；②它必须是一种可以在不同行业、不同企业中实现的技术；③它必须是一种与企业文化相结合的技术。

因此，如果要探寻 PDM 的内涵，我们不妨这样来定义它：**PDM 是依托 IT 技术实现企业最优化管理的有效方法，是科学的管理框架与企业现实问题相结合的产物，是计算机技术与企业文化相结合的一种产品。**因此，PDM 的含义可以从以下几个方面理解：

从技术角度看，PDM 是一种管理技术，是管理所有与产品相关的信息和过程的技术。

从软件系统的角度看，PDM 是一种管理软件，提供数据、文件、文档的更改管理、版本管理、产品结构管理和工作流程管理等基本功能。

从工具的角度看，PDM 是在数据库基础上的一种软件技术，可以集成或封装多种开发环境和工具，是企业全局信息集成的理想平台。

从目标看，PDM 的主要目标是，利用一个集成的信息系统来产生和管理进行产品开发设计和产品制造所需要的完整的技术资料。PDM 系统利用合理化的结构和模型对产品的整个形成过程进行控制，并对在该过程中形成的或需要处理的数据和文档进行管理，将正确的文档在正确的时间送到正确的地点。

从产品看，PDM 系统可以帮助组织产品设计，完善产品结构修改，跟踪进展中的设计概念，及时方便地找出存档数据及相关产品信息。

从过程看，PDM 系统可协调组织整个产品生命周期内诸如审查、批准、变更、工作流优化及产品发布等过程事件。

从实施来看，PDM 是一门管理的技术，实施 PDM 必须结合企业文化。

总而言之，**PDM 更深层次的内涵是与企业文化的紧密结合、与生产关系的相互适应、与企业目标的相互匹配。通过把产品开发过程中各个环节的决策结果记录下来，供企业中各类人员使用，达到使产品更快、更省、更好地开发出来的目标。**

1.3 PDM 系统的体系结构和功能

1.3.1 PDM 系统的体系结构

PDM 系统的功能不断增加离不开其体系结构的发展，体系结构合理与否决定了 PDM 系统的实用性、可扩展性和可实施性。

软件技术的发展使 PDM 系统的体系结构日趋先进。最初的 PDM 系统主要用于管理 CAD 系统产生的大量电子文件，属于 CAD 的附属系统，它出现于 20 世纪 80 年代初期。由于当时各方面技术的限制，PDM 系统通常采用简单的 C/S（客户机/服务器）结构和结构化编程技术。到了 20 世纪 90 年代中期，出现了很多专门的 PDM 产品，它们几乎无一例外地基于大型关系数据库，采用面向对象技术和成熟的 C/S 结构。近年来，随着 Web 技术的不断发展和对象关系数据库（ORDBMS）的日益成熟，出现了基于 Java 三段式结构和 Web 机制的第三代 PDM 产品。

应该说，PDM 系统的体系结构是随着计算机软硬件技术的发展而日益进步的，由简单的 C/S 结构到 C/B/S 结构，编程技术从最初的结构化编程到完全的面向对象技术，使用的编程语言从 FORTRAN、C 到 C++、Java、XML，采用的数据库从关系数据库到对象关系数据库。

当前 PDM 系统普遍采用 Web 技术及大量的业界标准，其体系结构可以分解为四个层次的内容，如图 1-4 所示。

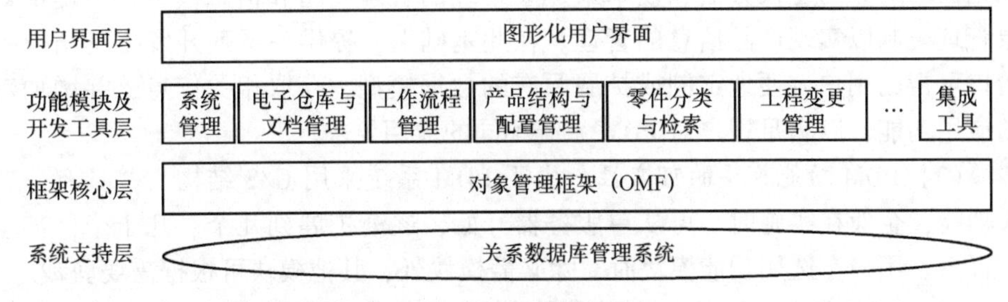

图 1-4 PDM 系统的体系结构

第一层是系统支持层。目前流行的商业化的关系数据库都是 PDM 系统的支持平台。关系数据库提供了数据管理的最基本的功能，如存、取、删、改、查等操作。

第二层是框架核心层。该层提供实现 PDM 各种功能的核心结构与架构。由于 PDM 系统的对象管理框架具有屏蔽异构操作系统、网络、数据库的特性，用户在应用 PDM 系统的各种功能时，实现了对数据操作的透明化、应用的透明化、调用和过程的透明化管理等。

第三层是功能模块及开发工具层。除了系统管理外，PDM 为用户提供的主要功能模块有电子仓库与文档管理、工作流程管理、产品结构与配置管理、零件分类与检索、工程变更管理、集成工具等。

第四层是用户界面层。该层向用户提供交互式的图形界面，包括图示化的浏览器、各种菜单、对话框等，用于支持命令的操作与信息的输入/输出。通过 PDM 提供的图形化用户界面，用户可以直观、方便地完成管理整个系统中各种对象的操作。

整个 PDM 系统和相应的关系数据库（如 Oracle）都建立在计算机的操作系统和网络系统的平台上；同时，还有各式各样的应用软件，如 CAD、CAPP、CAM、CAE、文字处理、表格生成、图像显示和音像转换等。在计算机硬件平台上，构成了一个大型的信息管理系统，PDM 有效地对各类信息进行合理、正确和安全的管理。

PDM 的体系结构应具有以下特点：

(1) 对计算机基础环境的适应性　一般而言，PDM 系统是以分布式网络技术、C/S 结构、图形化用户接口及数据库管理技术作为它的环境支持。它与底层环境的连接是通过不同接口来实现的，如中性的操作系统接口、中性的数据库接口、中性的图形化用户接口及中性的网络接口等，从而保证了一种 PDM 系统可支持多种类型的硬件平台、操作系统、图形界面和网络协议。

(2) PDM 内核的开放性　PDM 内核的开放性体现在越来越多的 PDM 产品

采用面向对象的建模方法和技术来建立系统的管理模型和信息模型，并提供对象管理机制以实现产品信息的管理。在此基础上，提供一系列开发工具与应用接口可帮助用户方便地定制或扩展原有的数据模型，存取相关信息，并增加新的应用功能，以满足用户对 PDM 系统不同的应用要求。

(3) PDM 功能模块的可变性　由于 PDM 系统采用 C/S 结构，并具有分布式功能，企业在实施时，可从单服务器开始，逐渐扩展到几个、几十个，甚至几百个。用户在选用功能模块时，除必需模块外，其他模块可根据需要剪裁。

(4) PDM 的插件功能　为了更有效地管理由应用系统产生的各种数据，并方便地提供给用户和应用系统使用，就必须建立 PDM 系统与应用系统之间更紧密的关系，即基于 PDM 系统的应用集成。这就要求 PDM 系统提供中性的应用接口，把外部应用系统封装或集成到 PDM 系统中，作为 PDM 新增的一个子模块，并可以在 PDM 环境下方便地运行。

1.3.2 PDM 系统的功能

PDM 系统为企业提供了管理和控制所有与产品相关的信息，以及与产品相关过程的机制与功能。PDM 系统在企业中的作用已经普遍被大家认同。虽然不同软件商提供的 PDM 系统在功能上有一定差异，但随着企业应用的深入，各种 PDM 系统的功能不断扩展和增强，PDM 软件功能越来越丰富。

GB/Z 18727—2002《企业应用产品数据管理（PDM）实施规范》规定，PDM 系统应包括的功能有文档管理、数据仓库（电子仓库）、产品结构与配置管理、工作流程管理、分类及编码、项目管理、查看和圈注、设计检索及零件仓库、扫描和图像服务、电子协作、工具和集成、通信和通告服务、数据传输和数据翻译。其中，文档管理、数据仓库、产品结构与配置管理、工作流程管理、项目管理、集成功能是 PDM 系统基本和核心的功能，目前企业实施 PDM 系统也主要集中在实现这些功能上。

(1) 数据仓库（Data Vault）　数据仓库是 PDM 系统中最基本、最核心的功能，是实现 PDM 系统中其他相关功能的基础（见图 1-5）。在 PDM 系统中，数据仓库是实现某种特定数据存储机制的元数据库及其管理系统，即管理产品相关数据的数据。在实际应用中，数据仓库由数据（元数据）及指向描述产品不同方面的物理数据和文件的指针组成，为 PDM 控制环境和外部（用户和应用系统）环境之间的数据传递提供一种安全的手段。它一般建立在关系数据库系统的基础上，主要保证数据的安全性和完整性，并支持各种查询和检索功能。

(2) 文档管理　企业在经营活动中，各个部门、各个生产环节都要产生各种各样的信息，企业将这些信息以文档的形式存储。PDM 文档管理功能就是将这些文档的内容作为管理的对象，保证数据的一致性、完整性和安全性。PDM 文档管理功能使全部有关用户，包括工程师、NC 编制、操作人员、财会人员和销售人员等都能按要求方便地存取最新的数据。

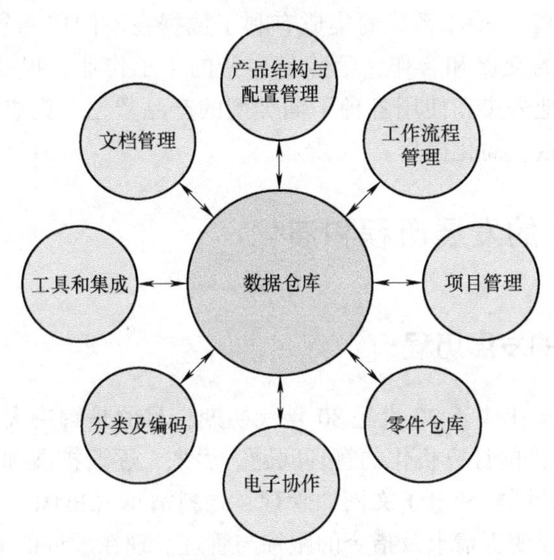

图 1-5　数据仓库与其他 PDM 功能的关系

（3）产品结构与配置管理　PDM 系统管理的核心是产品。产品是产品生命周期中各种功能和应用系统建立联系的重要工具。产品结构与配置管理的功能主要是按照产品结构组织产品数据，使用户能够定义产品结构，按照产品结构的关系把产品、部件、零件关联起来，进一步把产品定义的全部数据，包括几何信息、分析结果、技术说明、工艺文件等与产品结构建立联系，使用户能很方便地知道某一项变化所造成的影响。产品结构与配置管理功能要能够保存产品生命周期不同阶段的产品结构视图，生成满足不同需要的材料清单，且把同一个零件的不同的版本保存在计算机内，并与系列产品中不同型号的产品对应。

（4）工作流程管理　工作流程管理（Workflow Management）主要是对产品开发过程和工程更改中的所有事件和活动进行定义、执行、跟踪和监控。PDM 系统中的工作流程管理与通用的工作流程管理技术几乎完全一致，但 PDM 系统中的工作流程管理更关注对数据和文档生命周期的管理。数据的生成、审核、发布、变更、归档都是通过工作流程实现的。工作流程管理包括审批流程管理和更改流程管理。

（5）项目管理　项目管理（Project Management）是在项目的实施过程中对其计划、组织、人员及相关的数据进行管理和配置，对项目的运行状态进行监督，并完成计划的反馈。它需要支持工作任务的分解，提供工作任务分解结构的图形化描述，较多地涉及时间管理、任务分配、资源使用计划、进度控制等。

(6) 集成功能　PDM 系统的集成有利于数据在不同应用领域的重复使用，增进各部门之间的交流和合作，消除易出错的手工作业，提高工程设计效率，使用户能够可靠地采集和使用各种不同类型的产品数据。集成的目的是使数据处理达到前后一致，简化操作。

1.4 PDM 的发展历程和演化

1.4.1 PDM 的发展历程

PDM 技术最早出现于 20 世纪 80 年代初期，目的是解决大量工程图样、技术文档及 CAD 文件的计算机化的管理问题。后来，逐渐扩展到产品开发中的三个主要领域：设计图样和电子文档的管理、物料清单（BOM）的管理及与工程文档的集成、工程变更请求及指令的跟踪与管理。现在所说的 PDM 技术的叫法源于美国，是对工程数据管理（EDM）、文档管理（DM）、产品信息管理（PIM）、技术数据管理（TDM）、技术信息管理（TIM）、图像管理（IM）及其他产品信息管理技术的一种概括与总称。

20 世纪末的 PDM 继承并发展了 CIM 等技术的核心思想，在系统工程思想的指导下，用整体优化的观念对产品设计数据和设计过程进行描述，规范产品生命周期管理和保持产品数据的一致性和可追踪性。PDM 的核心思想是，实现设计数据的有序、设计过程的优化和资源的共享，通过人、过程、技术三者的平衡使虚拟制造过程进一步增值。

经过这些年的发展，PDM 技术已经在诸多领域获得了广泛的应用，尤其在汽车、电子与高科技、加工装配行业应用得比较深入，在零售业和服装行业的应用日益广泛，且在制药、食品饮料和消费包装品方面的应用增长快速，同时其应用已扩展至石化、公用事业、工程设计与施工等多个领域。PDM 技术已逐渐成为支持企业过程重组（BPR，如技术重组、产品重组、信息重组等）、并行工程（CE）、大批量定制（MC）、质量认证和智能制造等系统工程的关键使能技术。

伴随着企业信息化进程及先进信息和管理技术的发展，PDM 经历了四个发展阶段，即基于图档管理、面向过程、面向商务协同和面向产品生命周期，见表 1-1。

表 1-1　PDM 的演变历程

时　间	发展阶段	主流 PDM	产生背景	实现目标
20 世纪 80 年代初	基于图档管理	图档管理为核心的 PDM	CAx 广泛应用，面临信息迅速增加所带来的信息查找问题	图档管理、数据仓库
20 世纪 80 年代—90 年代中期	面向过程	专业化的 PDM	需解决产品开发中特定问题的综合应用，产品数据的管理需要覆盖产品的整个过程	实现企业级的信息和过程的集成
20 世纪 90 年代中期—21 世纪初	面向商务协同	集成了协同商务的 PDM	企业经营全球化和电子商务发展的需要	实现企业之间的协同应用
21 世纪初至今	面向产品生命周期	以产品创新为焦点的 PDM	客户对产品的个性化要求越来越高，企业真正的生命力在于新产品的创新能力	将产品整个生命周期的所有数据收集并有效组织起来，在短时间内开发出高质量且满足用户个性化要求的产品

（1）图档管理　20 世纪 80 年代初，CAD、CAM、CAE 等设计自动化工具已经得到广泛应用，工程师们在享受设计高效率的同时，也不得不面对信息迅速增加所带来的信息查找问题，对电子数据的存储和获取的新方法的需求变得越来越迫切。产品数据管理（PDM）应运而生，各 CAD 厂家配合自己的 CAD 软件推出了第一代 PDM 产品，其目标主要是解决大量电子数据的存储和管理问题，提供了维护"数据仓库"的功能。这个时期，人们的一个普遍观念就是"产品就是图样，产品数据管理就是图档管理"。

（2）专业化的 PDM　随着 PDM 技术的发展，许多新的功能被添加到 PDM 中，并且出现了许多解决产品开发过程中特定问题的综合应用，比如产品变更控制和产品配置，PDM 开始走向专业化的道路。同时，PDM 数据管理的范围超越设计职能界限，开始覆盖制造等产品生命周期阶段。到 20 世纪 90 年代中期，PDM 已经具备对产品生命周期内各种形式的产品数据的管理、对产品结构与配置的管理、对电子数据的发布和更改的控制，以及基于成组技术的零件分类管理与查询等能力；同时，软件的集成能力和开放程度也有较大的提高，少数优秀的 PDM 产品可以真正实现企业级的信息集成和过程集成。PDM 已经形成产业，在商业上获得了巨大的成功。与此同时，PDM 技术在标准化方面也迈出了崭新的一步。1997 年 2 月，OMG 组织公布了 PDM Enabler 标准草案，为新一代标准化 PDM 产品的发展奠定了基础。作为 PDM 领域的第一项国际标准，该草案由当时 PDM 领域的许多主导厂商参与制定，如 IBM、SDRC、PTC 等。

(3) *集成了协同商务的 PDM*　20 世纪 90 年代中期以后，出现了企业经营全球化趋势及基于 Internet 的电子商务，这对 PDM 的开发和使用产生了深远影响。新的协同和电子商务技术的出现大大促成了分布在不同地理位置的团队成员之间实时、同步开展工作，企业的业务模式也随之悄然发生着变化，“大而全”的传统企业开始转向注重自己的核心竞争业务，而将非核心的业务外包出去，整个产品价值链通过企业与业务合作伙伴的商务协同来达到利润最大化。这一时期代表性的 PDM 思想是协同产品商务（CPC），相应的代表产品有 PTC 公司的 Windchill 和 MatrixOne 公司的 eMatrix 等。

(4) *以产品创新为焦点的 PDM*　进入 21 世纪，企业之间的竞争更加激烈，客户对产品的个性化要求越来越高，越来越多的成功企业开始意识到企业真正的生命力在于新产品的创新能力。随着 Web 技术的日益成熟，企业竞争热点从产品的成本、质量和上市时间转向能够快速适应市场变化的产品创新。将产品整个生命周期的所有数据收集并有效组织起来，通过提供一个统一的入口让产品开发工程师随时能够共享、访问并重复利用这些企业财富，在短时间内开发出高质量且满足用户个性化要求的产品成为众多企业追求的目标。20 世纪 90 年代末出现的协同产品定义管理（cPDM）进一步演化为产品生命周期管理（PLM），并成为企业参与全球竞争的一种战略性方法。如 EDS、SAP、IBM 和 PTC 等大型企业引领了这一趋势。

1.4.2　PDM 的演化

CPC、cPDM 和 PLM 代表了现代 PDM 的最新思想和理念。但它们都是对 PDM 的扩展，PDM 仍然是核心。它们的出发点都是为了实现企业内部和企业之间的信息集成和业务协同，最终使企业在产品的创新和推向市场的速度方面获得竞争优势。同时，它们又各有侧重：CPC 更多的是强调商务上的协同；cPDM 更多地从企业协同运作角度来考虑问题；PLM 则更多地强调产品本身，产品创新是它的驱动力。

(1) *协同产品商务（CPC）*　Aberdeen Group 给 CPC 下的定义是：CPC 是一类基于 Internet 的软件和服务，它能让每个相关人员在产品生命周期内协同地对产品进行开发、制造和管理，而无论这些人员在产品的商业化过程中担任什么角色、使用什么计算机工具、处在什么地理位置，或在供应链的什么环节。

CPC 的理念把传统 PDM 的功能提升到了扩展企业的信息、过程和管理集成平台的高度。通过 CPC 系统，企业的产品信息可上升为整个扩展企业的有限共享知识资产。在产品从概念设计到报废回收的生命周期中，将数据和应用功能的松散耦合式关系集成为一种并不依赖数据通用性来保证个体之间的相互协作的统一的数据模型是 CPC 系统的一个重要特点，它使企业应用软件之间的集成变得很容易实现。另外，CPC 系统还支持构件式的应用即插即用、基于角色的权限控制，以及企业结构的动态重组。此外，采用 Internet 技术的 CPC 将产品设计、制造、采购、销售、营销、现场服务等利益干系方及客户紧密地联系在一起，形成一个全球的产品知识网络。因此，CPC 产品可以作为建立新一代的电子商务所必需的扩展企业的基础结构，用于协同完成产品的开发和管理工作。任何使产品在其生命周期过程中增值的工具和服务都将基于这一基础结构运行。

（2）*协同产品定义管理（cPDM）* cPDM 是由 CIMdata 提出的，其给出的 cPDM 的定义是：cPDM 是一种战略经营方法，运用一套调和的商业解决方案来协同地管理扩展企业环境下的产品定义生命周期。cPDM 最大的特点也在于它的“扩展性”，强调协同工作过程、协同产品商务、供应商集成及企业应用集成等，其核心是信息的集成和工作的协同。CIMdata 认为，任何工业企业的产品生命周期都由三个基本的、紧密交织在一起的生命周期组成，它们是：产品定义生命周期、产品制造生命周期和运作支持生命周期。产品定义生命周期开始于最初的获取客户需求和生成产品概念，结束于产品报废和现场服务支持，研究的对象是作为智力资源的产品，包含产品是如何设计、制造和服务等信息；产品制造生命周期与产品生产和发运等企业活动相关，管理的对象是物理意义上的产品；运作支持生命周期则主要是对企业运作所需的基础设施、人力、财务和“制造”资源的统一监控和调配。产品定义生命周期完成了贯穿整条产品价值链的包括产品定义本身（机械的和电子的）及相关软件、文档和产生这些数据的过程的描述，是其他两个产品生命周期的基础。大批量定制（MC）的两大关键性问题——成本和时间都取决于产品的定义生命周期，因此 cPDM 对于 MC 的成功实施有着积极的意义。cPDM 并不仅是一组应用或技术方案，它是一种战略性经营策略，它依赖于一整套成熟的技术，包括业务过程、产品数据管理、可视化、协同、CPC、企业应用集成及组件供应商管理等。CPC 只是其中的一项关键技术。

（3）*产品生命周期管理（PLM）* 产品个性化、市场不断细化是当今市场的特征。为迎接这一挑战，企业必须有一套快速响应机制。从已有的产品中改型得到满足个性化要求的产品，是一条比较有效的途径，同时，这也符合人们对世界事物的认识过程和解决问题的思维习惯。重复利用已有产品资源，仅有设计结果信息是远远不够的，产品数据产生的过程蕴涵了大量的设计知识，产品在投入生产和交付使用的过程中，会有大量的反馈信息产生，这些信息对于改进产品的性能和质量都是十分重要的参考。完整的产品信息应该包括产品从需求到概念、定义，再到采购、生产、服务、维护和报废各个生命周期阶段的相关数据、过程、资源分配、使用工具等信息，以及这些信息之间的有机关联。因此，有必要记录并跟踪产品生命周期的数据及其演化过程，并将它们应用到新产品的开发当中去。这就是产品生命周期管理（PLM）的内涵。

PLM 满足了制造企业对产品生命周期管理的需求。

1）设计概念：基于市场信息获得新产品或产品设计改进的概念。PLM 系统负责提供分析概念的生命力的信息。

2）市场需求分析：制造企业研究新产品的市场需求，以及需求满足的可行性。PLM 系统从所连接的其他系统提取信息，提高市场需求分析的准确度。

3）设计：设计工程师使用 PLM 系统提供的信息（售后服务信息、工艺数据、客户需求和偏好等）进行产品设计。

4）采购：采购人员对产品制造所需的器件、材料、零部件和设备进行初步分析。PLM 系统提供器件、材料的可获得性、报价、潜在供应商、替代器件等信息。

5）生产：根据研发工程师建立的设计规格和采购的器件、材料进行生产，通过质控、质检或其他过程控制方法来检查生产是否与设计规格一致。

6）分销：产品运送到分销商，分销商存储商品和客户订单；或者将产品直接送到终端客户。PLM 系统提供历史需求数据，从而降低库存水平。

7）售后服务：包括产品维护、服务和维修。使用 PLM 存储各种售后服务信息，为今后的产品改进提供信息。

PLM 是一种企业信息化的商业战略。它实施一整套的业务解决方案，把人、过程和信息有效地集成在一起，作用于整个企业，遍历产品从概念到报废的整个生命周期，支持与产品相关的协作研发、管理、分发和使用产品定义信息。

PLM 为企业及其供应链组成产品信息的框架。它由多种信息化元素构成：基础技术和标准（如 XML、视算、协作和企业应用集成）、信息生成工具（如 MCAD、ECAD 和技术发布）、核心功能（如数据仓库、文档管理、工作流程管理）、功能性应用（如配置管理），以及构建在其他系统上的商业解决方案。

PLM 系统将设计、工艺、工程、分析与仿真、制造、质量、维修/维护、回收等相关过程的多种数据进行统一组织、管理和呈现，将分散于各阶段、各部门的设计、工艺、制造、质量等数据整合起来，为整个产品创新体系提供数据和信息。许多企业已经认识到，只有 PLM 可以最大限度地实现跨越时空地域和供应链的信息集成，实现企业内部有机集成及不同地域或全球范围内的企业集成，达到快捷、高质量、低成本地获取和提供目标产品的目的。

1.5 产品生命周期的阶段划分和解决方案

1.5.1 产品生命周期的阶段划分

产品具有生命周期这个理念在很多行业已经存在了很长时间，但过去主要是产品生命周期比较长的产品（如飞机、轮船）制造企业更加关注产品生命周期。产品生命周期理论是美国哈佛大学教授雷蒙德·费农（Raymond Vernon）1966 年在其《产品周期中的国际投资与国际贸易》一文中首次提出的。费农认为产品生命是指产品和人的生命一样，要经历形成、成长、成熟、衰退这样的周期。就产品而言，也就是要经历一个开发、引进、成长、成熟、衰退的阶段。但是费农所提出的产品生命周期主要定义的是产品的营销生命，即一种新产品从开始进入市场到被市场淘汰的整个过程，其目的是研究产品的市场战略。在这一领域，研究人员是将其作为一种策略和经验模型来对产品的市场分析和计划进行指导的，并不涉及产品资源和信息的管理。

20 世纪 80 年代，随着并行工程思想的提出，产品生命周期的研究开始从经济管理领域扩展到工程领域。同时，随着信息技术的不断发展，现代“产品”已发生了实质性的改变：

1）由机械、电子、软件等系统组成智能产品，产品的复杂程度加深。

2）通过移动物联网，智能产品的各种信息可以实时传遍全球各地。

3）生产力大幅度提高，资源消耗空前加大，产品生命或变得很短，或变得很长。

4）产品创新需要适应绿色的要求。产品性能、功能和体验均达到前所未有的高度。

5）人们更喜欢使用性能优良的产品，因此其潜在的故障损失随之增大。

6）产品的知识资产含量大幅度提高，维修专业程度随之提升，产品使用易、维修难的新矛盾凸显。

这些改变，给产品的开发和使用带来了新的挑战：一方面，传统的手工设计、制造方法需要改变（设计制造阶段）；另一方面，传统的产品运行、维修的模式也需要改变（运行维护阶段）。因此，产品生命周期的关注范围也从市场阶段扩展到研制阶段和销售服务阶段。与此同时，技术产品的制造消耗导致了自然资源的大量损耗，废弃物的排放也使环境承受着越来越大的压力。在这个过程中，法律法规的出台引发了企业对资源管理的重视和变革。在这样的需求下，产品生命周期的范围进一步扩展到产品回收阶段。这样才真正提出了覆盖产品从“摇篮到坟墓”的产品生命周期概念，从需求分析、概念设计、详细设计、制造、销售服务，直至回收全过程。

John Stark 在其著作 *Product Lifecycle Management：21 st Century Paradigm for Product Realisation* 中指出，角度不同，对产品生命周期的观点也不一样。如对于产品用户来说，产品的“生命”从其获得产品并使用产品开始，直到其停止使用或废弃产品为止。从产品制造商的角度看，产品的生命周期是从产品构思到产品回收的过程。由于产品在生命周期的不同阶段，产品的信息及产品信息的产生过程、涉及的人员和部门都是不同的，因此要对产品生命周期数据管理进行研究。首先，需要认识产品生命周期应该包含（划分为）哪些阶段。

对于产品生命周期阶段的划分，不同的企业和研究者提出了不同的看法。

CIMdata 认为任何企业的产品生命周期都是由产品定义生命周期、产品制造生命周期和运作支持生命周期三个生命周期组成的。

1）产品定义生命周期。开始于最初的获取客户需求和生成产品概念，结束于产品报废，以产品为研究对象，定义产品如何设计、制造、操作和服务等活动。

2）产品制造生命周期。该阶段主要包括与生产和销售产品相关的活动，包括如何生产、制造、管理库存和运输，其管理对象是物理意义上的产品。

3）运作支持生命周期。该阶段主要是对企业运作所需的基础设施、人力、财务和制造资源等进行统一的监控和调配。

同时，CIMdata 还指出各个阶段之间不是简单的顺序关系，而是相互交织的。

PTC 公司从产品的演化过程出发，将产品生命周期分为概念产生、设计、采购、生产、销售和售后服务六个阶段。

1）概念产生阶段：该阶段基于市场信息，获得新产品或产品设计改进的概念。

2）设计阶段：该阶段产品开发团队将完成产品的设计工作，主要包括产品的概念设计、详细设计、设计评估工程分析、文档管理及 EBOM（工程物料清单）管理等。

3）采购阶段：该阶段对产品制造所需的器件、材料、零部件和设备进行初步分析，确定外购件和自制件计划。

4）生产阶段：该阶段根据研发工程师的设计方案，利用所采购的器件和材料进行生产，通过质控、质检或其他过程控制方法监察生产是否与设计方案一致。

5）销售阶段：该阶段主要包括市场推广、产品发布、销售策略的制定，以及客户管理和订单管理等活动。

6）售后服务阶段：该阶段主要包括产品运行维护、服务和维修信息管理等活动。

但是PTC的这一理解中，仅考虑了产品的使用和维护阶段，并未考虑产品退出市场后的回收再利用阶段。

John Stark认为从产品制造商的角度来看，产品生命周期分为构思、定义、实现、支持与服务、退市五个阶段；从产品用户的角度来看，产品生命周期分为构思、定义、实现、使用、处理五个阶段；为了统一对产品生命周期的认识，John Stark在上面提到的著作中提出了另外一种生命周期五阶段的划分——构思、定义、实现、有效生命、生命终结。

清华大学张和明教授把产品生命周期划分为用户需求产品战略、概念设计、详细设计、生产准备、样机试制、设计定型、批量生产、产品销售、使用维护几个阶段。

我国国家标准GB/T 35119—2017《产品生命周期数据管理规范》中引用了PTC产品生命周期阶段划分的思想，把产品生命周期划分为概念、设计、采购、生产、销售和售后服务六个阶段。

国内外对于产品生命周期技术的研究主要集中在PLM系统体系结构、PLM信息建模、智能、交互和协同等方面。国内学者经过20多年的深入研究，清华大学、浙江大学、华中科技大学、南京理工大学等在产品生命周期管理技术领域取得了丰硕的理论成果。其中，莫欣农教授团队在其研究中，把产品生命周期分为产品级产品生命周期和企业级产品生命周期。

产品级产品生命周期可分为三个主要阶段（见图1-6）。

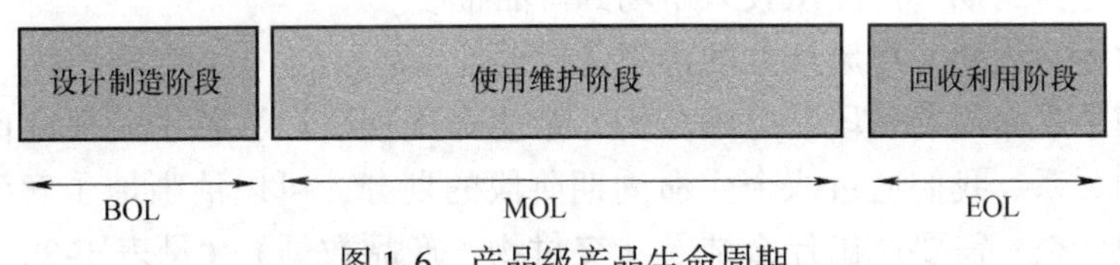

图1-6 产品级产品生命周期

产品生命前期（Begin of Life，BOL）阶段：BOL阶段又称为设计制造阶段（即产品产生过程，主要包括产品从市场开发到产品定型、工艺设计、生产制造及销售过程）。这一阶段是物理产品的实现或产生阶段。

产品生命中期（Middle of Life，MOL）阶段：指产品投放市场到产品完全退出市场阶段（即产品使用过程阶段）。这一阶段主要包括产品的使用和维护，因此又称为使用维护阶段。

产品生命末期（End of Lifecycle，EOL）阶段：指退出产品市场后产品的回收再利用或报废阶段，又称为回收利用阶段。

企业级产品生命周期分为设计生命周期、制造生命周期、使用生命周期、回收生命周期四个阶段（见图1-7）。

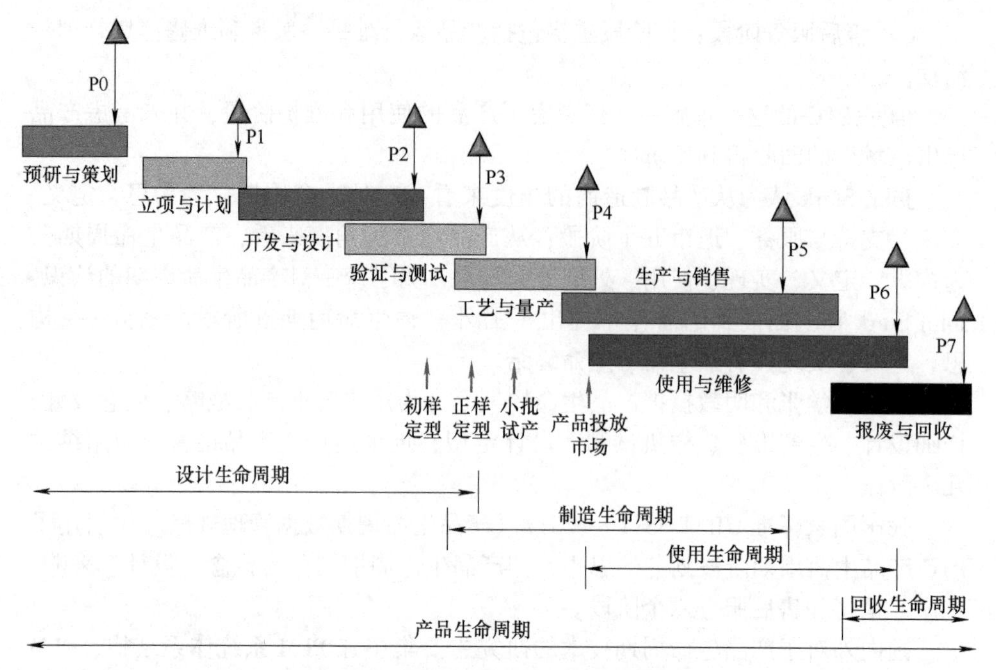

图 1-7　企业级产品生命周期阶段划分

设计生命周期：从构思到产品定型（正样）定型。

制造生命周期：从产品制作样品到产品停止生产。如产品开发用了 3 年，但是生产了 30 年，那么可以说，该产品的制造生命周期是 30 年。

使用生命周期：产品从投入市场到产品报废。

回收生命周期：报废产品的再制造或再处理阶段。

这四个生命周期阶段又可细分为八个生命周期阶段，各个阶段之间存在相互重叠的关系。我们通过八个生命周期阶段的划分，可以清晰地了解到每个阶段需要做什么？需要产出什么结果（交付物、产品数据）（见表 1-2）。莫欣农教授团队的企业级产品生命周期阶段的划分，更加清晰地明确了制造企业产品不同开发阶段的业务特点和流程。

表 1-2　企业级产品生命周期各阶段的主要任务、交付物及活动

生命周期	阶段编号	阶段名称	主 要 任 务	主要交付物	阶段评审
设计生命周期	P0	预研与策划	市场需求调研 关键技术预研 竞争对手分析 新产品规划 发展预测与战略规划	市场调研报告 预研技术总结 产品定义报告 立项建议书 立项建议评审报告	关键技术 立项建议

（续）

生命周期	阶段编号	阶段名称	主要任务	主要交付物	阶段评审
设计生命周期	P1	立项与计划	总体专业分析计算 可行性分析 工业造型设计 成本效益预测 总体指标分配与设计 制定开发策略 确定保障条件 编制项目计划	专业计算报告 可行性论证报告 工业造型审批意见 总体设计方案 协同设计/制造策略 软件/硬件保障条件 项目分解与计划 立项评审意见书	总体方案 项目计划
	P2	开发与设计	各专业分析计算 各专业机械/结构设计 各专业电气/电子设计 各专业软件/硬件设计 测试设备设计与制造 编制数字样机验证大纲 编制样机调试大纲 编制法规认证大纲	各专业计算报告 3D 模型与工程图 电原理图和 PCB 设计 原理图和设计说明 软件开发全套文档 测试设备设计文档 各类测试验证大纲 样机工艺设计文档 各类变更申请通知 各专业数字样机	设计评审 测试设备 测试大纲
	P3	验证与测试	结构运动分析仿真 电气/电子分析仿真 软件/硬件模拟仿真 全数字仿真测试 初样设备试制 物理测试仿真 初样样机总装测试 正样样机总装测试	各类仿真报告 初样设备测试报告 初样总装报告 各类测试报告 各类变更申请通知 正样总装报告 设计定型评审报告	初样评审 定型评审
制造生命周期	P4	工艺与量产	工艺与模具设计 工装设计与制造 小批量试制验证 大批量生产验证	工艺设计文档 工装设计文档 模具设计文档 各类变更申请通知 小批试制评审报告 大批生产评审报告	工艺评审 小批试制 大批量产
	P5	生产与销售	记录物料批次原始数据 跟踪产品实际装配清单 登记产品发货物料清单 产品退市规划	物料批次原始记录 产品实际装配清单 产品发货物料清单 产品停产通知	商检评审 停产规划

（续）

生命周期	阶段编号	阶段名称	主要任务	主要交付物	阶段评审
使用生命周期	P6	使用与维修	记录设备运行数据 记录设备维护维修数据 跟踪设备结构变更历史 跟踪关键件的履历 必需设备报废申请	设备运行记录 设备维护维修需求 设备维修计划 设备维修记录 备品备件采购申请 设备结构变更通知 设备关键件履历表 设备报废评审报告	报废评审 退市规划
回收生命周期	P7	报废与回收	收集设备运行数据 编写回收清单 编写拆卸工艺 编写回收件处理工艺 必需报废件处理工艺 记录拆卸过程 登记回收报废清单	拆卸工艺 回收和报废工艺 回收和报废清单	回收评审

需要指出的是，无论是从制造企业还是从用户的角度，产品生命周期各阶段并不是简单的顺序关系。如某产品的某一个用户可能已经停止使用了某个产品，但制造企业还必须为其他还在使用期中的产品提供支持；也有可能制造企业已经停止了某一产品的生产，但是它在一定时间内仍然需要为购买了该产品的用户提供产品支持服务。

1.5.2　产品生命周期解决方案——PLM

日益激烈的全球化竞争、多样化的客户需求、严峻的能源资源及环境压力，迫使制造企业改变传统经营策略，从需求分析、概念与功能设计、生产制造、销售、服务和报废整个产品生命周期范围进行全局优化，以最大化地挖掘产品与服务利润。同时企业逐渐意识到，已有的产品资源是企业重要的知识资产，而且仅对设计结果信息进行管理是远远不够的，产品产生的过程蕴涵了大量的设计知识，产品在投放生产和交付使用的过程中会有大量的反馈信息产生，这些对于改进产品的性能和质量都是十分重要的参考。因此，完整的产品知识资产应该包括产品生命周期各个阶段的相关数据、过程、资源分配、使用工具等信息，以及这些信息之间的有机关联。随着市场的全球化，任意地点开发、任意地点销售、任意地点制造、任意地点支持（DASAMASA）成为主流制造商的目标。因此，开发、销售、制造、支持等活动分布在世界各地进行，不同地域的人员经常需要在工作中密切合作，协同工作。

在这样的背景下，为了对产品生命周期的信息、过程、资源进行管理，支持制造企业产品生命周期中不同应用领域的集成和协作，从而提高企业的市场应变能力和竞争能力，产品生命周期管理（Product Lifecycle Management，PLM）的理念应运而生。

在 PLM 理念明确提出之前，很多企业其实已经开始了产品生命周期管理，但是只是一种隐性的、无法明确和持续的方式。往往是部门式的单独管理，例如营销部门、研发部门、制造部门和支持部门分别管理；而另外一些部门，如信息部门和质量部门，则单独进行与产品相关的决策。缺乏明确的、组合的、跨生命周期的产品管理，导致如产品无法按期上市、产品不能正常工作等很多产品相关问题出现。因此，PLM 是为了满足企业对产品生命周期管理的需求而产生的一种新的管理模式解决方案。在 PLM 的理念下，企业需要转变其战略目标对业务流程进行重组，形成一种相互协作、能够更加紧密地结合企业上、中、下游各环节的运行机制。从表 1-2 中也可以看出，产品生命周期的各个阶段产生了不同的数据，随着企业信息化的发展，这些数据目前都有独立的信息系统对其进行管理，如产品设计阶段目前有系统工程管理系统、产品数据管理系统，制造阶段有 MES 系统，产品维护维修阶段有 MRO 系统。但这些信息化系统目前处于“信息孤岛”的状态，它们之间目前是通过数据接口交互数据的，因此企业迫切需要建立能够有效地组织和管理产品整个生命周期内数据、过程和资源的统一平台。

1.6　PLM 与 PDM

1.6.1　PLM 的概念和内涵

由于不同行业、企业的需求和特点不同，PLM 的具体含义和实施内容也有所不同。到目前为止，对 PLM 还没有完全统一的定义。

PLM 权威研究机构 CIMdata 认为，PLM 是应用一系列业务解决方案，支持企业内和企业间协同创建、管理、传播和应用贯穿整个产品生命周期的产品定义信息，并集成人、流程、业务系统和产品信息的一种战略业务方法。

AMR 公司认为 PLM 是一种把跨越业务流程和不同用户群体的单点应用软件集成起来，整合已有的系统，内容大致分为：

1）产品数据管理（PDM）：起中心数据仓库的作用，保存产品定义的所有信息。

2）协同产品设计（CPD）：使用 CAD、CAM、CAE 及其他应用系统，以协同的方式完成产品的设计与开发。

3）产品组合管理（PPM）：是一套软件工具集，为管理产品组合提供决策支持。

4）客户需求管理（CNM）：是一种获取营销数据和市场反馈意见，并把它们集成到产品设计和研发过程之中的软件系统。

Collaborative Visions 公司认为：**PLM 是一种 IT 战略**，用于解决企业如何支持和管理产品创新过程中的重大问题。PLM 包括充分利用跨越供应链的**企业资源**来实现**产品创新的最大化**，改善产品研发的速度和敏捷性，增强客户化生产和为用户**量身定做**产品的能力，最大限度地满足客户要求。

IBM 公司认为 PLM 是一种商业哲理，认为产品数据应可以被管理、销售、市场、维护、装配、购买等不同领域的人员共同使用；PLM 系统是工作流和相关支撑软件的集合，其允许对产品生命周期进行管理，包括协调产品的计划、制造和发布过程。

EDS 公司认为 PLM 是一种以产品为核心的商业战略，其应用一系列商业解决方案协同地支持产品信息的生成、管理、分发和使用，地域上横跨整个企业和供应链，时间上覆盖从产品的概念设计至报废的整个生命周期。

产品生命周期管理联盟（Product Life Cycle Support，PLCS）认为 PLM 是一种概念，用来描述和支持用户管理、跟踪和控制产品生命周期中所有产品相关数据的协同环境。

此外，还有一些组织和个人对 PLM 的定义进行了阐述：

PLM 是保证企业产品数据的安全性、知识管理的全面性和有效性，增强企业响应市场需求的快速反应能力，缩短产品研制周期，降低研制成本，提高产品质量，延伸制造服务价值链的战略手段。

PLM 是一种以产品创新为主的战略管理方法。它应用一系列应用系统，支持企业内或企业间从产品概念设计到产品使用生命结束全过程中产品信息的协同产生、管理、分发和使用。

PLM 是以信息化手段改变企业传统的设计、制造经营和服务管理模式，为企业提供产品创新全过程的信息集成、全球系统制造和服务的统一平台。

以上定义分别反映了 PLM 在定位、内容、功能和实施等方面的认识，侧重点各有不同。**为了保证定义的权威性，本书引用 GB/T 35119—2017《产品生命周期数据管理规范》中对产品生命周期管理的定义。**

产品生命周期管理（Product Lifecycle Management，PLM）：采用一系列应用系统，为产品生命周期内企业内或企业间的产品及其过程信息协同产生、管理、分发和使用的应用解决方案。

综上所述，虽然 PLM 的定义不尽相同，但是其**内涵**是一致的，即它是以制造企业的产品数据为核心，解决从用户需求、订单信息、产品开发、工艺设计、生产制造到维修的整个生命周期过程中的不同类型数据的综合管理，以及跨部门、跨区域的系统整合和供应链协同的各种问题。同时，产品生命周期管理不仅是一个概念、方法和手段，而应该基于该方法构建具有一个符合产品生命周期理念和哲理的产品生命周期管理系统，**为产品生命周期提供知识共享的协同平台，并能支持未来新型制造模式**。

从上述 PLM 的定义中可提取出 PLM 具备的关键特性。

（1）一项企业信息化战略　它需要从企业战略层角度来规划 PLM 系统，包括其体系、工具和实施方法等。

（2）PLM 的范围　PLM 跨越企业或扩展企业，覆盖从产品概念产生到产品消亡和回收的所有产品阶段。实施 PLM 的目的是通过信息、计算机和管理等技术实现产品生命周期过程中企业各部门甚至企业间产品的设计、制造、管理和服务的协同应用。

（3）PLM 的对象　PLM 管理的主要对象是产品生命周期内与产品有关的所有信息。PLM 对产品整个生命周期中各个部门所产生的产品模型信息、过程信息和资源信息进行获取、处理、传递和存储。

（4）PLM 的实现　PLM 的实现需要一批工具和技术支持，即 PLM 系统或 PLM 软件，并且企业须建立起相应的信息基础框架来支持其实施和运行。

近年来，随着 PLM 技术的发展，CIMdata 在其原来定义的基础上进一步延伸了对 PLM 的内涵定义。这一内涵分析更加贴合今天 PLM 软件和技术的发展方向。

1）PLM 不仅是技术，还是业务解决方案的一体化集合。

2）协同地创建、使用、管理和分享与产品相关的智力资产，包括所有产品和企业的定义信息，如 MCAD、AEC、EDA、ALM 分析、公式、规格参数、产品组、文档等，还包括所有产品和企业的流程定义，如与规划、设计、生产运营、支持、报废、再循环相关的流程。

3）PLM 支持企业间协作，跨越产品和企业的生命周期。

1.6.2　PLM 与 PDM 的关系

从技术角度来说，PLM 是一种对所有产品相关的数据在其整个生命周期内进行管理的技术，因此必然与 PDM 有着深刻的渊源。事实上，大多数 PLM 厂商来自 PDM 厂商（如 Siemens PLM Software 的 Teamcenter、PTC 的 Windchill）。由前面对 PDM 系统的分析可知，在 PLM 理念产生之前，PDM 是主要针对产品研发过程的数据和过程的管理。在 PLM 理念下，PDM 的概念得到延伸。因此，可以说 PLM 完全包含了 PDM 的全部内容，或者说 PDM 的功能是 PLM 中的子集，也可以说，没有 PDM 就没有 PLM。

（1）PLM 和 PDM 的联系

1）PDM 是 PLM 的基型，是 PLM 系统中的一个子集。

2）PLM 是 PDM 的变型，PLM 包含 PDM 的全部内容。

3）都以产品（P）为管理核心。

4）都以数据、过程和资源为管理信息三大要素。

5）PDM 实现了对 CAx 有形数据的管理。

6）PLM 实现了 CAx 与 ERP 的集成，把人员、过程和信息有效集成在一起。

（2）PDM 与 PLM 的区别　可以从表 1-3 明确看出 PDM 与 PLM 的区别。

表 1-3　PDM 与 PLM 的区别

PDM	PLM
侧重产品开发阶段数据的管理	侧重产品生命周期数据的管理
侧重企业内部数据的管理	侧重跨供应链的所有信息的管理
侧重以文档为中心的研发流程管理	力争实现多功能、多部门、多学科、多外部供应商之间的紧密协同
侧重实现与 ERP 等系统的对接式集成	侧重实现与 ERP 等系统的深层次集成

从表 1-3 可看出，PLM 概念强调的是将管理范畴延伸到产品的整个生命周期，覆盖产品的设计生命周期、制造生命周期、使用生命周期和回收生命周期的全过程，通过基于唯一的、准确的信息来源，为企业内各个部门、集团企业间甚至是合作伙伴间提供有效的共享信息，使企业能够更快捷地应对客户的各种需求，通过产品知识的管理和重用，形成企业的产品创新平台。

1.7　PLM 系统的技术体系和软件架构

1.7.1　PLM 系统的技术体系

PLM 系统是企业管理产品信息的中枢，为了便于理解和实施 PLM 系统，首先要了解 PLM 系统的技术体系。CIMdata 提出，典型的 PLM 系统模型由基础技术、核心功能、应用功能、业务解决方案组成（见图 1-8）。

（1）基础技术　PLM 系统的基础技术包括标准和规范、系统管理、企业应用集成、协同、可视化、报表和分析、搜索等。

标准和规范：PLM 系统必须建立相应的支持信息共享、交换、通信和集成的标准和规范。PLM 系统需要从系统管理、资源管理、资源使用、运行控制、流程管理、操作规范和数据标准等方面建立标准和规范体系。

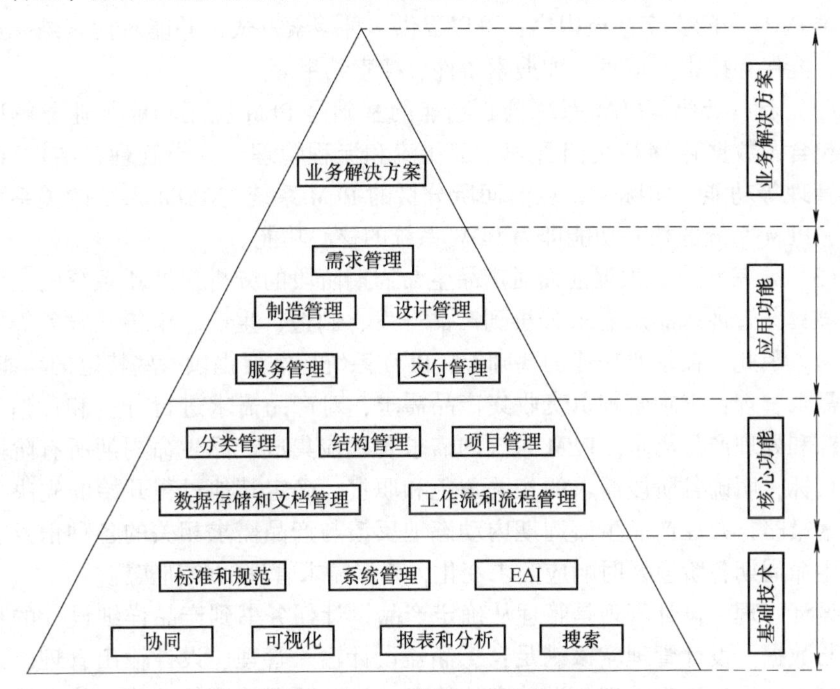

图1-8　PLM系统的技术体系

系统管理：用于配置、控制、监测系统的运行情况，如管理数据库和网络配置、设置和变更访问许可、分配用户权限、审批流程、数据备份等；提供定制功能，满足不同企业的业务需求；提供与常见应用软件 Office、CAD 等的接口。

企业应用集成（Enterprise Application Integration，EAI）：通过网络将企业各应用系统无缝集成，实现企业内部及企业间信息的共享与协同；综合应用服务器、中间件技术、远程进程调用和分布式对象等先进计算机技术，将业务活动所涉及的大量数据、应用和过程集成起来，实现产品生命周期中各种数据信息和业务流程的有效管控。

协同：PLM 系统需要支持企业内和企业间协同创建、管理、传播和应用贯穿整个生命周期的产品定义信息。

可视化：提供无须借助 CAD 软件就能浏览和操控二维和三维数据的功能。

报表和分析：提供提取、分析报告及流程信息的简单工具；可从结果中生成报表，并能调整报表格式、自动分发报表，及通过定义关键绩效指标（Key Performance Index，KPI）自动生成报表；可将报表导出到 Excel 或其他应用程序。

搜索：能搜索结构化数据（数据库）、非结构化数据（文本、网页）、二维和三维 CAD 中的文字甚至内容；可以提供多种搜索方式，并能对搜索结果进行处理；能保存搜索的信息，如搜索条件、搜索结果等。

（2）核心功能 PLM 系统核心功能的基础是 PLM 应用功能与业务解决方案，包含了数据存储和文档管理、工作流和流程管理、分类管理、结构管理、项目管理等功能。实际上，从前面所分析的 PLM 系统与 PDM 系统的关系可以看出，PLM 系统的核心功能即为 PDM 系统的核心功能。

（3）应用功能 根据前面对产品生命周期阶段的分析，PLM 系统的应用功能应该具备管理产品从需求分析到产品开发、制造、生产、销售、服务等方面的能力。因此，在核心功能的基础上，PLM 系统还需要提供一些特定的功能。

需求管理：需求管理负责收集产品需求，对产品需求进行分析和评估，以及跟踪和处理产品需求。PLM 系统的需求管理应集成产品生命周期所有阶段的需求目标，明确各阶段需求的相关角色和职责，确定其他过程开始的先决条件和技术策略，并在产品生命周期内动态地反馈与产品需求相关的各种信息，使产品生命周期各阶段及时响应需求变化，确保需求管理的顺利实施。

设计管理：设计管理是管理从确定产品设计任务书到产品详细设计的相关过程与数据。设计管理应该满足：①涵盖设计输入管理、设计输出管理、设计任务管理、设计过程管理、设计审签管理和设计数据管理等功能；②支持全新设计、变型设计、变更设计和参数化设计等主要设计形式；③支持适应瀑布式开发和最新的敏捷迭代式开发等不同的开发模式；④符合企业质量管理体系中有关设计管理的要求，实现质量管理体系中有关设计管理要求落地的效果，具备对企业使用各种设计质量控制技术［如失效模式及影响分析（FMEA）法、问题分析法等］产生的数据进行有效管理的能力。

制造管理：制造管理是对制造技术准备过程和产品工艺数据的管理。制造管理包括制造件管理、MBOM 配置管理、工艺知识管理、制造资源管理、工艺规程设计管理、工装设计管理、工艺模型管理、材料消耗定额计算管理、工艺审签管理等。

交付管理：交付管理是产品生命周期中的一个重要环节，要求在规定的时间将产品按质按量地交付给客户，以达成合同协议要求。交付管理应包括装箱、发运、安装调试、验收等过程和数据的管理。

服务管理：服务管理是指对在产品交付给客户以后所提供的各种服务活动及相关数据进行管理。服务管理主要包括 SBOM 管理、备品/备件管理、维保管理、客户诉求管理、产品故障管理、运维知识库管理等；对于安全类产品还需提供状态检测等运维服务；对报废后可能损害环境的产品还需提供回收管理等。

（4）业务解决方案 不同公司推出的 PLM 产品会关注不同的功能。对于一个特定的公司而言，并不是所有的功能都是必要的。不同行业、不同企业会根据产品本身的特点，组合这些基本的功能而形成自己的业务解决方案，支持在企业内和企业间协同创建、管理、传播和应用贯穿整个产品生命周期的产品定义信息，并集成了人、流程、业务系统和产品信息。

1.7.2 PLM 系统的软件架构

PLM 系统属于企业大型业务平台软件，SJ/T 11729—2018《产品生命周期管理（PLM）规范》规定，PLM 系统应该采用分层结构（见图 1-9）。

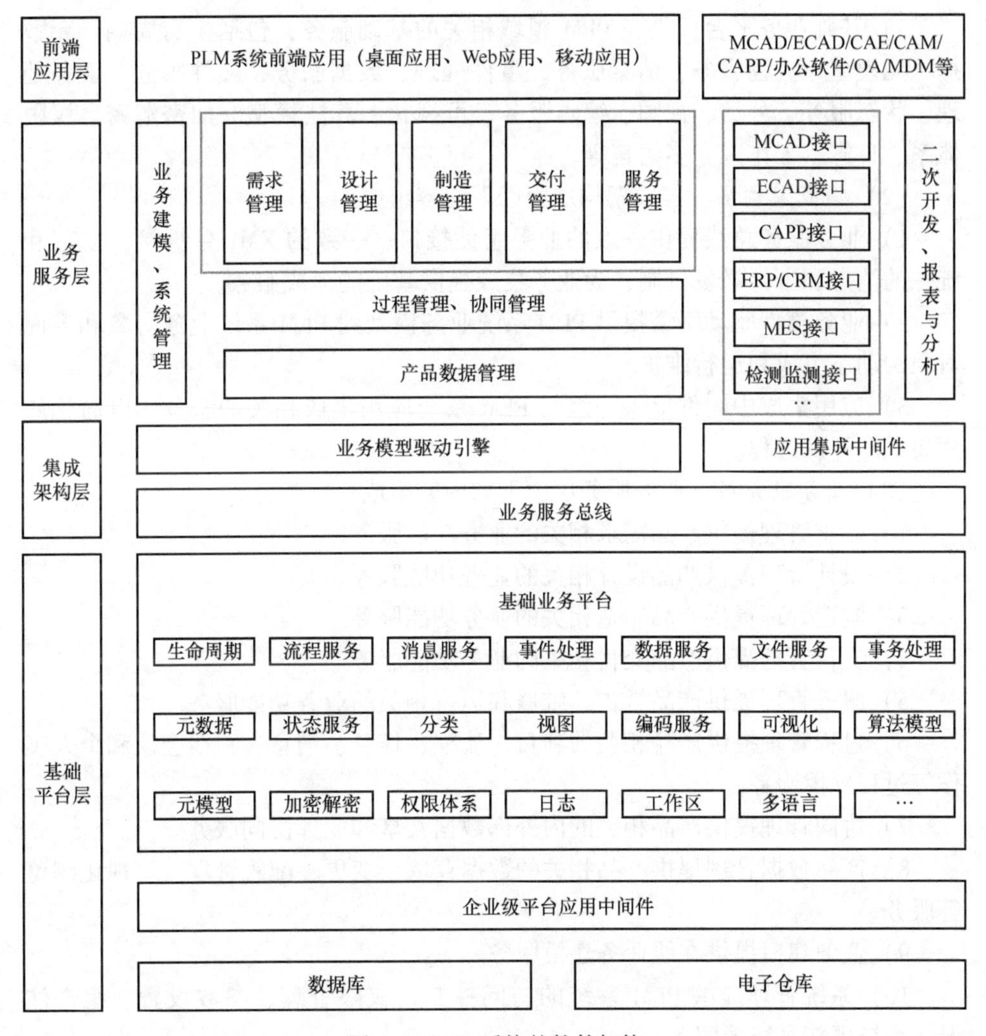

图 1-9 PLM 系统的软件架构

（1）基础平台层　基础平台层由下列内容组成：

1）数据库用于存储结构化数据，电子仓库用于存储非结构化数据。

2）企业级平台应用中间件提供不依赖于硬件、网络、操作系统等基础运行环境的通用系统底层服务，并支持安全的、可伸缩的、分布式的组件应用架构，同时顺应云计算和 SaaS 模式的发展，提供对云服务架构的支持。SaaS 是 Software as a Service（软件即服务）的简称，它是一种通过互联网提供软件的模式，厂商将应用软件统一部署在自己的服务器上，客户可以根据自己的实际需求，通过互联网向厂商定购所需的应用软件服务，按定购的服务多少和时间长短向厂商支付费用，并通过互联网获得厂商提供的服务。

3）基础业务平台提供与 PLM 领域相关的基础服务，包括生命周期、元数据、元模型、流程服务、消息服务、事件处理、数据服务、文件服务、事务处理、状态服务、分类、视图、编码服务、可视化、算法模型、加密解密、权限体系、日志、工作区、多语言等。

（2）集成架构层　集成架构层由以下内容组成：

1）业务服务总线提供一致的业务组件接口、一致的 XML 数据接口规范和统一的消息和事件触发机制，为业务集成提供基础的集成服务。

2）业务模型驱动引擎提供 PLM 系统业务模型到 PLM 系统业务对象和界面对象的动态生成和运行维护。

3）应用集成中间件提供一组与 PLM 系统应用集成相关的服务，以简化应用集成的开发过程。

（3）业务服务层　业务服务层由下列内容组成：

1）需求管理提供产品需求相关的业务功能服务。

2）设计管理提供产品设计相关的业务功能服务。

3）制造管理提供产品制造相关的业务功能服务。

4）交付管理提供产品交付相关的业务功能服务。

5）服务管理提供产品维护、维修和运行相关的业务功能服务。

6）过程管理提供产品相关的项目、流程、任务、消息、在线会议和个人工作等过程支撑服务。

7）协同管理提供产品相关的内外部数据共享和业务协同服务。

8）产品数据管理提供产品相关的数据存取、变更、配置管理、可视化浏览等服务。

9）业务建模提供在线业务建模服务。

10）系统管理提供 PLM 系统的访问控制、权限管理、参数设置、组件注册、系统更新升级等服务。

11）二次开发提供代码级别的业务功能开发支持服务。

12）报表与分析提供针对PLM系统的数据报表开发、统计和分析等服务。

13）应用接口提供相应应用系统的数据和功能服务。

（4）*前端应用层* 包括PLM系统前端应用和其他专业应用系统。PLM系统前端应用包括桌面应用、Web应用和移动应用。CAE、CAM、办公软件等应用系统通过封装实现与PLM系统的集成，MCAD、ECAD、CAPP等应用系统通过在主菜单中嵌入相应的PLM系统应用接口菜单而实现与PLM系统的集成。

1.8 PLM系统的核心功能和核心作用

1.8.1 PLM系统的核心功能

PLM系统的功能模块应该覆盖从产品概念设计到应用集成的各个业务方面，主要包括数据管理、项目管理、配置管理、质量管理、协同管理和产品行为管理。这些核心功能通过信息逻辑关系成为一个有机整体，为各阶段产品属性状态的流转、变更、集成和协同提供有效的管理工具。

（1）*数据管理* 数据管理是PLM核心功能的基础，分别以应用封装、构件和中间接口等形式完成PLM系统与各种应用系统的集成，实现异构系统间数据流的共享。数据管理功能包含文档管理、集成管理和产品结构管理。

（2）*项目管理* PLM项目管理从立项开始要全面考虑产品需求、设计、制造、销售及回收等每一个阶段。项目管理包含项目规划、项目分解、项目控制等。在PLM项目管理中，通过工作分解结构（WBS），监控调整项目单元内项目进度、经费、质量等计划信息，使每一阶段处于可控、可追溯、权限访问状态，实现项目进度、成本、质量的综合平衡和动态控制。

（3）*配置管理* 配置管理是PLM的功能基线。PLM配置管理是在知识库推理求解的基础上，通过配置规则和配置项管理，实现对产品主模型的标识，进而实现基于规则的产品选择和演变的配置技术、产品更改控制技术、产品配置审核技术及配置可视化技术，实现产品生命周期不同阶段的静态配置和可追溯管理。

（4）*质量管理* 质量管理提供多阶段的系统方案，通过质量规划、质量控制和质量完善，使公司在正确的时间得到正确的产品。

（5）*协同管理* 在系统集成技术的基础上，PLM对整个系统进行协同化管理，即在每一个阶段都要考虑其他各阶段因素，实现系统内项目管理的动态协同和配置管理的静态协同。

（6）*产品行为管理* 在企业运行和相关标准的基础上，实现系统环境、健康、信息安全和产品回收的一致性管理，为PLM系统的实施提供可靠性保障。

1.8.2 PLM 系统的核心作用

PLM 系统的应用价值贯穿产品的整个生命周期，其核心在于提高利润率并降低成本。在产品生产阶段，企业通过对已有产品和流程的重用，可以更快地推出新产品，节省大量的时间和人工成本。在产品运维阶段，企业可以借助 PLM 系统持续地为客户提供维护/维修服务，获取由产品额外服务带来的利润。PLM 系统的核心作用主要体现在以下几个方面。

（1）支撑企业实现模块化设计和大规模个性化定制　帮助企业开发以客户需求为核心的产品，通过快速满足客户的个性化需求来提升客户满意度，帮助企业提升盈利能力。

（2）缩短新产品的研发与上市周期、降低产品研发成本　正确应用 PLM 系统可以最大限度地实现设计重用，通过紧密集成各类设计软件，实现多学科、异地协同研发；同时，PLM 系统还可以精准地管控变更过程，减少设计错误造成的返工，显著缩短产品开发周期。

（3）确保整个产品生命周期数据的一致性　当企业对产品生命周期过程所产生的数据进行结构化管理时，会形成各种数据类型的结构树，PLM 系统可以帮助企业将这些数据进行相互关联，对于任何一个客户服务变更所带来的逻辑结构变化，都可以进行有序的传递并执行，如机械结构、电气结构、软件程序和产品配置变化等。

（4）提升产品的运营效果　通过有效管理产品的 BOM（物料清单）信息，可实现服务生命周期管理和备品备件管理，提升客户服务满意度。

此外，从企业经济效益的角度看，据 CIMdata 统计，2021 年全球 PLM 市场增长 11.2%，达到了 595 亿美元。

1.9 PLM 的发展趋势

随着新一代互联网技术及人工智能技术的飞速发展，越来越多的智能化技术被应用到工业的智能化转型过程中：产品变得更加智能，人与物之间开始实现互联，个性化定制消费观念需要消费者与生产厂家的信息对接，而且从设计到服务、从供应链到资金再到人力资源、从产品使用维护到报废回收，产品数据如今变得无处不在。这些改变也促使制造企业对产品生命周期管理的技术需求发生了变化，PLM 也呈现出新的发展趋势。

1. 为企业搭建产品研发创新平台

越来越多的制造企业开始迫切需要依靠提升创新能力来增强产业技术水平，

而建设一个完整的研发创新体系是解决企业创新能力的关键。企业要想完成研发模式的迅速转变，就必须建立健全研发体系，构建产品研发创新平台。

在产品研发创新平台的体系架构（见图 1-10）中，研发技术处于基础地位，它由一些基本的理论和方法研究组成。研发技术通过融合和集成形成一系列研发知识、流程、规范和方法，通过软件化形成管理和设计工具系统或平台。

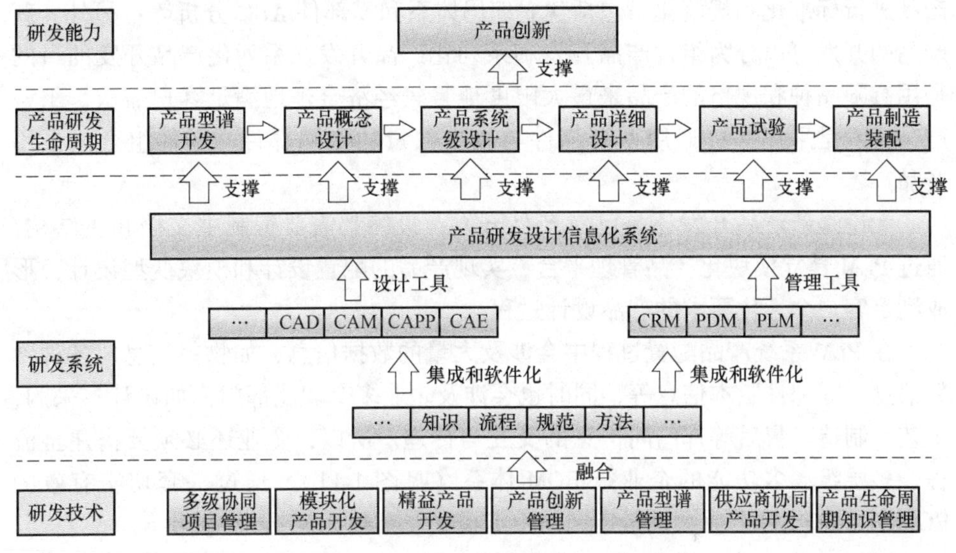

图 1-10　产品研发创新平台的体系架构

企业的产品研发系统是理论与方法付诸实施的关键，这些系统和工具就构成了 PLM 的基本要件。只有建立健全的研发体系，才能够应用 PLM 来全面支撑产品研发生命周期中的各个研发过程，最终提升企业的产品创新能力。

PLM 系统将设计、工艺、工程、分析与仿真、制造、质量、维修与维护、回收等相关过程的多种数据进行统一组织、管理和呈现，以实现产品数据集中、安全、有效的管理。同时，通过搭建涵盖各部分数据的 BOM，将分散于各阶段、各部门的设计、工艺、制造、质量等数据整合起来，为整个智能制造体系提供数据基础。此外，PLM 系统还可以集成程序设计与管理、仿真、优化、创新、质量等工具，使研发体系可以快速高效地应用这些工具，从而进行差异性、高性能、高品质的智能产品的研发创新。

2. 增强企业个性化、系列化产品开发能力

很多制造企业对于 PLM 系统已经有了一定的认识和了解，也逐渐意识到仅依靠 PLM 系统对文档进行管理远不能满足企业的实际需求。当把文档、零部件、模型集中管理起来后，企业关注更多的则是如何更好地运用先进的设计方法学（如模块化产品与系统设计方法学、集成产品开发等）来支撑 PLM 的深化应用。

模块化产品与系统设计方法学是在传统设计基础上发展起来的，现已被广泛应用，尤其是信息时代各类产品（如消费电子产品、汽车等）不断推陈出新，实施模块化设计的产品正在不断涌现，这使得企业不得不去关注这类设计方式。

实践模块化产品与系统设计方法学主要包含两个方面：首先是针对已有的产品进行标准化和规范化，包括建立编码体系和零部件 ABC 分析等；另外，新产品的开发可以分为组合产品开发和系列化产品开发。系列化产品开发的目的是用有限品种和规格的产品来最大限度地且较经济合理地满足客户需求。组合产品开发是采用一些通用系列部件与较少数量的专用部件、零件组合成专用产品。

无论是新产品开发还是已有产品开发，最终都需要编制主文档和主结构，通过 PLM 建立模块化产品管理平台，实现产品的配置设计和模块变型设计，形成满足客户个性化要求的产品设计过程。

在 PLM 系统产品配置过程中会涉及大量的数据信息，如物料信息、各种参数信息、零部件版本信息等，同时也会涉及企业多个职能部门，如设计、采购、工艺、制造、售后等部门间信息的交互与传递。所以，企业还必须要搭建全流程、多层级、多功能的企业级 BOM 体系（见图 1-11），通过一套切实有效的 BOM 体系来支撑企业大批量定制的生产模式。

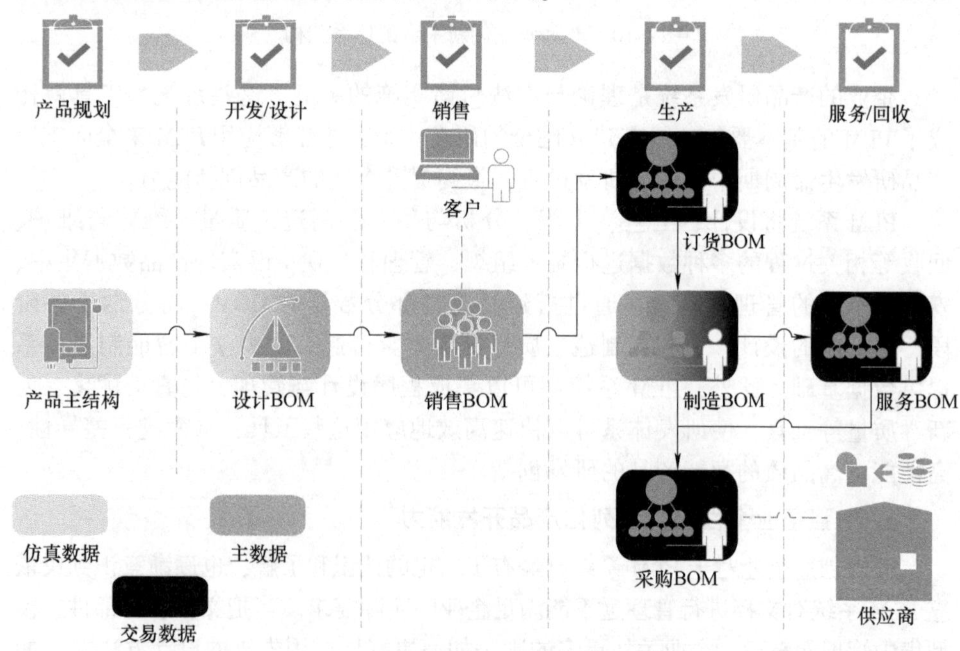

图 1-11　产品生命周期 BOM 变化状况

3. 构建协同的设计创新环境，与客户进行联合创新

很多企业需要依靠 PLM 系统实现企业内、企业间的协同研发（见图 1-12），并进行协同研发管理。其中，企业内部协同研发管理一方面是研发部门之间的协同研发管理模式（尤其是异地的管理），另一方面是研发部门与其他部门之间的协同（如采购、项目部等）。

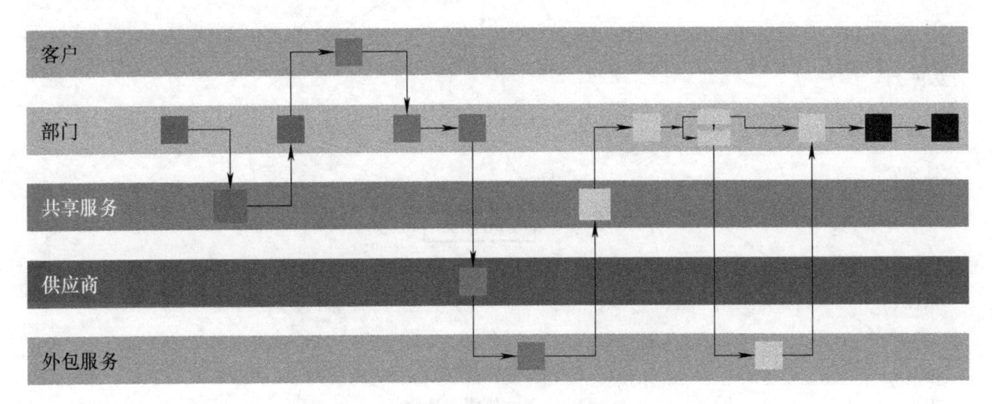

图 1-12　企业内、企业间的协同研发管理

PLM 系统基于云端可以与供应商、合作伙伴、客户进行协同研发，让所有人都能够参与到开放式的创新中来（见图 1-13）。PLM 系统帮助企业在产品早期研发过程中与设计伙伴、供应商等进行协同，通过实时协同、信息共享、移动化，使企业能够更有效地开展合作，并能利用社交实现更大范围的协同创新，加速产品开发。国际知名 PLM 研究机构 CIMdata 曾指出社交计算对于 PLM 发展的重要意义，主要表现在三个方面：使用社交计算开发产品、在产品里运用社交计算、用社交计算营销产品。

4. 建立覆盖产品生命周期的全局变更管理

在产品生命周期中还存在变更管理模型，包括功能、设计、零部件、成品、维修等阶段的产品数据都会存在发布前的多次调整、发布后的多次改变，这种调整和改变都需要进行相应的管理与执行。

PLM 系统除了具有管理产品静态数据的功能，还具有一个很重要的功能：将产品生命周期内的动态数据全部管理起来，除了管理每个产品的技术信息和状态，同时还可以记录产品技术项目的变更。

因此，PLM 系统的技术状态管理（见图 1-14）贯穿产品研发、生产、使用的全过程，可帮助企业准确、快速地定位产品在生命周期中的技术状态，实现产品技术状态的正确、完整、协调、可追溯，保证产品的正常使用及维护。技术状态管理是企业深化应用 PLM 时必须关注的基础工作，企业必须制定相应的

管理制度，遵循标准定义的要求，规定各有关职能部门在产品技术状态管理工作中的职责和工作程序，借助 PLM 固化管理流程，严格执行。

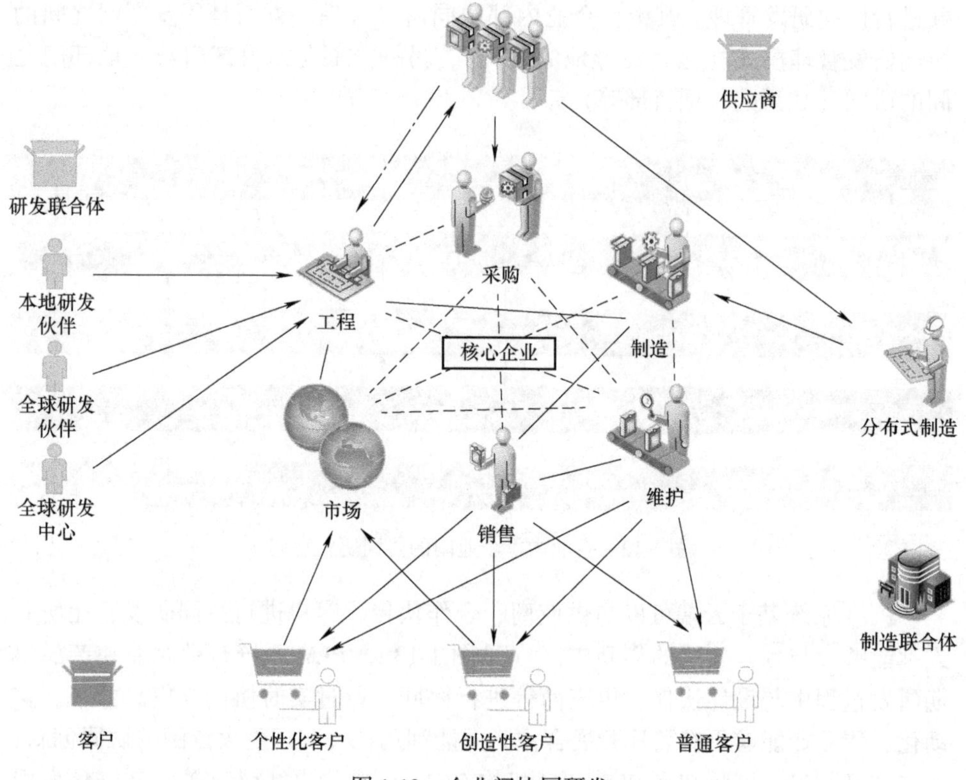

图 1-13　企业间协同研发

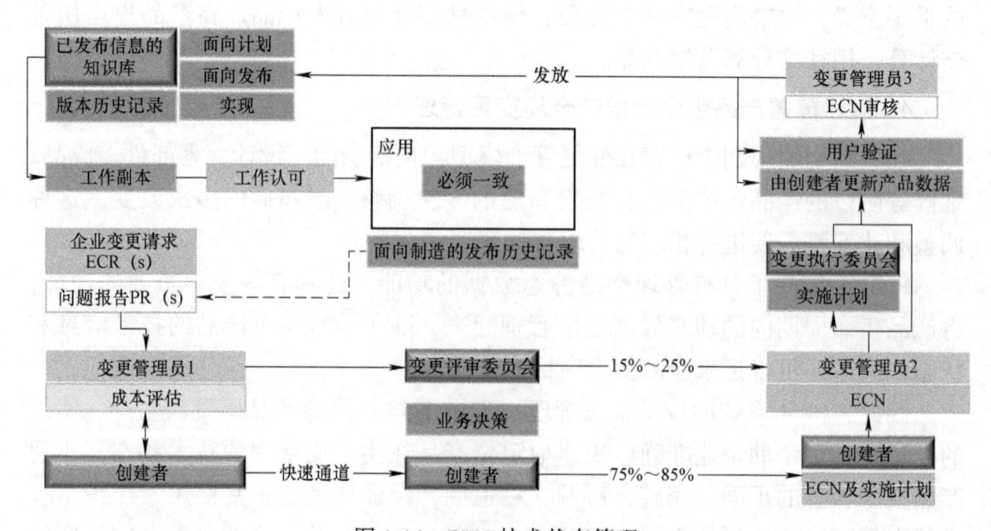

图 1-14　PLM 技术状态管理

在 PLM 系统上应建立以业务流程驱动的变更管理，以管理整个变更过程。同时，通过分析变更的影响范围，为受影响的对象执行变更提供相应的依据和参考，保证变更的准确性；通过流程的控制，协同变更过程各参与人的工作，保证变更的及时性；通过数据集成平台接口，将变更数据及时下发到 ERP、MES 等系统，覆盖产品生命周期的各个相关业务部门，保证变更的有效性。

5. 以模型为核心，构建基于模型的企业

对于很多企业来说，仅将三维模型用于产品研发阶段是一个误区，而且对企业资源来说是一种极大的浪费，这也使得很多企业实施 PLM 系统所期望的收益与价值大打折扣，反而影响了整体效率。所以，企业必须建立基于三维模型的协同设计、制造体系，覆盖产品的整个生命周期，设计、制造、服务一体化（见图 1-15），实现全三维设计。

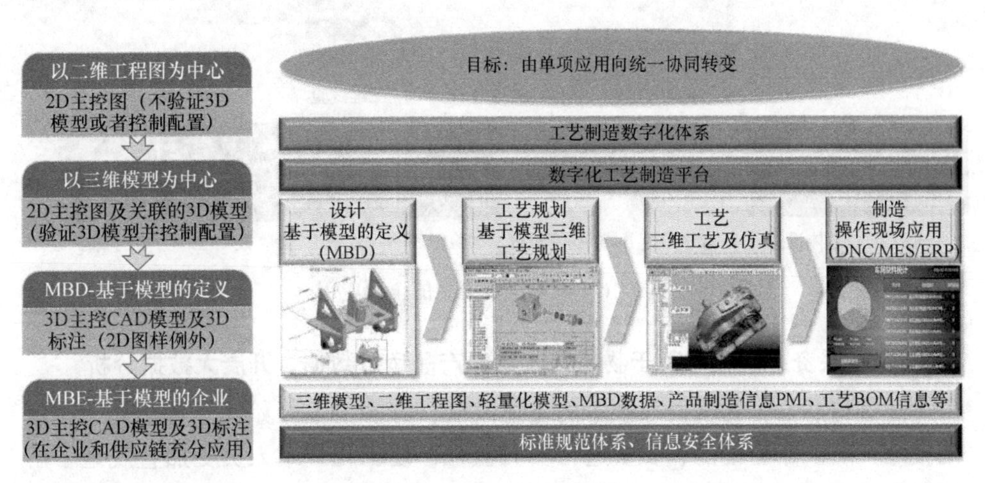

图 1-15　基于 MBE 的设计、制造、服务一体化

全三维设计的标志首先体现在企业在产品设计中必须采用三维设计，其次设计过程中的数据一定是独立的、稳定的、可管理的、可重用的。三维模型中包含的数据信息可以在工艺、制造环节有效传递，生产制造包括后续的业务流程都高度自动化，实现数字样机和物理样机中间各个环节的通路，最终构建一个基于模型的企业（MBE），即整个企业内部各个业务部门的协同都是基于三维模型，例如无纸化车间运用轻量化的三维模型等。

因此，企业必须在设计、制造、服务等业务中全面应用三维模型（见图 1-16），应用三维模型进行多学科、跨部门、跨企业的产品协同设计、制造和运维，通过三维模型支持技术创新、大批量定制和绿色制造，然后结合 PLM 系统将企业产品生命周期中所需要的三维模型及定义信息进行集中管理。目前，支持全三维应用的 PLM 软件厂商主要是几家软件功能较强的三维 CAD 软件厂商，如达索系统公司、西门子公司和 PTC 公司。

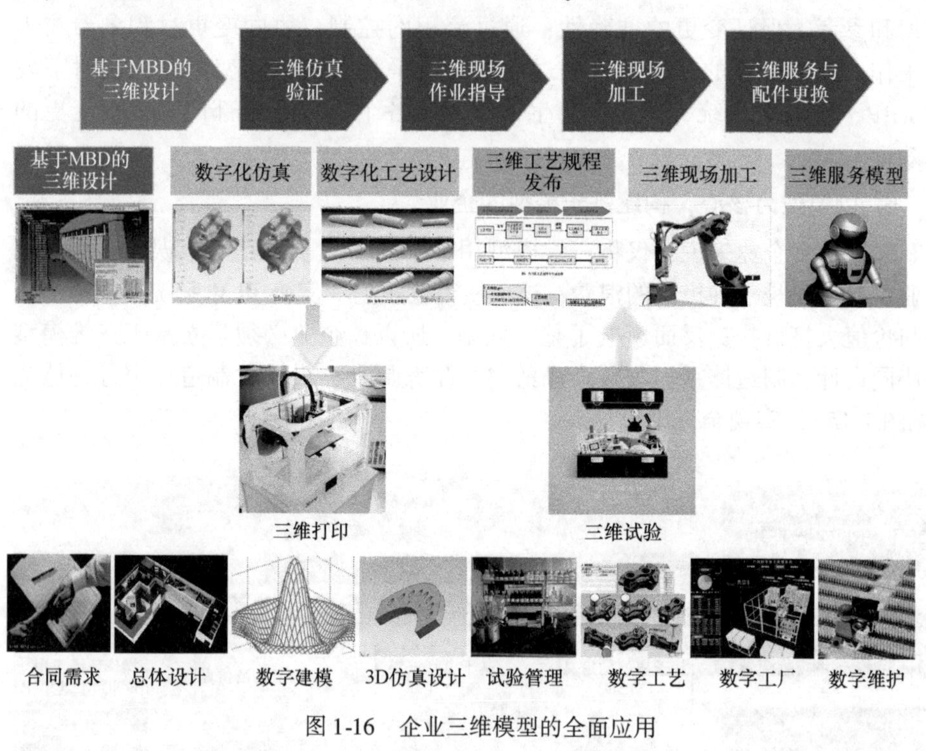

图 1-16　企业三维模型的全面应用

6. 互联资产，管理基于物联网收集的产品运行数据，开展大数据分析

随着传感器、物联网等技术的飞速发展，许多企业开始基于传感器、物联网技术，对产品的性能、质量进行实时监控，使工程技术人员更加直观地了解当前产品在实际工况下的软硬件运行状况。

因此，需要利用 PLM 系统管理基于物联网收集的产品运行数据，基于大数据分析和智能优化对搜集到的海量数据进行处理、分析、编程，以及进行预防性的维修与维护。同时，基于物联网技术也可以了解在以往产品研发过程中出现的问题，继而在下一代产品研发中改进设计，使产品能够不断地动态优化以改善用户体验，持续改进产品质量和功能。

7. 建立端到端的客户结构化需求管理

企业的产品能否迅速占领市场，很大程度上取决于企业能否准确把握客户多样化的需求并付诸实践，以及及时在产品策略上做出转变。PLM 系统通过结构化需求管理可以集成产品生命周期所有过程（需求开发、概念设计、详细设计、生产制造、销售、使用、维护及回收等）的需求目标，并关联到文件、产品主数据及物料清单上，明确各阶段需求的相关角色和职责，确定其他过程开始的先决条件和技术策略，并在产品生命周期内动态地反馈与产品需求相关的各种信息，使产品生命周期各阶段及时响应需求变化，确保需求管理的顺利实施。

虽然企业对于PLM需求管理功能的关注度近年来才开始增强，但部分PLM解决方案供应商早已提供了需求管理解决方案，如Siemens PLM Software的Teamcenter Requirements Management、PTC的Requirements Management，达索系统的ENOVIA Requirements Central，此外，SAP、Aras和金蝶等厂商也有需求管理解决方案。

8. 建立以系统工程为核心的产品研发体系

系统工程是一种用于实现智能产品开发的跨学科方法，也是智能制造时代下研发智能产品的核心需求之一。系统工程体系如图1-17所示。将系统工程融合在PLM系统中，首先可以将研发过程中不同部门所产生的模型系统数据集中在一个单一的环境下进行管理，对产品进行设计综合和系统验证；其次，对这些系统模型还可以进行权限管理与版本管理，并实现研发流程的关联，保障数据的可靠性及可追溯性。另外，不同的系统模型会演变出各种不同的设计方案，所以必须对这些模型数据进行有效的管理。基于系统工程的PLM就是将开发组织中相关的人员、数据及模型、流程进行有效集成，建立设计变量和方案管理平台，以支持协作开发过程。

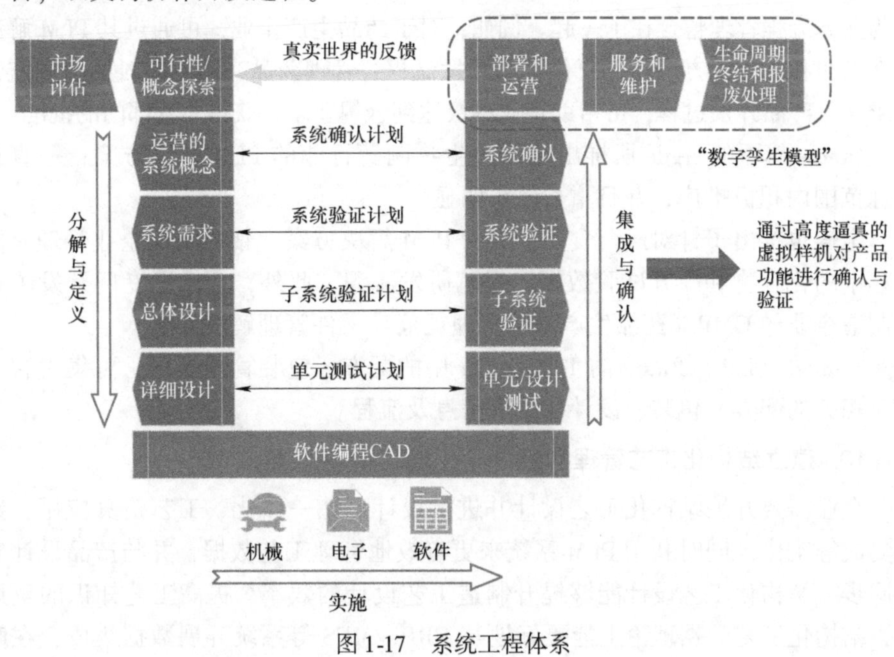

图1-17 系统工程体系

系统工程的思维是指一个产品涉及多个学科，包含机械、电气、软件各个部分，在整个过程中，需要将系统工程和 PLM 技术准确地结合，同时不再是传统的单向模型，而是双向的，通过高度逼真的虚拟样机对产品功能进行确认与验证。

基于企业对系统工程需求和所面临的挑战，Siemens PLM Software 公司并购了 LMS 公司后，推出了全新的仿真和测试产品套件 Simcenter。LMS 拥有整个系统工程产品体系，全面覆盖制造业产品关键属性的开发，包含系统动力学、结构完整性、声音品质、疲劳耐久性、安全性及能源消耗等方面，可以帮助企业对产品研发中各个阶段的虚拟样机和物理样机模型进行仿真与测试验证。Simcenter 所涉及的技术领域，都可以在 PLM 环境中进行数据管理，这意味着 Simcenter 与 Siemens PLM Software 原有的 Teamcenter 进行了深度集成，用以支持复杂系统的工程设计和开发。SAP PLM 也提供系统工程相关解决方案，用于管理系统架构、系统分析和系统设计。

9. 实现流程行业的配方管理

随着 PLM 的内涵和管理范畴的不断扩展，应用的行业也由最初的离散制造行业逐渐向流程行业延伸。通过 PLM 系统可以实现对流程行业产品进行工艺配方和工艺过程管理。传统的提供面向机械产品的 PLM 解决方案的供应商，为了加快自身的发展，通过并购或自主研发建立了支持配方产品开发的解决方案。

达索系统面向生命科学的 PLM 解决方案，把设计、工程和制造规划的尖端工具与业务流程管理整合在了一起。例如，对于药品生产企业，可通过其 PLM 解决方案发明和优化配方产品，简化产品开发流程，管理药品交付，同时通过把监管要求纳入产品开发过程，可帮助企业尽快达到合规要求并获得监管部门的批准。

Oracle 旗下的 Agile 所推出的面向生物制药行业的 PLM 解决方案，一直在全球范围内积极推广，并且增长势头明显。

金蝶也推出了针对医药食品行业的 PLM 解决方案，帮助制造企业管理研发过程中的化合物和配方试验数据，规范研发流程。此外，金蝶还专门开发了针对制造企业的 GMP（药品生产质量管理规范）文件管理解决方案。

Siemens PLM Software 的 Teamcenter 中的配方、包装管理模块，可集中管理产品相关的配方、包装、设计和品牌信息及流程。

10. 建立结构化工艺管理平台

企业需要开展结构化工艺设计并进行设计工艺一体化、工艺仿真应用、数据集成等工作，同时利用 PLM 系统来更有效地管理工艺数据，并与产品设计实现同步。结构化工艺设计能够提升制造工艺设计的效率、提高工艺知识的重用率，结构化工艺数据理论上能更好地与 ERP、MES 等系统开展数据集成，在解决了前后系统的数据一致性后理论上能实现数据集成的自动化，提高产品研发整体的信息化效率，能更好地帮助企业实现数字化、智能化转型。结构化工艺管理如图 1-18 所示。

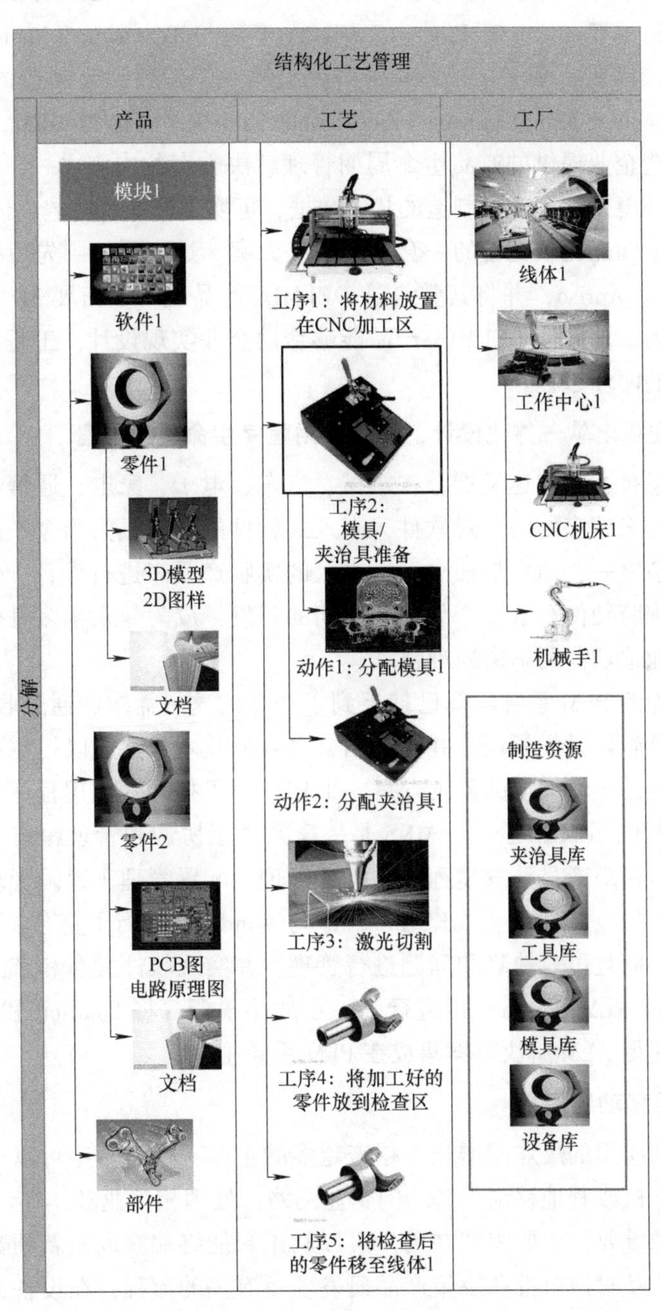

图 1-18　结构化工艺管理

Siemens PLM Software、达索系统、PTC、CAXA、天河、开目、艾克斯特等PLM软件厂商早已提供了相应的工艺与制造过程管理解决方案。Siemens PLM Software 将 Tecnomatix 数字化制造解决方案与 Teamcenter 产品生命周期管理解决方案融合，将原 Tecnomatix Process Designer 模块与 Teamcenter Manufacturing 模块进行整合，形成一套在 Teamcenter 平台上统一管理数字化制造的解决方案，全称为 Teamcenter Manufacturing Process Management，简称为 MPM，是 Siemens 公司针对制造企业提供的产品生命周期管理解决方案的内容之一，建立了一个数字化生产环境，管理产品制造的相关数据，可实现设计、工艺一体化及管理，是目前市场上功能比较完备的一套制造解决方案。达索系统则先后并购了 MES 软件 Intercim、Apriso，并将其整合进 DELMIA 产品线，以拓展 3D 体验平台的虚拟现实能力，从而使 DELMIA 产品能够帮助企业实现设计、工程、制造和客户体验之间的闭环过程。

11. 实现机电软一体化设计，拓展应用程序生命周期管理

随着信息技术的快速发展，在机械、汽车、电子、家电、通信等行业的产品中融入了越来越多的嵌入式软件，嵌入式软件的开发成为当今产品开发流程中的重要环节之一，通常是独立于所嵌入的实物产品来进行设计、仿真、管理等。如何实现跨硬件和软件产品生命周期的开发，成为越来越多融合了软件开发的制造企业迫切需要解决的难题。

部分领先的 PLM 系统厂商已捕捉到了企业的这一需求，通过收购等方式，将触角延伸至软件开发领域，并充分结合自身的技术优势，以提供更全面的跨硬件和软件产品生命周期的解决方案。如 PTC 为了拓展其应用程序生命周期管理（ALM）收购了 MKS 公司。MKS 是一家致力于协调和管理密集型软件产品开发，同时可追踪产品开发过程中的需求管理、配置管理、编码管理和测试管理等的公司。如今 PTC 已将 MKS Integrity 与 Windchill 进行了整合，不仅能管理客户的需求，而且可对缺陷和问题进行管理，并实现软件发布和产品配置的同步性。Siemens PLM Software 也进行了一项战略投资，将 Polarion 和 Teamcenter 进行整合，使得 ALM 解决方案集成在 PLM 系统中。

12. 满足移动应用

随着移动应用的爆炸式增长，越来越多的企业工作者希望可以通过智能手机、平板计算机或其他移动设备访问企业网络，处理相关业务。移动 PLM 的功能变得越来越重要，主要表现在用户可以利用智能终端获取最新的数据和详尽的历史信息，及时地审批和决策产品研发项目有关的流程，在设备进行维护与维修时，能及时地调用 BOM 信息获得配件情况，或者从系统中得到维修检查步

骤或派工单等。利用移动终端获得PLM系统中的相关信息，对企业来说是非常有价值的。目前PLM领域提供移动解决方案的厂商主要有Aras PLM、Siemens的Teamcenter Mobility、达索系统和Autodesk等。

随着新兴技术的不断发展，用户对制造企业产品需求不断变化，PLM系统技术必然会不断进化，更加深入地对产品生命周期各阶段产生的数据进行集中管理，充分满足企业智能制造数据管理的要求，有效打通从设计、仿真、制造、使用、维修与维护到回收的数据流，充分实现产品生命周期端到端的数据流自动化。

第 2 章

PDM/PLM 系统的关键支撑技术

PLM 是一种企业信息化的商业战略，提供一整套的业务解决方案。PLM 系统能够实现把人、过程和信息有效地集成在一起，作用于整个企业，遍历产品从概念到报废的整个生命周期；支持与产品相关的协作研发、管理、分发和使用产品定义信息。对于 PDM/PLM 管理的核心——产品数据，在信息化背景下必须满足共享性、重用性、一致性、完整性、追溯性的要求，以保证实现产品生命周期的信息、过程集成和协同应用。

本章重点探讨和介绍保证产品数据共享性、重用性、一致性、完整性、追溯性的关键技术，即 PDM/PLM 的标准化技术、PDM/PLM 编码技术、产品数据模型和数据组织技术，以及产品数据存储技术。

2.1 制造企业产品数据管理标准化技术

随着工业自动化和计算机技术的不断发展，标准化工作在企业发展中的地位和作用越发引起人们的重视。PDM/PLM 作为 CAD、CAPP、CAM 集成平台，一方面要为 CAD、CAPP、CAM 系统提供数据管理与协同工作的环境，同时还要为 CAD、CAPP、CAM 系统的运行提供支持。也就是说，CAD 系统产生的二维图样、三维模型、零部件的基本属性、产品明细表、产品零部件之间的装配关系、产品数据版本及状态等，需要交由 PDM/PLM 系统管理，而 CAD 系统也需要从 PDM/PLM 系统中获取设计任务书、技术参数、原有零部件图样、资料及更改要求等信息。同理，CAPP 系统产生的工艺信息，如工艺路线、工序、工步、工装夹具要求，以及对设计的修改意见等，也需交由 PDM/PLM 系统进行管理，而 CAPP 要从 PDM/PLM 系统中获取产品模型信息、原材料信息、设备资源信息等。CAM 同样将其产生的刀位文件、NC 代码交由 PDM/PLM 系统管理，同时从 PDM/PLM 系统获取产品模型信息和工艺信息等。简单地说，基于 PDM/PLM 的系统集成是指将企业正在使用的各种应用软件及产生的数据文件通过应用接口、封装及二次开发等多种形式，纳入 PDM/PLM 系统框架中，将 PDM/PLM 系统作为存储与传递信息的平台，并使与产品有关的整个信息流在系统内畅通无阻，得以共享。为了 PDM/PLM 系统的顺利实施，PDM/PLM 系统需利用统一的数据格式和用户界面实现 CAD、CAPP、CAM、CAE 及 ERP 等不同应用系统和工具的协同工作，为企业提供从设计、制造到售后技术服务整个产品生命周期的协同工作环境。这就使工业界迫切需要综合性强、可靠性高的信息交换机制，实现计算机辅助工程（CAx）系统之间的有效集成，以及需要先进的计算机技术来帮助标准化工作的开展。

自 20 世纪 70 年代中期以来，各国为制定 CAx 标准做了大量的工作，PDM/PLM 系统的标准化技术正是建立在这些基础上的。本书的 PDM 标准化技术主要从产品数据交换标准、产品资源描述和共享标准、PDM/PLM 系统开发有关的标准及 PDM/PLM 系统实施有关的标准几方面进行介绍。其中，重点介绍产品数据交换标准及产品资源描述和共享标准。

2.1.1 产品数据接口与交换标准

制造企业在 CAD、CAPP、CAM 系统集成中，产品数据的存储、维护和传输是非常重要的一环，要求产品数据管理系统以一种安全的电子文本形式存储产品及设计信息，并保证对信息访问的安全性。PDM/PLM 系统作为 CAx 系统间的信息载体，需要建立统一的接口与交换标准，将用户从 PDM/PLM 系统中获取的各种有关零部件的设计信息以统一的数据格式存入数据库中进行管理，实现用户与系统间的信息交换。所以，这些接口与交换标准的创建工作非常重要，它直接关系到整个 PDM/PLM 系统集成平台的成败。目前，国际上通用的产品数据接口与交换标准主要针对图形子系统内部的接口及标准、通用图形标准、数据交换标准这三个方面进行研究。根据国际上标准化技术的研究进展，下面分别对这三个方面的标准化技术进行说明。

1. 图形子系统内部的接口及标准（软件系统与图形设备间的图形交换标准）

（1）计算机图形元文件（Computer Graphics Metafile，CGM） CGM 是国际标准化组织（ISO）委员会定义的一种与设备无关的、静态的图形文件格式规范，用来描述、存储和传输与设备无关的矢量图形。CGM 是使用图像、图片描述信息存储及转换机制的规范，是 ISO 正式批准的国际标准之一。CGM 定义了图形文件的语义和词法作为图形数据中性格式，便于不同的图形系统和图形设备接受。它由多种规范组成，其描述形式有：字符编码、二进制编码和清晰正文（Clear Text）编码。此外，它还包含子集规则、应用框架扩展及基本的绘图和图形交换的能力。目前，CGM 已经更新为第三版，在第二版的基础上增加了约 40 个新的元素，进一步丰富了 CGM 的图形转换功能。

（2）计算机图形接口（Computer Graphics Interface，CGI） CGI 是 ISO/TC 97（信息技术委员会）提出的图形设备接口标准（ISO DP 9636）。CGI 是第一

个针对图形设备接口，而不是应用程序接口的交互式计算机图形标准。它描述了通用的抽象图形设备的软件接口，定义了一个虚拟的设备坐标空间，一组图形命令及其参数格式。CGI 的目标是使应用程序和图形库直接与各种不同的图形设备相作用，使其在各种图形设备上不经修改就可以运行，即在用户程序和虚拟设备之间以一种独立于设备的方式提供图形信息的描述和通信。CGI 也是图形设备驱动程序的一种标准。通过 CGI，可以联结驱动各种不同的图形设备，真正实现与设备的无关性。CGI 规定了发送图形数据到设备的输出和控制功能，以及从图形设备接收图形数据的输入、查询和控制功能。

（3）开放的图形程序接口（Open Graphics Library，OpenGL） OpenGL 是近几年发展起来的一个性能卓越的三维图形标准，它是在 SGI 等多家著名的计算机企业的倡导下，以 SGI 的 GL 三维图形库为基础制定的一个通用共享的开放式三维图形标准，是行业领域中最为广泛接纳的 2D/3D 图形程序接口标准。OpenGL 定义了一个跨编程语言、跨平台的编程接口的规格，是个与硬件无关的软件接口，独立于窗口系统和操作系统。以 OpenGL 为基础开发的应用程序可以十分方便地在各种平台间移植。OpenGL 标准提供了一种扩展接口，允许独立厂商通过“扩展”的方法提供扩展功能。其中，扩展部分包括扩展函数原型的头文件和作为厂商的设备驱动。OpenGL 标准提供了七大功能。

1）建模：OpenGL 图形库除了提供基本的点、线、多边形的绘制函数，还提供了复杂的三维物体（球、锥、多面体、茶壶等）及复杂曲线和曲面的绘制函数。

2）变换：OpenGL 图形库的变换包括基本变换和投影变换。基本变换有平移、旋转、变比、镜像四种变换；投影变换有平行投影（又称正射投影）和透视投影两种变换。其变换方法有利于减少算法的运行时间，提高三维图形的显示速度。

3）颜色模式设置：OpenGL 颜色模式有两种，即 RGBA 模式和颜色索引（Color Index）。

4）光照和材质设置：OpenGL 的光有辐射光（Emitted Light）、环境光（Ambient Light）、漫反射光（Diffuse Light）和镜面光（Specular Light）。材质是用光反射率来表示的。场景（Scene）中物体最终反映到人眼的颜色是光的红绿蓝分量与材质红绿蓝分量的反射率相乘后形成的颜色。

5）纹理映射（Texture Mapping）：利用 OpenGL 纹理映射功能可以十分逼真地表达物体表面的细节。

6）位图显示和图像增强：图像功能除了提供基本的复制和像素读写，还提供融合（Blending）、反走样（Antialiasing）和雾（Fog）的特殊图像效果处理。以上三种处理可使被仿真物更具真实感，增强图形显示的效果。

7）双缓存动画（Double Buffering）：双缓存即前台缓存和后台缓存，简言之，后台缓存计算场景、生成画面，前台缓存显示后台缓存已生成的画面。

2. 通用图形标准

通用图形标准是一组通用的、独立于设备的，由标准化组织发布和实施的图形系统软件包。它提供图形描述、应用程序和图形输入/输出接口等功能，使应用软件系统更易于移植、信息资源更易于共享、CAx系统集成更易于实现。通用图形标准是独立于程序语言、计算机硬件、操作系统、图形设备和应用程序的程序库。目前，在国际上得到普遍应用的通用图形标准有GKS、GKS-3D和PHIGS。

（1）图形核心系统（Graphics Kernel System，GKS）　GKS是1977年德国标准化协会（DIN）提出的草案，ISO于1985年确定其为国际标准。它是一个二维图形软件标准，也是一个应用程序服务的基本图形系统，提供了应用程序和一组图形输入、输出设备之间的功能性接口。该功能接口包括在各式各样的图形设备上为交互的或非交互的二维作图提供所需的全部基本功能，即输出功能、控制功能、变换功能、图段功能、元文件功能、询问功能和出错处理功能，从而为二维交互式图形软件的设计和移植提供了方便。

（2）GKS-3D　GKS-3D是DIN与ISO合作制定的三维图形核心系统国际标准，是GKS的扩充。GKS-3D提供三维空间下的图形功能，它包括了GKS的重要概念和特点，在三维空间里对原GKS的功能进行了精确定义，并增加了用4×4矩阵将三维图形向二维图形投影及三维消除隐藏线的功能。GKS-3D提供了单层、平面的图形数据结构，其图段用来表示的是图像信息而不是图形的构造信息，图段数据经过坐标规格化变换后得到。GKS-3D设置了三种不同的坐标系：首先在用户坐标系（WC）中定义图素；经规格化变换后到规格化设备坐标系（NDC），这是与设备无关的二维直角坐标系，取值范围在0.0～1.0；然后，在NDC中经图段变换、规格化裁剪、视图变换及视图映像等操作后，转换到与设备有关的设备坐标系（DC）中进行输出。

（3）程序员层次交互式图形系统（Programmer Hierarchical Interactive Graphics System，PHIGS）　PHIGS是美国计算机图形技术委员会于1986年推出的，后被确定为国际标准。PHIGS是一种向应用程序员提供控制图形设备的图形系统接口，属于纯3D的图形标准。程序员可以通过调用PHIGS程序库中的标准程序对2D/3D数据进行定义、显示和修改，也可以对几何上连接的物体进行定义、显示和操作，还可以修改图形数据及图形数据之间的关系。PHIGS图形数据按层次结构组织，提供动态修改和绘制显示图形数据的手段，是一个高度动态化的交互式图形系统。PHIGS定义了五种坐标系，其输出流水线为：造型坐标系（MC），经局部、整体变换到用户坐标系（WC），经视图变换到观察坐标系（UVN），然后经观察投影变换后到规格化的投影坐标系（NPC），最后经工作站映像到设备坐标系（DC）输出。

PHIGS 与 GKS 的最大区别是，PHIGS 中的图形是按层次图形结构进行存取和操作的，而 GKS 采用的是一个层次上的图段方式。PHIGS 相对 GKS 还有另外几个优点：可以用不同级的图形结构构造一个复合图形；可以多次使用图形结构和图形结构中的图元构造相同图形，减少了重复数据；既可以对整个图形结构进行编辑，也可以对图形结构中的图元进行编辑，而 GKS 则不允许对已存在的图段中的图元进行修改。

3. 数据交换标准

随着计算机应用的飞速发展，各种数据急剧膨胀，这对企业的相应管理形成了巨大压力，比如数据种类繁多、数据重复冗余、数据检索困难、数据的安全性要求提高等。PDM/PLM 系统以软件技术为基础，面向制造企业以产品为核心，可实现对产品相关的数据、过程、资源一体化的集成管理。而企业级的 PDM/PLM 系统在集成各种应用系统的过程中，大部分采用“点对点”的集成方式，这就需要集成的双方采用统一的数据描述格式，通过交换双方都能识别的数据实现产品信息的共享。因此，实现产品的数据标准化是企业进行产品数据管理至关重要的一步。20 世纪 80 年代初以来，国外对数据交换标准做了大量的研制、制定工作，也产生了许多标准。例如，美国的 DXF、IGES、ESP、PDDI、PDES、EDI，法国的 SET，德国的 DIN、VDAIS、VDAFS，ISO 的 STEP 等。这些标准都对 CAD 及 CAM 技术在各国的推广应用起到了极大的促进作用。下面对一些重要的数据交换标准技术进行详细介绍。

（1）CAD＊I 标准接口（CAD Interface） CAD＊I 标准接口源于欧洲 ESPRIT 计划，是在 CIMS 环境下进行 CAD、CAM 系统集成，它采用人工智能的方法实现数据的共享与交换。

（2）绘图交换文件（Drawing Interchange Format，DXF） DXF 是美国 Autodesk 公司开发的用于 AutoCAD 与其他软件之间进行 CAD 数据交换的 CAD 数据文件格式，用于外部程序和图形系统或不同的图形系统之间交换图形信息。由于它结构简单、可读性好，易于被其他程序处理，因此已是事实上的工业标准。DXF 是一种开放的矢量数据格式，可以分为两类：ASCII 格式和二进制格式。DXF 文件是由很多的“代码”和“值”组成的“数据对”构建而成的，这里的代码称为“组码”（Group Code），指定其后面值的类型和用途。每个组码和值必须为单独的一行。DXF 文件被组织成为多个“段”（Section），每个段以组码“0”和字符串“SECTION”开头，紧接着是组码“2”和表示段名的字符串（如 HEADER）。在段的中间，可以使用组码和值定义段中的元素。在段的结尾使用组码“0”和字符串“ENDSEC”来定义。

(3) *产品定义数据接口*（Product Data Definition Interface，PDDI）　1982年，以美国麦道飞机公司为主，在IGES 1.0的基础上开发实施PDDI计划，目的是传递设计和制造的产品定义数据，着重建立完整的产品定义数据，设计产品模型与工艺、数控、质量控制、工具设计等生产过程之间的接口。PDDI试图提供一种服务于任意零部件制造系统的最小数据的定义方法。PDDI把设计中可能用于交换的数据分成几何（Geometry）数据、拓扑（Topology）数据、容差（Tolerances）数据、特征（Features）数据和管理（Administration）数据五部分。PDDI的系统结构分为概念模式（Conceptual Schema）、工作模式、交换格式和存取软件（Access Software）四部分。该标准在机械行业CAD、CAM集成系统的应用过程中取得了较好的效果。图2-1所示是PDDI系统结构。

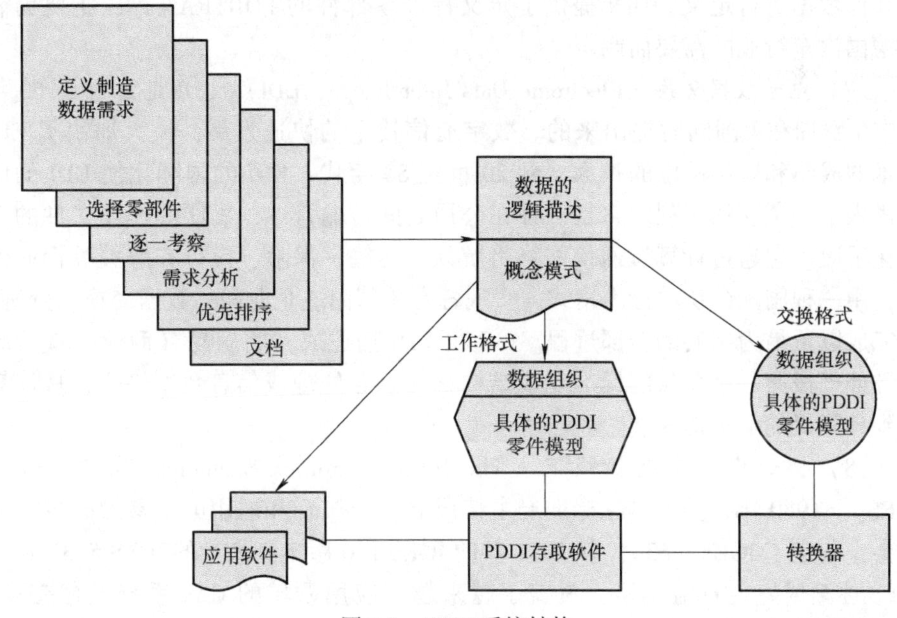

图2-1　PDDI系统结构

(4) *产品数据交换规范*（Product Data Exchange Specification，PDES）　PDES源于美国国家标准和技术局（NIST）所属的IES/PDES组织领导的PDES计划。NIST于1989年4月公布了PDES 1.0标准。PDES主要解决CAx集成系统中各模块之间传输产品的完整描述信息，用于定义零部件或装配件，使设计、分析、制造、试验和检验等都能直接应用于产品数据（包括几何、拓扑、公差、相互关系、属性和特征等）。PDES比PDDI的应用范围更广，几乎覆盖了整个制造业。

(5) *数据交换规范*（Standard Exchange et de Transfer，SET）　SET是法国宇航局开发的与IGES对应的规范。它作为法国的国家标准，在欧洲享有盛名。

其特点是文件结构紧凑、数据交换效率高。SET 可以保证由 CAx 系统产生的任何数据都能和中心数据库进行交换，并且可以保证 CAx 系统之间的部分数据交换。SET 文件结构是变长记录的 ASCII 顺序文件格式，通用性强，没有物理记录概念，对变长记录限制少。SET 目前分为七类模型：架构模型、曲面模型、有限元模型、实体模型、文字模型、模型结构和针对特定应用的专用扩展模型。SET 文件采用五层结构：数据集（Data Set）、总装件（Assembly）、部装件（Sub-Assembly）、块（Block）和子块（Sub-Block）。其中，块和子块中具有点、线、面、坐标变换、视区定义、线型、文字、符号等数据。

(6) DIN 标准　1979 年，DIN 开始进行一系列数据交换标准的制定。DIN 采用 FORTRAN77 过程和兼容线架表示的实体表示方法对标准零部件的几何和非几何数据进行定义。DIN 提供了定义标准零部件的 FORTRAN 库，主要为满足德国汽车行业的需要而制定。

(7) 电子数据交换（Electronic Data Interchange，EDI）　EDI 是 20 世纪 60 年代末由欧洲和美国同时提出来的。数字通信技术的快速发展，大大加快了 EDI 技术的成熟和应用范围的扩大，到 20 世纪 80 年代，EDI 的国际化使 EDI 的应用进入了一个新的里程。它是一种在公司之间传输订单、发票等作业文件的电子化手段。它通过计算机通信网络将贸易、运输、保险、银行和海关等行业信息，用一种国际公认的标准格式，实现各有关部门或企业间的数据交换与处理，并完成以贸易为中心的全部过程。ISO 将 EDI 描述成“将贸易（商业）或行政事务处理按照一个公认的标准变成结构化的事务处理或信息数据格式，从计算机到计算机的电子传输。”

(8) 初始化图形交换规范（The Initial Graphics Exchange Specification，IGES）　1980 年，美国国家标准局主持成立了由波音和通用电气参加的技术委员会，制定了 IGES（63）。从 1981 年的 IGES 1.0 版本到最近的 IGES 5.3 版本，IGES 逐渐成熟、日益丰富，覆盖了越来越多应用领域的 CAx 系统数据交换。IGES 的目的是解决数据在不同的 CAx 系统间进行传递的问题。作为较早颁布的标准，IGES 被许多 CAx 系统接受，成为应用最广泛的数据交换标准。

1）IGES 文件格式。IGES 定义了一套 CAx 系统中常用的几何和非几何数据格式，以及相应的文件结构，用这些格式表示的产品定义数据可以通过多种物理介质进行交换。标准的 IGES 文件格式包括固定长 ASCII 码、压缩的 ASCII 码及二进制三种格式。固定长 ASCII 码格式的 IGES 文件每行为 80 个字符，整个文件分为 5 段。段标识符位于每行的第 73 列，第 74 ~ 80 列指定为每行的段的序号。序号都以 1 开始，且连续不间断，其值对应于该段的行数。

2）IGES 文件的数据记录格式。在 IGES 文件中，信息的基本单位是实体，通过实体描述产品的形状、尺寸及产品的特性。实体的表示方法对所有当前的

CAx 系统都是通用的。实体可分为几何实体和非几何实体，每一类型实体都有相应的实体类型号。几何实体类型号为 100 ~ 199，如圆弧为 100、直线为 110 等；非几何实体又可分为注释实体和结构实体，类型号为 200 ~ 499，如注释实体有直径尺寸标注实体（206）、线性尺寸标注实体（216）等，结构实体有颜色定义（314）、字型定义（310）和线型定义（304）等。

3）IGES 的前后处理程序。IGES 是一种中性文件。将某种 CAx 系统的输出转成 IGES 文件时需经前置处理程序处理，IGES 文件传至另一种 CAx 系统时则需经过后置处理程序处理。因此，要求各种应用系统必须具备相应的前/后置处理程序，以便利用 IGES 文件传递产品的信息。

（9）*产品模型数据交换标准*（Standard for the Exchange of Product Data Model, STEP）　STEP 是由 ISO 制定的描述整个产品生命周期内产品信息的标准，标准号为 ISO 10303。STEP 的目的是提供一种不依赖于具体系统的中性机制，能够描述产品整个生命周期中的产品数据，实现产品数据的交换和共享。这种描述的性质使得它不仅适合于文件交换，也适合于作为执行和分享产品数据库和存档的基础。它的应用显著降低了产品生命周期内的信息交换成本，提高了产品研发效率，成为制造业进行国际合作、参与国际竞争的重要基础标准，是保持企业竞争力的重要工具。

同时，STEP 既是一种产品信息建模技术，又是一种基于面向对象思想的软件实施技术。它支持产品从设计、分析、制造、质量控制、测试、生产、使用、维护到废弃整个生命周期的信息交换与信息共享，传输了完整的产品数据模型（包括产品的几何、拓扑、容差、材料特性、表面粗糙度、工艺特征、设计特征、功能特征、装配结构、有限元等 CAx 系统所能用到的全部信息内容），目的是提供一种独立于任何具体系统而又能完整描述产品数据信息的表示机制和实施的方法与技术。下面对 STEP 进行详细叙述。

1）STEP 的基本描述。STEP 不是一项标准，而是一组标准的总称。STEP 把产品信息的表达和数据交换的实现方法分成六类，即描述方法、集成信息资源、应用协议、一致性测试、实现方法和抽象测试集，如图 2-2 所示。

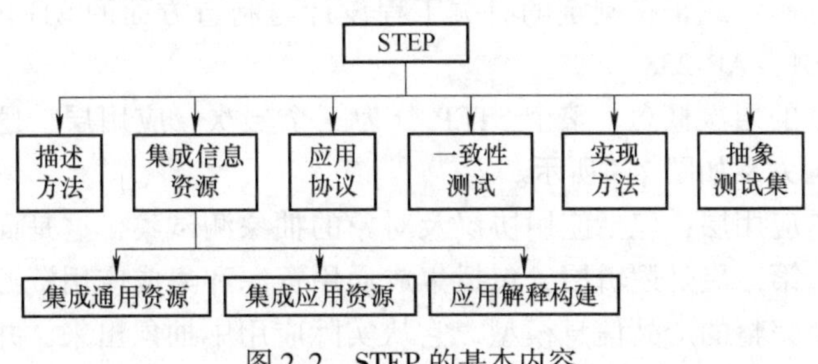

图 2-2　STEP 的基本内容

STEP 也可划分为两部分：数据模型和工具。数据模型包括集成通用资源、集成应用资源和应用协议；工具包括描述方法、实现方法、一致性测试方法和抽象测试套件。其中，资源信息模型定义了开发应用协议基础的数据信息，包括通用的模型和支持特定应用的模型。产品数据的描述格式独立于应用，并且通过应用协议实施。应用协议定义了支持特定功能的资源信息模型，明确规定了特定应用领域所需的信息和信息交换方法，提供一致性测试的需求和测试目的。

构成 STEP 核心体系的关键语言有：

① 描述语言。EXPRESS 语言是 STEP 开发的面向对象的信息模型描述语言（ISO 10303-11：2004），用以描述集成资源和应用协议，即记录产品数据的建模语言，在 STEP 技术中处于基础和核心的地位。

② 实现语言。鉴于 EXPRESS 本身不是一种实现语言，STEP 还规定了若干通过映射关系来实现 EXPRESS 的语言，主要有：

STEP P21 文件（ISO 10303-21：2016）：P21 文件采用自由格式的物理结构，基于 ASCII 编码，不依赖于列的信息（IGES 有列的概念），且无二义性，便于软件处理。P21 文件格式是信息交换与共享的基础之一，其常用扩展名有 . stp、. step、. p21，因此常被称作 STEP 文件或者 P21 文件。

SDAI（Standard Data Access Interface，标准数据访问接口）（ISO 10303-22：1998）：SDAI 是 STEP 中规定的标准数据存取接口，提供访问和操作 STEP 模型数据的操作集，为应用程序开发人员提供统一的 EXPRESS 实体实例的编程接口需求规范。SDAI 可用于更高层的数据库实现和知识库实现。

XML 表达（ISO 10303-28：2007）：XML 表达提供 STEP 文件到 XML 的映射，XML 是为在 Internet 上传输信息而设计的一种中性的数据交换语言，是 Internet/Intranet 间存储和提取产品数据的主要语言工具。

③ 应用协议（AP）：STEP 利用应用协议来保证语义的一致性。应用协议指定了在某一应用领域内，共享信息模型结构所需遵循的特定应用协议所规定的模型结构。通过应用协议，建立一种中性机制解决不同 CAx 系统之间的数据交换。目前，已制定或正在制定的有关工程设计与制造方面的 STEP 应用协议有 38 个（AP-201 ~ AP-238）。

2）STEP 的层次概念。整个 STEP 分为三个层次：应用层、逻辑层和物理层。三层结构关系如图 2-3 所示。

最上层是应用层，包括应用协议及对象的抽象测试集，这是面向具体应用的一个层次。第二层是逻辑层，包括集成通用资源和集成应用资源及由这些资源建造的一个完整的产品信息模型。它从实际应用中抽象出来，并与具体实现无关。它总结了不同应用领域中的信息相似性，使 STEP 不同应用间具有可重用性，达到最小化的数据冗余。最低层是物理层，主要是实现方法，用于实际应用标准的软件开发，给出具体在计算机上的实现形式。

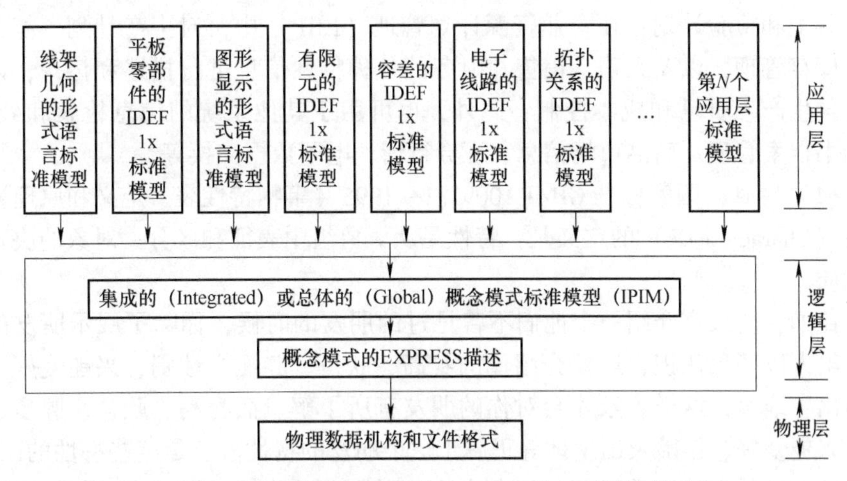

图 2-3　产品数据交换标准（STEP）的三层结构关系

STEP 具有简便、可兼容、寿命周期长和可扩展等优点，能够很好地解决信息集成问题，实现资源的最优组合，实现信息的无缝连接。

2.1.2　产品资源描述和共享标准

1. 事物特性技术（DIN 4000、GB/T 10091.1）

在信息量日益增长的今天，如何使纷繁的信息畅通无阻地流动，又如何及时得到所需要的有用信息，其中最关键的问题在于如何用一个统一的规范和格式来描述和记录这些信息。

事物特性技术是用事物特性和事物特性表的方法来描述和记录对象或对象类的技术。事物特性技术的运用，不仅可以描述对象的本质特性或者相关特性，还可以用于查询和管理对象及对象特性。

事物特性技术于 20 世纪 70 年代初产生于德国，德国利用事物特性技术建立了国家级的信息流标准，并于 1985 年开始组织制定“事物特性表”系列标准。我国等效采用德国 DIN 标准，发布了国家标准 GB/T 10091.1—1995《事物特性表　定义和原理》及其系列标准。事物特性技术适用于描述、限制和选择标准的和非标准的、物质的和非物质的、相似的事物对象或对象类。此外，事物特性表还支持文件中的数据归档、存储和交换。

在信息化企业中，事物特性技术广泛用于企业的各项活动，特别是在计算机辅助工程中，用来描述、存储、查询和再现事物的特性信息。例如，在计算机辅助设计（CAD）领域，利用事物特性技术，描述原材料、零部件和产品的特性信息，并在设计开发过程中，查询、识别和比较有关材料和零部件的特性；在计算机辅助工艺编程（CAPP）中，利用对产品及零部件的特性描述，进行加工、装配和检验计划；在企业资源计划管理（ERP）中，对生产计划、能力计划、库存管理，以及采购、销售和财务的各种特性信息进行描述和记录，以获得最佳生产、质量和成本控制；此外，也可用于其他系统的信息检索和处理，如图书档案管理、商品市场信息、证券行情、电子数据交换等。

（1）特性　国家标准 GB/T 10091.1—1995《事物特性表　定义和原理》对特性（Characteristic）的定义是：特性是从对象组中表征和区分一对象的决定性的性质。

比如，向大家介绍一个他们不曾见过的朋友的时候，你除了展示朋友的照片，给人以形象认识，还要介绍他的身高、肤色、胖瘦、性别、兴趣爱好、年龄及出生地等，这样大家才会对你的朋友有所了解。而身高、肤色、胖瘦、性别、兴趣爱好、年龄及出生地等正属于这个朋友的特性。正是这些特性的区别，构成了人类社会的纷繁复杂。要准确地识别一个对象，必须描述对象的足够信息。那些描述和区分对象的信息，我们称之为**特性**。任何事物，无论是有形的还是无形的，都可以用特性来表征和描述。

（2）事物特性的分类　特性分类的基本原则如下：

1）科学性：按照不同的分类标准，可对特性进行不同的分类，特性分类的科学性主要在于分类标准的科学性。科学的分类标准，应能准确、合理地区分特性。

2）实用性：特性的分类应满足不同的应用需求，具有一定的针对性。在不同的应用场合，具有有效性和适应性。

3）相关性：相关性包括特性相关和特性描述对象相关。

全面而又准确地描述和识别一个对象（组），不仅要提取该对象（组）本身所固有的性质，还要对其生存空间中相关的特性进行描述。特性分类如图 2-4 所示。

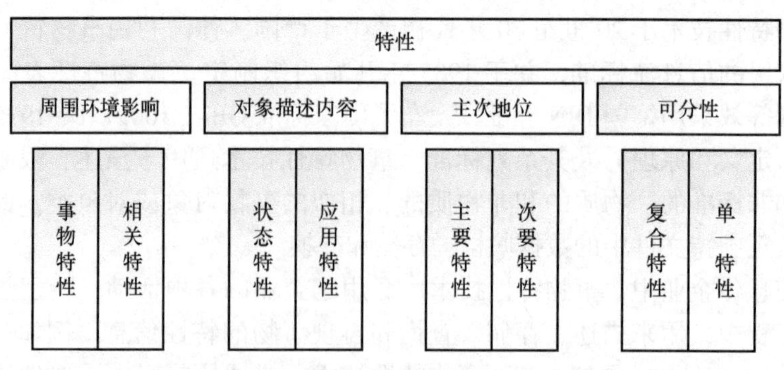

图 2-4　特性分类

按是否受周围环境影响，可将特性分成事物特性（Article Characteristic）和相关特性（Relation Characteristic）。事物特性也称固有特性，是描述对象不受周围环境影响的特性。事物特性是决定一个对象的本质特性，是对象的固有性质。例如，人的性别、身高，苹果的大小、颜色，齿轮的齿数、模数等。某一对象事物特性的特性值发生变化，会导致该对象成为另一对象，而且任何一个事物特性的改变，都会引起对象的变化，如改变齿轮的齿数则形成另一齿轮，改变棒形半成品的截面即形成另一半成品。相关特性是描述对象和周围环境的联系的特性。相关特性包括生产过程、起始值、生产费用、交货人、购价、订购量、交货期、仓库地址、仓库存放费等。例如，苹果的成本、售价，调节弹簧的应用范围、装配高度、夹长、试验种类及文档标号等。相关特性的特性值的变化不导致所标识的对象的改变，比如苹果不管卖多少钱还是这个苹果。

按特性对对象描述内容的不同，可将特性分为状态特性（Characteristic of State）和应用特性（Application Characteristics）。状态特性是描述对象的状态的特性。例如原材料、尺寸、表面状态、重量等，苹果的大小、颜色，齿轮的齿数、模数，均属于状态特性。应用特性是描述对象的功能和需要的特性。例如，连接尺寸、位置要求、能量要求、耐热性、连接电流、容量，苹果的存储条件，齿轮配合形成齿轮副的配合要求，均属于应用特性。

按特性在对象中的地位，可将特性分为主要特性（Primary Characteristic）和次要特性（Secondary Characteristic）。主要特性是对象描述特性中占主要地位的特性，一般来说，主要特性基本决定了对象的性质，如齿轮的齿数、模数。次要特性是在对象描述中占次要地位的特性，如齿轮的供应商和价格等。当检索一个对象时，一般先看主要特性，一旦主要特性不能满足需求，那么该对象就不是所要查找的对象。比如在采购齿轮时，如果齿轮的齿数和模数不符合要求，其价格再低，质量再好，也不能购买。特性的主次划分并没有明确的标准，它与对象的生存空间和应用场合有关。就购买苹果而言，有人喜欢个大的，那么苹果的大小就是主要特性，有人喜欢味甜的但并不关心它的大小，那么苹果的味道就是主要特性，而大小就是次要特性。

按特性是否具有可分性，可将特性分为复合特性（Complex Characteristic）和单一特性（Single Characteristic）。复合特性是在共同概念下综合数个单一特性的特性。例如绕组尺寸（绕组形式和直径）、电气设备和保护方法、应用等级、螺栓质量等级（尺寸准确度和表面粗糙度）、原材料（化合物、热处理、机械和物理性能）。单一特性是不可分或不必细分的特性。复合特性是由单一特性组成的，在对对象进行描述时，复合特性原则上应进一步分解成单一特性。如图2-5所示，在对螺栓进行描述时，对螺栓的螺纹又做了一些描述，这样对螺栓的描述更加完整。

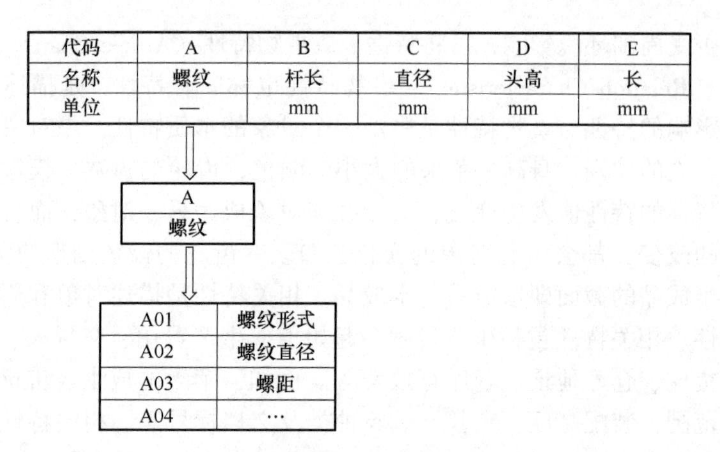

图 2-5　螺栓复合特性的分解

事物特性表（德文为 Sach-Merkleisten，英文为 Tabular Layouts of Article Characteristics）是组合和排列对象组（Group of Articles）的事物特性和关系特性的表。事物特性表是一种把事物的特性描述出来，并统一规定存录和显现模式的信息标准，它提供了对象信息的描述、存放、查询检索、显现的标准格式，不同信息处理系统均可对其进行操作，使得异地、异构的信息系统间可以进行信息交换和传输。图 2-6 所示为带头螺栓的事物特性表。

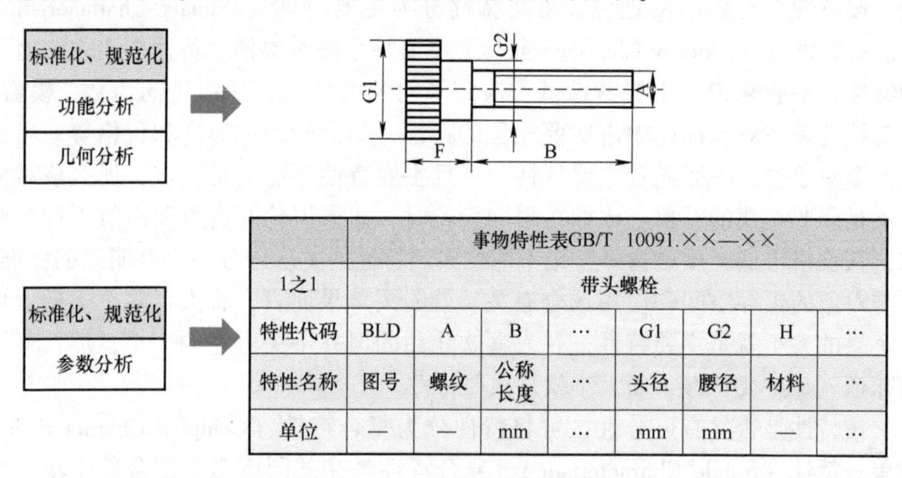

	事物特性表GB/T 10091.××—××							
1之1	带头螺栓							
特性代码	BLD	A	B	…	G1	G2	H	…
特性名称	图号	螺纹	公称长度	…	头径	腰径	材料	…
单位	—	—	mm	…	mm	mm	—	…

图 2-6　带头螺栓的事物特性表

在德国国家标准 DIN 4000 中，对整个零部件族系列的事物特性表进行了分类；在 DIN V 4001 中，明确规定了构建事物特性表的原理。在 DIN 4000 和 DIN V 4001 中，特性被分成事物特性、几何特性、补充特性、功能特性、算法特性、分类特性和属性特性等，每一个特性种类都被分配有指定的特性标识范围（见表 2-1）。

表2-1　特性的类型及其标识

特性类型	特性标识	特性类型	特性标识
事物特性	A01 ~ J99	算法特性	DAA ~ DZZ
几何特性	AAA ~ AZZ	分类特性	EAA ~ EZZ
补充特性	BAA ~ BZZ	属性特性	FAA ~ FZZ
功能特性	CAA ~ CZZ		

特性是从对象组中表征和区分某一对象的决定性的性质，对于整个零部件分类，一个特性只能有一种定义。例如，特性A03不能在一个事物特性表中表示长度而在另一个事物特性表中表示直径。事物特性表将所有的特性都放置在一张表中。在DIN 4000中规定了事物特性表表头的格式（见表2-2）。

表2-2　按照DIN 4000的规定建立的事物特性表

事物特性表 DIN 4000-××-××									
字母代码	A	B	C	D	E	F	G	H	J
事物特性名称									
有关说明									
单位									

表2-3列出了在DIN 4000中规定的六角螺栓的事物特性表表头的格式。

表2-3　六角螺栓的事物特性表

3之1	事物特性表 DIN 4000-2-1. 1 带头螺栓，外部工具拧紧									
事物特性代码	BLD	A00	A01	A02	A03	A04	A05	A06	A07	A08
事物特性名称	图号	头部形状	形状代码	螺纹代码	螺纹外径	螺距	—	—	—	公差
单　位	—	—	—	—	mm	mm	—	—	—	—
3之2	事物特性表 DIN 4000-2-1. 1 带头螺栓，外部工具拧紧									
事物特性代码	A09	A10	B	C	D1	D2	E1	F	G1	G2
事物特性名称	螺纹方向	—	长度	螺纹长度	头部变宽	拧紧尺寸	头部直径	头部高度	按DIN962订购附件	订购配套螺栓
单　位	—	—	mm	mm	mm	—	mm	mm	—	—

（续）

3 之 3	事物特性表 DIN 4000-2-1. 1									
	带头螺栓，外部工具拧紧									
事物特性代码	G3	G4	H	J						
事物特性名称	订购配套螺纹涂膜	产品类别	材料	表面质量						
单　　位	—	—	—	—						

通过事物特性可以对一个零部件进行描述。例如，通过直径、宽度、齿数、模数、材料和所传递的扭矩等特性可以大致确定一个齿轮。对这些特性赋予具体的数值以后，就可以明确地描述该类齿轮中的每一只齿轮。某个对象所有的特征参数组成了该对象的事物特性表，事物特性表是进行零部件分类的重要手段。

2. **物料标准**（ISO 13584）

ISO 13584 是一个系列标准，该系列标准希望从设计方法学的角度解决企业间和企业内的产品资源共享问题，为 PDM/PLM 系统的开发与应用提供有效的方法学支持。

ISO 13584 系列标准是由 ISO/TC 184 技术委员会的 SC4 分技术委员会制定的，是关于计算机可解释的零件库数据表达和交换的国际标准。其目的是提供能够传输零件库数据的中性机制，且独立于任何使用零件库数据的应用系统。它不仅适合零件数据文件的交换，也是实现和共享零件库数据的数据字典基础。

ISO 13584 系列标准的分类和组成（部分）如图 2-7 和图 2-8 所示。

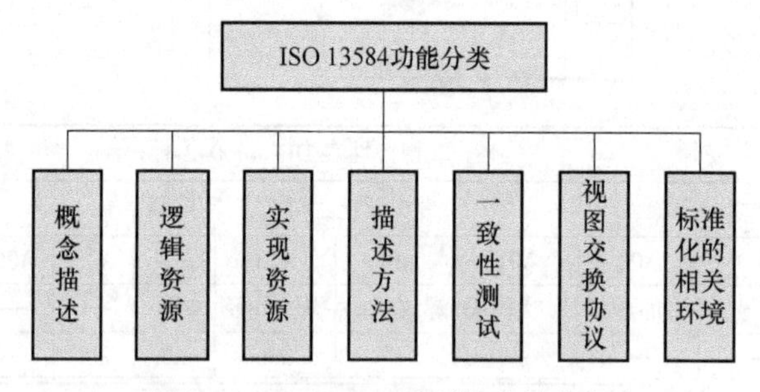

图 2-7　ISO 13584 系列标准的分类

ISO 13584 对零件库的基本原理、零件库的概念模型、表达式的逻辑模型、供应商的逻辑模型，以及零件库构造方法学等进行了描述，为零件库的信息表达、数据交换、使用和更新提供了必要的机制和定义。

ISO 13584 的制定为基于 Web 零件库的建立和应用提供了必要条件。ISO

13584 的目标是为传递零件库数据提供一种机制，并使之独立于应用该零件数据的任何一种应用系统。图 2-9 描述了 ISO 13584 体系结构的参考模型。

零件库国际标准（ISO 13584）
Part 1　综述与基本原理
Part 10　概念描述：零件库的概念模型
Part 20　逻辑资源：表达式的逻辑模型
Part 24　逻辑资源：供应商逻辑模型
Part 26　逻辑资源：供应商库标识代码
Part 31　实现资源：几何编程接口
Part 42　描述方法：零件库构造方法学
Part 101　视图交换协议：通过参数化程序的几何视图交换
Part 102　视图交换协议：通过ISO 10303的几何视图交换

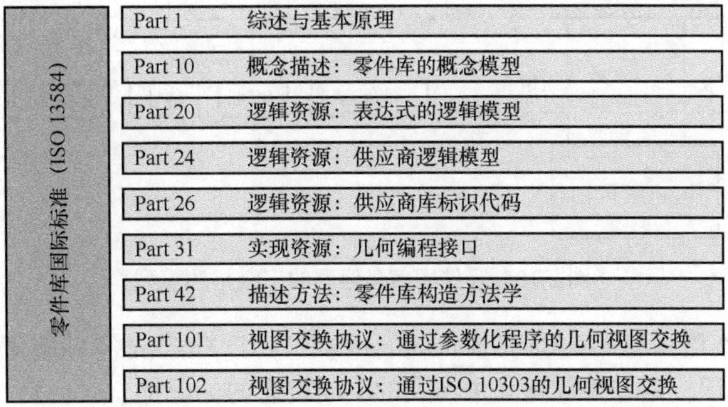

图 2-8　ISO 13584 系列标准的组成（部分）

用户
计算机系统
用户
表达传输接口
库访问接口
字典
库内容
通用模型类
功能模型类
库管理系统（LMS）
库数据输入接口
供应商库1
…
供应商库n
零件库系统
接外部系统接口

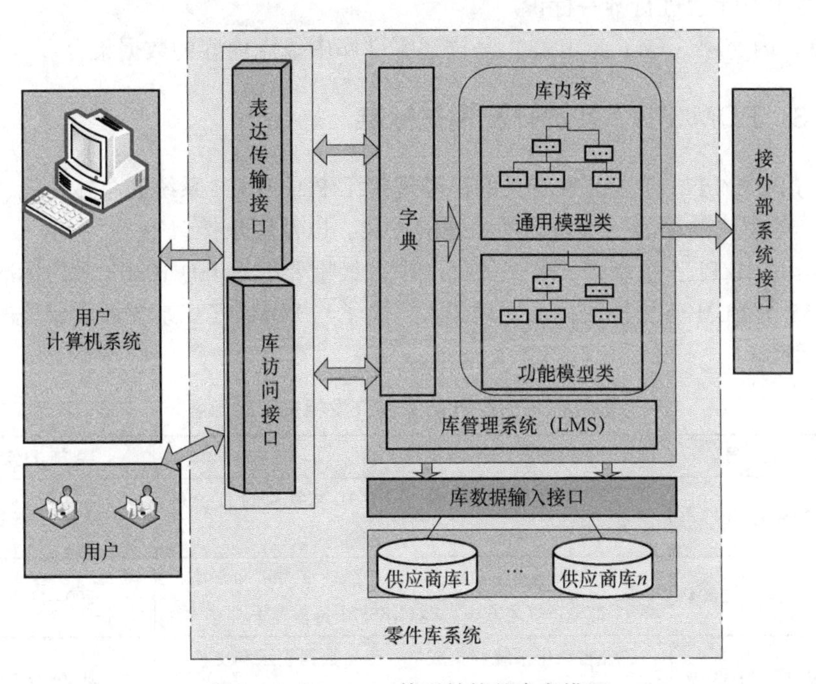

图 2-9　ISO 13584 体系结构的参考模型

ISO 13584 零件库中的零部件具有明确、可读、无二义的标识机制；同时提供多供应商比较机制；采用面向零件族的信息表达，以及满足不同使用需求的多视图表达机制。

ISO 13584 零件库信息的描述采用了三级描述机制，如图 2-10 所示。

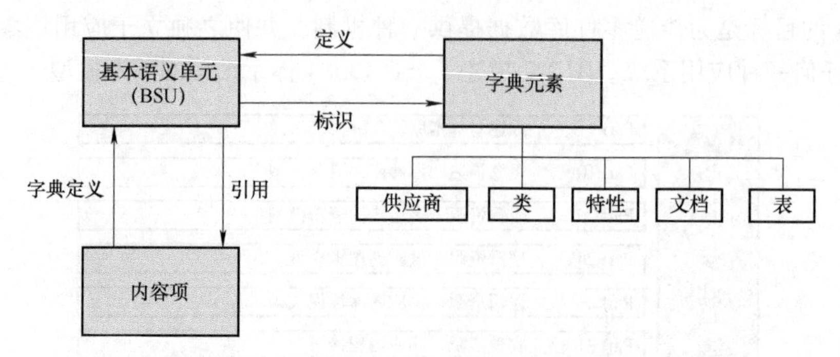

图 2-10　零件库信息模型的三级描述模型

1）基本语义单元（Basic Semantic Unit，BSU）是描述零件库信息的字典元素的唯一标识，是零件族定义中涉及的不同概念的标识符。

2）字典元素（Dictionary Element）是对零件库信息的概念定义，基本语义单元对字典元素进行唯一标识。

3）内容项（Content Item）是描述零件库中概念内容的数据集合。

2.1.3　PDM/PLM 系统开发相关标准

与 PDM/PLM 系统开发有关的标准规定了 PDM/PLM 系统的总体功能、基本框架、各模块的功能、模块之间的通信方式，以及用户接口等。

与 PDM/PLM 系统开发有关的标准中，最重要的是 ISO 10303 系列标准，包含了 65 个 PDM 应用模块标准。表 2-4 列出了与 PDM/PLM 系统开发相关的重要国际标准。

表 2-4　PDM/PLM 系统开发相关国际标准

标　准　号	标　准　名	实 施 日 期
ISO 14306：2017	工业自动化系统与集成　用于 3D 可视化的 JT 文件格式规范	2017-11-01
ISO 10303-11：2004	工业自动化系统和集成——产品数据表示和交换　第 11 部分：描述方法：EXPRESS 语言参考手册	2004-11-01
ISO 10303-21：2016	工业自动化系统和集成——产品数据表示和交换　第 21 部分：实现方法：交换文件结构的纯正文编码	2016-03-01
ISO 10303-22：1998	工业自动化系统和集成——产品数据表示和交换　第 22 部分：实现方法：标准数据访问接口	1998-12-15
ISO 10303-28：2007	工业自动化系统和集成——产品数据表示和交换　第 28 部分：实施方法：EXPRESS 模式和数据的 XML 表达，使用 XML 模式	2007-10-01

（续）

标 准 号	标 准 名	实 施 日 期
ISO 10303-209：2014	工业自动化系统和集成——产品数据表示和交换 第 209 部分：应用协议：多学科分析与设计	2014-12-01
ISO 10303-212：2001	工业自动化系统与集成——产品数据陈述与交换 第 212 部分：应用方案：电工技术设计与安装	2001-03-01
ISO 10303-239：2012	工业自动化系统与集成——产品数据表达与交换 第 239 部分：应用协议：产品生命周期支持	2012-11-15

除此之外，在用户接口、通信协议等方面也有一些与 PDM/PLM 系统有关的标准和规范，如 OMG（Object Management Group，对象管理组织）提出的 OMG Product Lifecycle Management Service 2.0 标准（2011），主要用于通过 Web Serverices 的 PLM-Data 数据交换标准。

2.1.4　PDM/PLM 系统实施相关标准

PDM/PLM 系统实施相关标准包括了基础的标准规范，以及指导实施 PDM/PLM 系统的步骤方法等实施标准。基础标准规范是指针对应用 PDM/PLM 系统的企业应该做好的各种技术管理基础工作而制定的标准和规范，如技术文档的标准化、产品的开发设计方法、BOM 的种类和格式等。例如，ISO 10007：2017（GB/T 19017—2020）《质量管理　技术状态管理指南》、ISO 15226：1999《技术产品文件——生命周期模型与文件分配》、GB/Z 18727—2002《企业应用产品数据管理（PDM）实施规范》。PDM/PLM 系统相关的实施标准有 GB/T 33222—2016《机械产品生命周期管理系统通用技术规范》、GB/T 35119—2017《产品生命周期数据管理规范》等。

2.2　PDM 编码技术

2.2.1　PDM 中信息分类编码的意义

信息分类就是根据信息内容的属性或特征，将信息按一定的原则和方法进行区分和归类，并建立起一定的分类系统和排列顺序，以便管理和使用信息。信息编码就是在信息分类的基础上，将信息对象（编码对象）赋予具有一定规律性的、易于计算机和人识别与处理的符号。信息分类编码是标准化的一个研究领域，已发展成为一门有自身的研究对象、研究内容和研究方法的学科。

在信息化实施过程中，信息分类编码的好坏关系到企业信息系统（PDM、

ERP 等）的长期运行质量和系统运行的寿命周期。

PDM 的一个重要理念是支持企业通过产品知识的重用，实现模块化和相似化设计。而这种重要理念的实施离不开对产品数据的分类编码，只有通过分类编码才能从计算机中快捷地查询到相似“零件”族和相似“零件”，把它作为资源而不是资料，稍加修改即可完成新的设计、新的工艺，从而极大地提高产品设计开发的速度，适应迅速多变的市场需求。

2.2.2 零部件编码原则

企业生产中的很多问题，如管理混乱，成本过高、生产周期过长等都与零部件数量过多有关。零部件编码应遵循的基本原则如下：

1）唯一性。必须保证一个编码对象仅赋予一个代码，一个代码只反映一个编码对象。

2）可扩性。代码结构能适应编码对象不断增加的需要，为可能的新编码留有足够的备用码。

3）简洁性。码位在满足需要的前提下应尽可能少，以降低差错率，减少计算机的处理时间和存储空间。

4）识别性。编码应尽可能反映编码对象的特点，以助于记忆，并便于人们了解和使用。

5）适应性。编码设计应便于修改，以适应编码对象特征或属性及其相互关系可能出现的变化。

6）稳定性。编码不宜频繁变动。编码时要考虑其变化的可能性，尽可能保持代码系统的相对稳定。

7）规范性。编码格式要规范化，以提高代码的可靠性。

其所形成的结果树如图 2-11 所示。

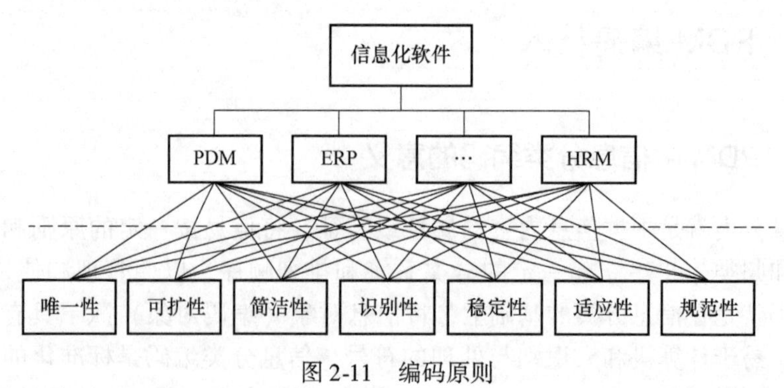

图 2-11　编码原则

合理的产品编码，必须具有一定原则，从图 2-11 可以看到信息化软件和具体编码基本原则之间的对应关系。如图 2-11 中的“唯一性”是指在编码方案所定义的描述范围内不同的编码具有不同的描述。

2.2.3　零部件编码的类型

按照不同的使用要求、构成元素、结构，零部件编码可以有不同的编码类型。

1）按编码构成元素划分，零部件编码可分为数字编码、字母编码和数字字母混合编码三种类型。

2）按编码的通用性划分，零部件编码可分为通用编码和专用编码（如为满足具体企业和具体问题的需要而设计的）。

3）按编码系统的总体结构划分，零部件编码有整体式和组合式。整体式编码是一个整体，码位较少，如国内企业常用的十进制编码系统。组合式编码又分为主辅码组合式和子系统组合式。

4）按码位之间的结构形式划分，零部件编码分为树式编码、链式编码和混合式编码。

就编码的使用而言，我国主要将产品编码方法分为十进制分类编码和隶属分类编码两种方法，而国外主要采用的是无隶属关系编码。

1. 十进制分类编码

如图 2-12 所示，企业代号由字母和数字组成，表示开发该产品的单位。分类标记将要编号的产品数据，按其种类、功能、用途、结构、材料等技术特征分为 10 类，每类又分为 10 型，每型分为 10 种，每种又可以分为 10 项。

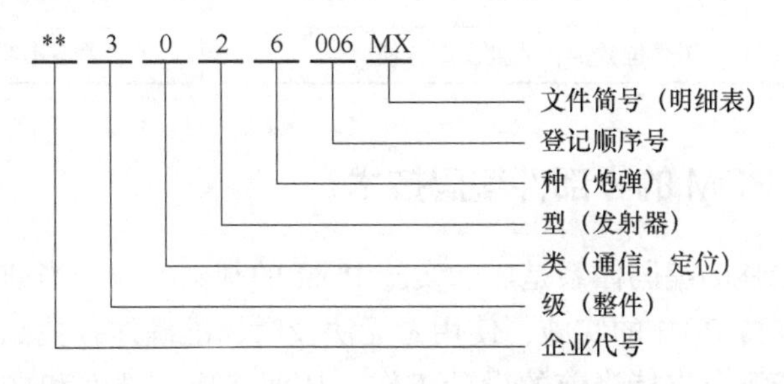

图 2-12　十进制分类编号的组成示例

2. 隶属分类编码

图 2-13 所示为一个典型的全隶属产品编号。WC4092 是产品代号，2.3 是部件隶属号，表示是产品的第 2 个部件下面的第 3 个分部件，47 是零件序号。这个编号的整体含义为：产品 WC4092 的第 2 个部件的第 3 个分部件下的第 47 个零件。

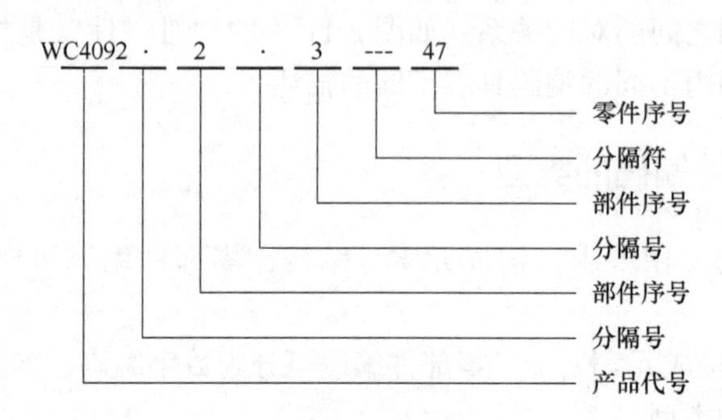

图2-13　全隶属产品编号示例

3. 无隶属关系编码

无隶属关系编码是指将产品所有隶属关系通过明细表的形式体现，在不发总图或上一代图的条件下，与所有已经完成下发的图样有数量对应关系的一类编码。

三种编码优缺点比较见表2-5。

表2-5　三种编码优缺点比较

编码方式	优　点	缺　点
十进制分类编码	该编码方法通过计算机完成产品数据的编号，便于查询产品数据	产品编号与装配关系无关，因此无法自动生成产品树
隶属分类编码	利用这种编码方法可以唯一地确定零部件在产品树中的位置，因此采用隶属编号的产品可以由程序自动生成产品树	编码的码位一般较长，适合于通用化程度不高的产品
无隶属关系编码	图号位数少，分批发图方便	隶属关系不明晰、不直观

2.2.4　面向PDM的零部件编码技术

建立一个完整的编码体系是成功实施PDM的基础。由于当前常用的编码系统不能很好地支持PDM的实施，使用者无法及时、准确地查找到企业中已有的零部件及相关资源以支持当前的设计工作，从而造成零部件和文档数量过度增长、工艺装备数量增加、生产成本提高、交货周期延长等严重后果。

由于编码系统的重要性，许多研究者对面向PDM的零部件开展了研究，提出了各种不同的编码方法。本书重点介绍浙江大学祁国宁教授团队提出的面向PDM的零部件编码技术。

根据PDM的应用需求，面向PDM的零部件编码系统的主要功能是分类和识别。

1）分类是指根据确定的概念能对各零部件或零部件的特性进行分类。

2）识别是指编码能根据特性标志明确、无二义地识别一个零部件。

完整的 PDM 编码体系包括分类码、识别码和视图码，如图 2-14 所示。

图 2-14　完整的 PDM 编码体系

（1）分类码（即事物特性表编码，Sach-Merkleisten-ID，SML-ID）　分类码定义了对应产品和零部件的对象族，如螺栓、法兰、联轴器和汽缸等。每一类产品或零部件都有一个唯一的 SML-ID 码。分类码的主要作用是对产品或零部件进行分类，向开发设计人员和管理人员提供有效的分类检索手段。分类码的组成如图 2-15 所示。

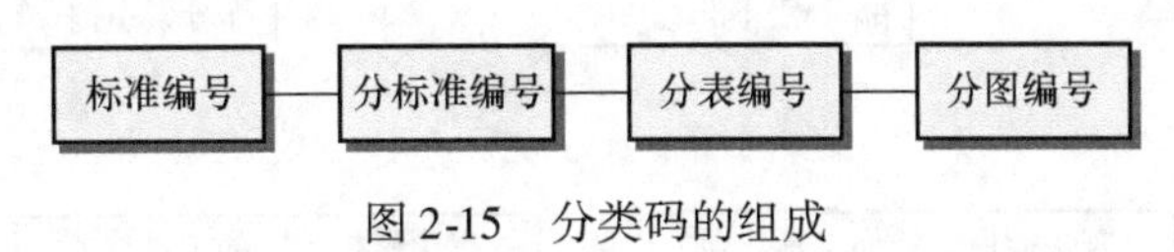

图 2-15　分类码的组成

1）**标准编号**。标准编号用来区分不同的标准，用两位数字表示。例如：

- 00：DIN 4000（GB/T 10091. 1）系列标准。
- 01：DIN 4001（GB/T 15049）系列标准。
- 08、09、99：备用。
- 10 ~ 98：企业标准。

其中，DIN 4000/4001 系列标准用于标准件和外购外协件（称为 C 类零部件）；企业标准用于典型的变型零部件（称为 B 类零部件），以及与客户需求有关的特殊零部件（称为 A 类零部件）。

PDM 编码系统中的分类码（SML-ID）可以根据德国工业标准 DIN 4000（我国国家标准 GB/T 10091. 1）的规定编制，并根据实际需要做必要的扩充。

2）**分标准编号**。分标准编号对应相关标准所属的分标准。例如，在 DIN 4000 中，编号为 2 的分标准是“螺栓和螺母”标准，编号为 8 的分标准是“法兰”标准，编号为 11 的分标准是“弹簧”标准等。

3）**分表编号**。一个分标准可以包括属于一个大类的很多小类标准，分表编号表示检索对象在分标准中所属的小类编号。

例如，在 DIN 4000 中，编号为 2 的分标准是“螺栓和螺母”标准，分标准下属编号为 1. 1 的分表是利用“外部工具拧紧”的“有头螺栓”的标准，编号为 1. 2 的分表是利用“内部工具拧紧”的“有头螺栓”的标准，等等。

4）**分图编号**。分图编号是指用图形表示的、对分标准中的小类进一步说明的编号。

例如，在 DIN 4000 中，编号为 2 的分标准是“螺栓和螺母”标准，分标准下属编号为 1.1 的分表是利用“外部工具拧紧”的“有头螺栓”的标准，分表下属编号为 1 的分图表示“六角螺栓”，下属编号为 39 的分图表示“四角螺栓”。

图 2-16 所示的是六角螺栓的分类码。

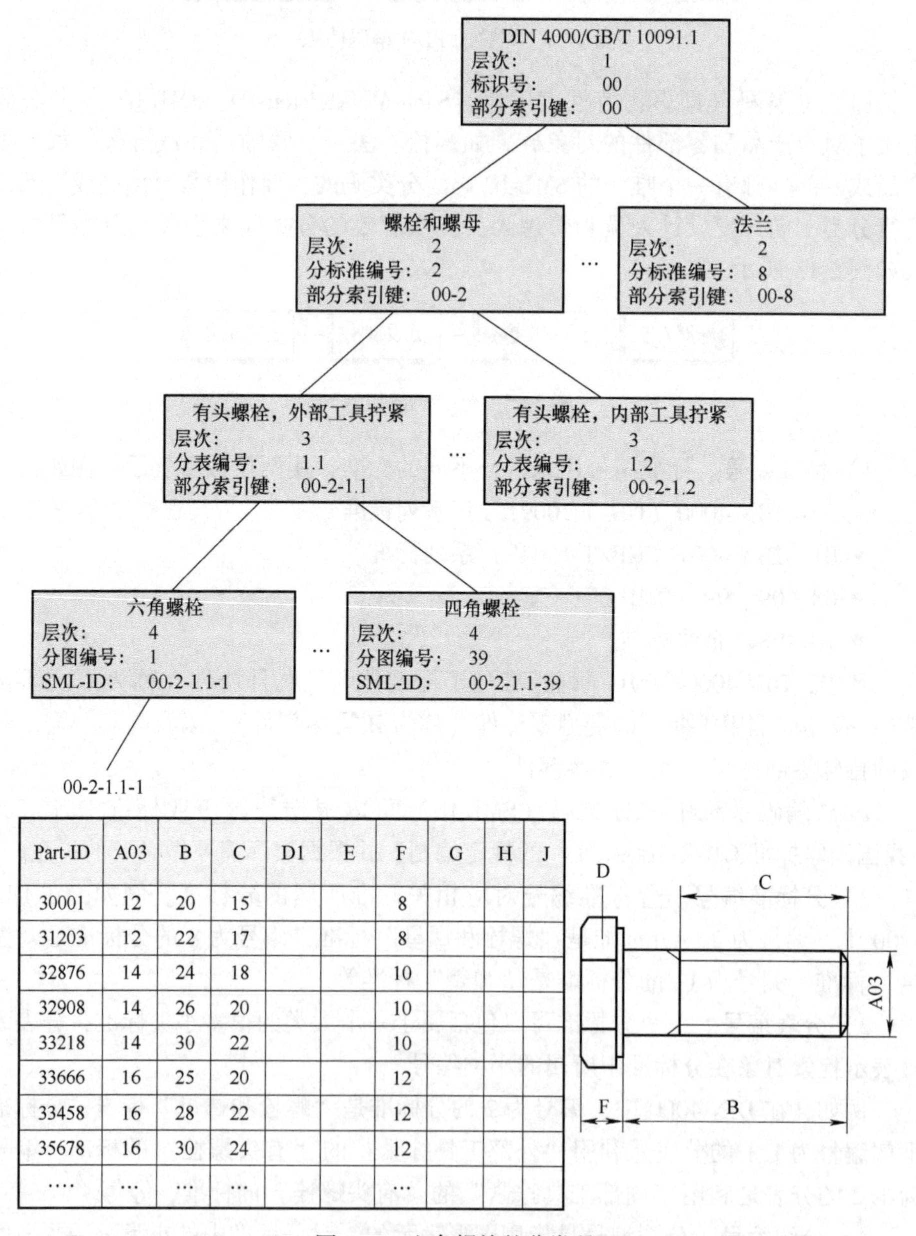

Part-ID	A03	B	C	D1	E	F	G	H	J
30001	12	20	15			8			
31203	12	22	17			8			
32876	14	24	18			10			
32908	14	26	20			10			
33218	14	30	22			10			
33666	16	25	20			12			
33458	16	28	22			12			
35678	16	30	24			12			
….	…	…	…			…			

图 2-16 六角螺栓的分类码

（2）识别码（Part-ID）　识别码用来对同一对象族中的不同对象进行区分和标识，每一个产品和零部件都有一个唯一的识别码。可以采用顺序编号作为识别码。通常采用由计算机自动产生的顺序编号作为识别码。

识别码要求具有唯一性，即能唯一地定义对象。对于已经有零部件编码系统的企业，只要这些零部件编码具有唯一性，也可以作为识别码使用，以减轻由于更换编码系统而造成的来自各方面的压力。

（3）视图码（View-ID）　在产品的开发设计中，对零部件的每一个视图都分别加以识别，以便在需要时可以分别加以检索和利用。为此，按照 DIN FB14 中的规定对视图和视图的重要特性进行编码（见图 2-17）。

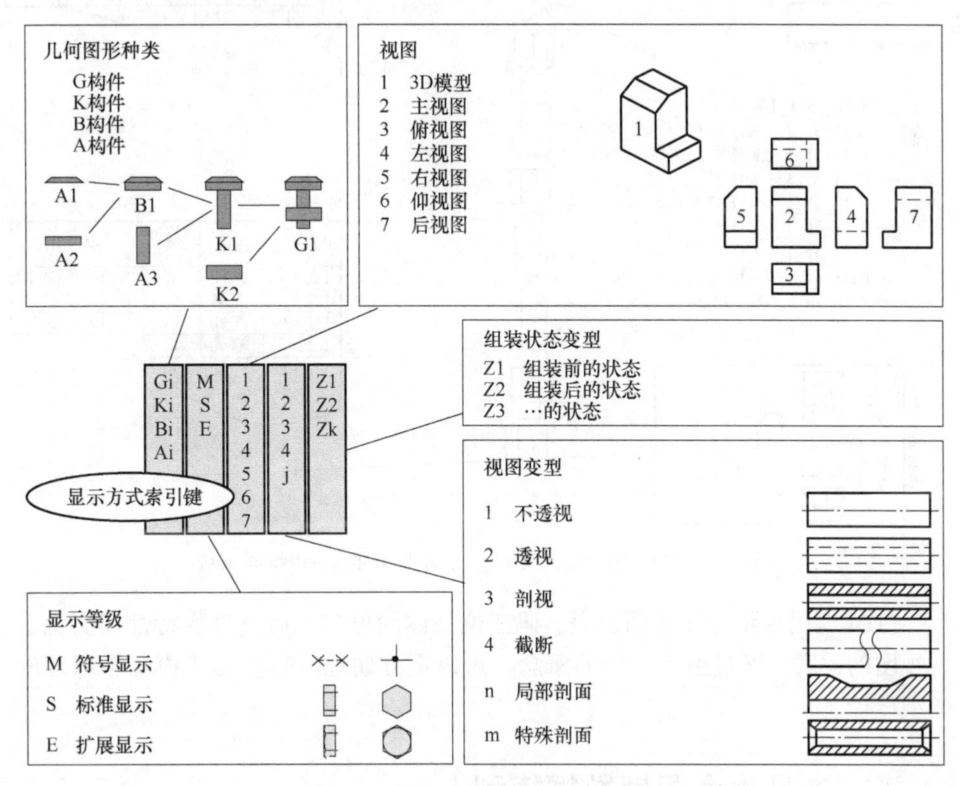

图 2-17　DIN FB14 规定的视图编码

图 2-18 所示为一个 SML-ID 为 11_35_1_1 的零件族的各种编码。从图中可以看出，该零件族的描述信息主要包括三个组成部分，即表格部分、视图部分和主文档部分。主文档包括主图、主工艺过程规划和主 NC 程序等，为简洁起见，图中仅表示了零件族的主图。

1）表格部分用 T 开头的代码标识，由事物特性表和零部件主记录两部分组成。前者描述了零件族的事物特性，在事物特性表中包括了同一零部件族的所有零部件；后者描述了该零部件的基本属性。事物特性表和零部件主记录通过唯一的 Part-ID 相连。

2）视图部分用 A、B、K、G 开头的代码标识。图中的 K 表示零部件，包括了零部件的各个视图及其变型。

3）主图部分用 Z 开头的代码标识，描述了该类零部件的公用信息。

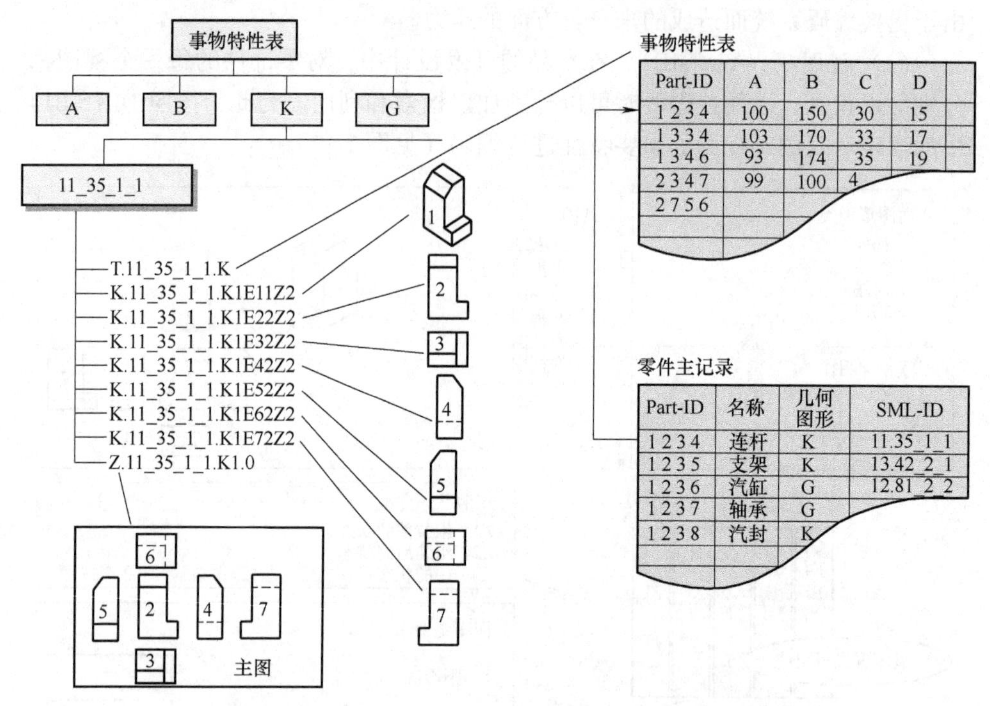

图 2-18　SML-ID 为 11_35_1_1 的零件族的 PDM 编码系统

PDM 编码系统体现了图、表、码三位一体的思想，通过事物特性表实现了各视图的关联，通过引入主图的概念，可以更方便地进行产品建模和零部件的变型设计。

2.3　产品生命周期数据模型

2.3.1　概述

产品生命周期涉及的范围广，环境很复杂，理解起来有难度，因此需要建立相应的模型来帮助人们了解和实施 PLM。根据 GB/T 35119—2017《产品生命周期数据管理规范》的定义，产品生命周期模型是用于定义和描述产品生命周期阶段及产品生命周期过程中的产品信息、过程信息、资源信息和组织信息的一个综合性信息模型。

产品生命周期数据模型对产品生命周期数据信息及其之间的关系进行描述，是产品生命周期数据管理实现的基础。产品生命周期数据管理的实现一般应建立产品生命周期数据管理系统，为产品生命周期内产品、过程、资源及组织数据信息的产生、管理、分发和使用提供技术手段和系统工具。

产品生命周期数据模型是一个综合性的信息模型，是对产品信息的一种结构化描述，是实现产品生命周期过程中不同领域、不同阶段、不同人员之间信息交互与共享的基础。产品生命周期数据模型用于定义和描述产品的设计、采购、生产、销售、售后服务，其内容涵盖产品生命周期过程中的产品组成、内容，以及相关的过程、资源和组织等信息。

产品生命周期数据模型具有以下三个基本特点：

1）产品生命周期数据模型是一个共享信息模型。它面向产品开发活动和过程，为这些活动和过程之间的数据交换和共享提供一个统一的信息模型，且仅包含产品生命周期过程中需要共享和协作的那部分信息。

2）产品生命周期数据模型是一个综合性的信息模型。它采用不同视图对产品生命周期不同侧面的信息进行描述，并通过视图间的关联和映射关系反映产品生命周期过程中的信息关联情况。

3）产品生命周期数据模型是一个不断演化的信息模型。其演进过程可概括为概念、设计、采购、生产、销售和售后服务六个阶段。每个阶段的模型都包含其特定的活动、产生的数据、相关的人员和部门等信息。

2.3.2　产品生命周期数据模型构建技术

1. 信息建模技术

产品生命周期数据模型的具体实现和使用，应借助一定的软件技术和系统。实施和开发 PDM 系统的基本前提条件是准确了解所有与产品描述、生产描述及生产控制有关的信息。根据其逻辑联系，对这些数字化的产品描述和生产描述信息进行结构化处理，是精确地定义数据模型所必须做的工作。下面介绍一下制造企业中比较常用的产品信息建模技术。

（1）面向对象（Object-oriented）的方法　面向对象的方法是一种把面向对象的思想应用于软件开发过程中，指导开发活动的系统方法，简称 OO 方法，是建立在“对象”概念基础上的方法学。

面向对象的方法遵循一般的认知方法学的基本概念，即有关演绎（从一般到特殊）和归纳（从特殊到一般）的完整理论和方法体系。面向对象的方法学认为，客观世界是由各种对象组成的，任何事物都是对象，每一个对象都有自己的运动规律和内部状态，每一个对象都属于某个对象类。面向对象的基本构造把数据结构和行为合并在单一的对象实体中，通过对比发现对象的相似性，构成对象类，允许各种操作作用于对象类上。

面向对象的思想是以对象的观点表达信息及信息之间的关系，对象代表数据和行为的封装，对象之间通过消息传递信息。面向对象的建模技术根据企业实际情况扩展其系统架构、开发特定的系统功能，完成从“通用性”到“特殊性”的转变，以满足不同企业特定的业务需求。业务对象及其逻辑关系可描述业务需求领域的各种事务和事件，这正是业务需求分析所关注的焦点。

下面介绍几个面向对象的基本概念。

1）对象。对象是要研究的任何事物。从一本书到一家图书馆，从单的整数到整数列庞大的数据库，还有极其复杂的自动化工厂、航天飞机都可看作对象。对象不仅能表示有形的实体，也能表示无形的（抽象的）规则、计划或事件。对象由数据（描述事物的属性）和作用于数据的操作（体现事物的行为）构成一独立整体。从程序设计者的角度来看，对象是一个程序模块；从用户的角度来看，对象为他们提供所希望的行为。对内的操作通常称为方法。

2）类。类是对象的模板。类是对一组有相同数据和相同操作的对象的定义，一个类所包含的方法和数据描述一组对象的共同属性和行为。类是在对象之上的抽象，对象则是类的具体化，是类的实例。类可有其子类，也可有其他类，形成类层次结构。

3）消息和方法。消息是对象用来请求对象执行某一处理或回答某些信息的要求。消息中包括发送者的要求，它告诉接收者需要完成哪些操作。消息完全由接收者解释，接收者决定用什么方法完成所需的处理。接收者对属性的操作即为方法。

面向对象表达方式的优势如下：

1）抽象层次较高。比较接近人类观察和理解自然的方式，方便了人们的理解，也方便了理解的修订。

2）适用范围较广。基本为各个领域的人员所接受，极大加强了领域专家、计算机专家、最终用户之间的交流，减少了彼此之间的“方言”问题。

3）适用于软件系统开发的各个阶段。保证了软件系统在分析、设计、开发、测试等各个阶段的连续性，极大地降低了由于系统开发不同阶段的迁移导致的语义丢失和语义误解，同时为增量式迭代开发提供了良好的思想基础。

目前，采用面向对象的分析和设计方法已经成为大型系统软件设计开发和实施的主要方法。该方法针对不同企业的具体应用背景，运用面向对象建模技术识别业务对象，构造相应的实际对象以实现特定的软件功能，满足特定的业务需求，这也是 PDM 系统实施过程中的关键环节。

（2）*知识建模技术* 本体论在知识工程和人工智能领域的成功，启发了信息系统的开发者，通过将本体论引入信息系统建模来克服现有建模方法的局限。将本体论引入信息建模中，可以更好地消除语义差异，实现不同系统间的知识共享和互操作，这是未来建模技术的发展方向和趋势。目前，许多研究领域都建立了自己的标准和本体，Web 上有许多可重用的本体资源库。构造本体的方法有很多，比如多伦多大学的企业建模法 TOVE，以及根据 TOVE 改进而来的骨架法，还有斯坦福大学的 Natalya F. Noyhe 和 Deborah L. McGuinness 提出的本体开发 101 方案等。目前，基于本体产品建模技术的研究有元数据的本体建模技术、产品数据本体技术、渐进式的本体建模技术等。

（3）*集成信息建模* 集成信息建模方法代表了当前产品信息建模的主流，具有较多可变化的建模框架，比如基于 Internet 的产品信息建模、基于统一模型语言（Unified Modeling Language，UML）的产品建模、基于视图分析参考模型（Viewpoint Analysis Reference Model）的产品建模、集成化产品信息模型、基于 STEP 的集成化产品建模等。这些集成化产品建模方法不仅能够描述制造过程中各个应用领域需求的产品信息，还将各个领域的专家设计经验、产品设计过程和环境知识，明确地表示在产品信息模型中，为实现产品设计自动化提供了许多有用的信息，大大增强了数字化制造过程的信息支持能力。

2. 元数据

随着计算机技术，特别是通信技术的发展，对信息的共享需求越来越急迫，数据量的增大也使信息资源管理成为突出而复杂的问题，这就需要更简单有效的方法来管理和维护数据，而用户则需要用更快、更便捷的方法来找到自己所需的资源。同样，在产品生命周期管理中，为了实现产品数据的畅通无阻、信息的实时共享，其核心的产品数据管理需要满足共享性、重用性、一致性、完整性等特性。元数据为解决这个问题提供了有效的管理和应用手段。

目前对于元数据还没有统一标准的定义，一般认为元数据是“数据的数据”（Data about Data）。哈佛大学数字图书馆项目将其定义为“元数据是帮助查找、存取、使用和管理信息资源的信息。”元数据用规范的方式对数据的模式特征进行描述。元数据具有标准统一的格式，可以通过一个模型结构，用标准的数据元素来表达通用的信息。元数据具有平台独立性、通用性，其自身不受技术平台的影响，可以在不同平台之间进行移植。元数据是生成其他数据模型的基础，可以生成其他数据模型或代码信息，并为系统提供统一的可读的系统模型，使系统在运行时，可以使那些实体对象通过元数据模型来了解其本身的特征、结构、地位及与其他对象之间的关系等。

元数据在描述信息资源的时候一般分为三个层次。

一是对信息资源基本内容的描述，包括信息资源的标题、摘要、关键字等基本信息。标题就是信息资源的名字，通过标题使用者能够初步掌握信息资源的基本范畴。摘要则表达了信息资源的基本内容，用户可以通过摘要掌握此信息资源的主要内容，便于判断是否为自己所需要的信息。而关键字则为信息的检索提供了方便。这些都为用户对资源的选择提供了重要依据。

二是对信息资源的获取方式进行描述，如信息资源的分发者信息、信息资源的获取地址信息等。通过这些信息，使用者可以很方便地获取所需要的信息资源，还可以直接联系信息资源分发者来获取信息。

三是描述元数据的维护信息，包括元数据的标识、元数据的维护方、元数据的创建日期与更新日期、更新频率等。这些信息主要作用于元数据的管理与维护，提高元数据的管理和维护效率。同时，使用者也可以通过元数据的更新日期、更新频率等信息判断元数据和信息资源的一致性程度，进而间接判断信息资源的适用性。

元数据的量比通常它要描述的数据的量小很多。例如，对图书馆一本书的描述可能只有 10 个元数据，描述一个 50kB 的文本文件仅需要 20 个元数据。

2.3.3 面向对象的产品生命周期数据模型

为了实施完整的产品生命周期管理，需要采用专业的 PDM/PLM 系统。对于这些专业的 PDM/PLM 系统，除了对功能和可靠性有要求，使用方便和可配置性也是重要的选择准则。特别是为了满足用户的特殊需要所进行的二次开发（客户化），要求 PDM/PLM 系统必须具有灵活的系统结构。从面向对象的建模方法和特点看，面向对象的 PDM/PLM 系统具有明显的优点，因为这种 PDM/PLM 系统方案主要由基于继承技术的层次式结构的类定义构成。在一个被分成任意层次的分类结构中，可以从已有的基本类派生出一个新的子类。这样就可以利用现成的、经过测试和运行可靠的软件模块来扩充用户所需要的新功能。因此，通过面向对象技术可以在软件实现层次上建立一个统一的产品生命周期数据的对象模型。

产品生命周期数据对象模型（见图 2-19）定义了产品、过程、组织和资源四个基本对象类，且其余各对象类之间定义为整体 - 部分的关系。过程对象与组织和资源对象之间存在多对多的连接关系，用置于连线上方的变量（或常量）来表示对应关系。

产品对象模型主要描述产品的组成信息和产品相关文档。

组织对象模型主要描述产品生命周期活动的人员和组织情况信息，具体包括：组织对象实体及其属性，企业组织实体间的结构隶属关系和企业人事的组织结构，实体之间的管理企业事务和执行企业任务的职责和权限关系，组织实体与资源实体之间的管理和责任关系。

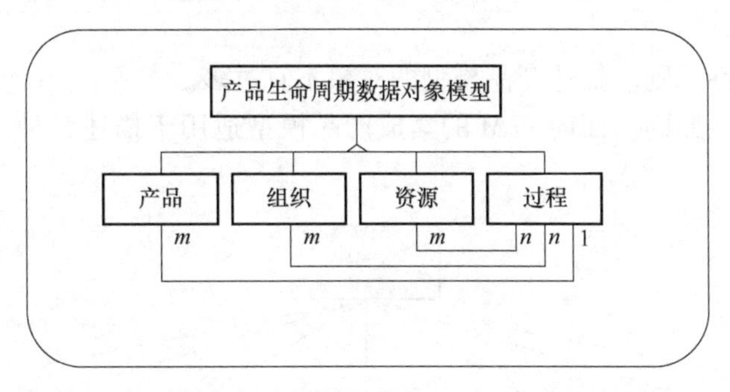

图 2-19　产品生命周期数据对象模型

资源对象模型描述产品整个开发过程中涉及的计算机软/硬件资源、加工设备、物料等资源的产生和使用情况。

过程对象模型描述产品生命周期中包含的活动及这些活动之间的连接关系、执行活动的参与者、执行活动要激活的应用，以及与其他视图之间的关系。

2.3.4　面向 PLM 的产品对象模型

产品是制造企业各种活动的核心对象，企业的各种活动都围绕产品模型与相关信息进行。面向产品生命周期的产品建模技术是 PDM/PLM 的核心技术之一，即在现代设计方法学的指导下，以一定的数据模式定义和描述与产品有关的数据内容、活动过程及数据联系。该数据模式覆盖产品开发、设计、工艺规划、加工制造、检验装配、销售维护直至产品消亡的整个生命周期。由于面向产品生命周期的数据模型必须为产品生命周期各个阶段和各个部门提供服务，这就要求它必须能够完整地提供产品生命周期各应用领域所需的各种信息（见图 2-20），针对不同的部门提供不同的内容，保证各部门之间数据的一致性。

在实际工作过程中，人们可能会提出各种各样的问题，例如，哪些工程图属于某个用户的订单、用户所订购的某型机器中的可编程控制器应该安装哪一个版本的程序等。对于非结构化数据，要想找到上述问题的答案是既费力又费时的。为此，应该将相互有联系的数据分门别类地归入有关的电子文件夹或产品卷宗中。技术信息系统必须既能将图样作为逻辑的工程图加以管理，还能够将各个产品开发项目或用户订单的完整工作结果作为虚拟的产品模型加以利用。

为了完整、灵活、方便地构建虚拟的产品模型，并满足产品生命周期数据的完整性、一致性要求，面向 PLM 的集成产品模型应该遵循以下原则：

1）独立性原则。产品模型中的对象必须具有独立的编号和状态信息，而且能够独立地进行处理。

2）整体性原则。描述产品的所有数据通过相应的联系关系关联，形成一个完整的产品模型。

3）简洁性原则。描述产品模型的对象不宜过多。

4）普适性原则。面向 PLM 的集成产品模型适用于描述各种不同复杂程度的产品。

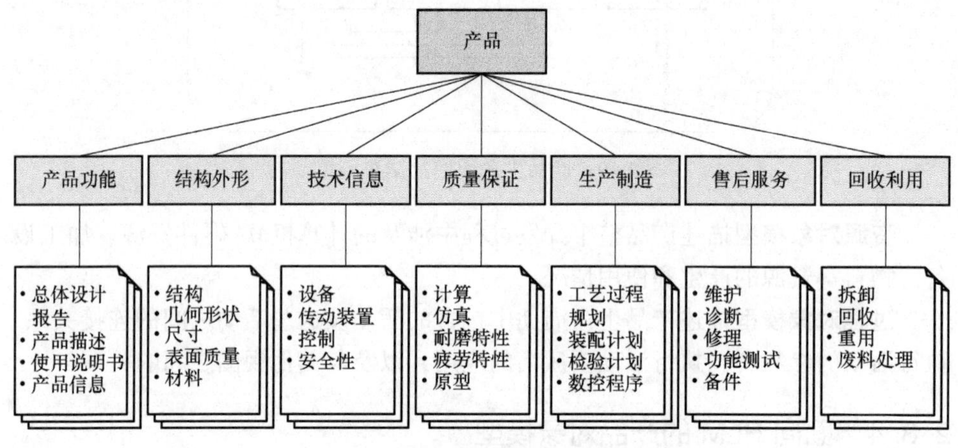

图 2-20　产品生命周期信息

1. 制造企业的产品数据内容及特点

产品数据是在产品生命周期的不同阶段，将产品的一个或一组事实、概念、相关过程和技术要求进行形式化描述，使之适合于计算机处理。随着产品开发进程的发展，制造企业中产品数据的内容和数量不断增加和变化。图 2-21 所示为一个完整的产品描述应该具备的信息。

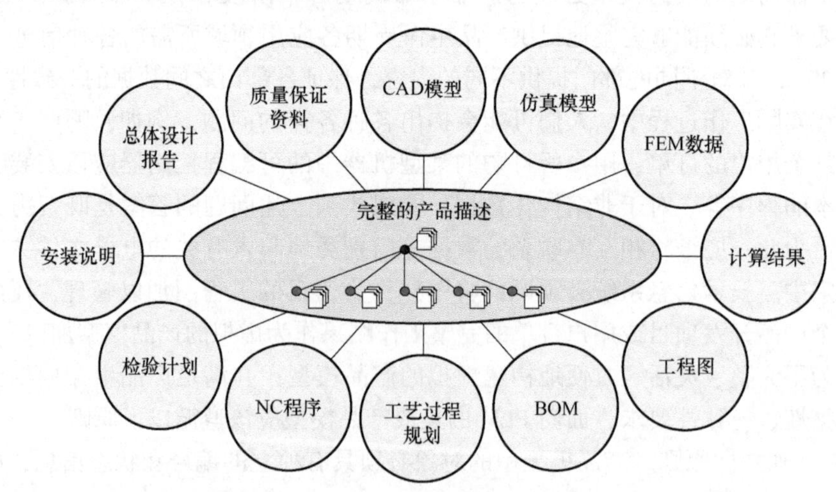

图 2-21　一个完整的产品描述应具备的信息

(1) *产品数据的内容*　从产品数据的特点看，产品数据内容可分为以下几类：

1）技术文档，包括各种技术合同、设计任务书、设计规范、需求分析、可行性论证报告和产品设计说明书等。

2）工程设计与仿真分析数据，包括产品设计与工程分析过程中所产生的各种模型和数据，如产品模型、测试报告、计算说明文档、验收标准、NC 程序、产品技术说明文档等。

3）工艺数据文档，是指 CAPP 系统在工艺设计过程中所使用和产生的相关数据，如工艺数据、工艺规程、工艺规则等。

4）生产管理数据，企业对产品生产过程的计划与管理数据。

5）维修服务文档，包括常用备件清单、维修记录和使用手册等说明文件。

6）其他专用文件，如电气原理图、布线图等。

(2) *产品数据的特点*

1）多样性：产品定义、工艺规划、制造质量、使用维修等多种数据综合描述一个完整的产品，缺一不可。

2）关联性：一个产品关联多种数据，一种数据可能关联多个产品。数据之间具有各式各样的关联性。这种关联往往比数据管理难得多。例如，一个发动机可以在多个型号的产品上使用，那发动机相关文档需要与这些产品都要关联。再如，飞机发动机的排气温度，今天可能是装配在 A 飞机上测得的，明天可能是维修阶段测出的，还可能是维修后又装配到了 B 飞机上测得的。

3）动态性：每个数据有自身的生命周期，从诞生、成熟、演变，直至衰亡。例如，飞机发动机的排气温度，刚修好的温度和衰退以后的温度是不一样。再如，涉及过程中的设计数据在不同阶段会有变化，数据会随着产品的不断成熟而不断变化。

4）结构性（最重要的特点）：以产品结构为核心，每个节点关联全部相关的产品数据，包括需求、设计、工艺、制造、使用和维修等直接相关的产品数据，还有相关的人员、任务、时间、地点、成本等间接相关的管理数据。产品数据本身是非结构化的，需要把非结构化数据转换为结构化数据来管理。

5）复杂性：产品数据可以用作定义、参考、备忘等不同用途。

6）长期性：随着产品生命周期的延长而延长。例如飞机的寿命大约为 30 年，则该飞机的产品数据至少要保存 30 年以上。

2. 产品数据逻辑单元模型的描述与表示

产品数据管理是一种利用数据模型对制造企业的产品形成过程进行管理的方法。产品数据模型是产品信息的载体，包含了产品功能信息、性能信息、结构信息、零部件几何信息、装配信息、工艺和加工信息等。

目前，主流产品数据管理系统基本采用了面向对象的方法构建产品数据模型。面向对象的产品数据管理系统将所有数据作为信息单元进行处理，它将所有的信息定义为对象。如图 2-22 中的产品数据——图样，在 PDM 系统中被定义为图样对象。根据面向对象的设计思想，从外部是不能进入对象属性的，因为它已经被面向对象的方法封装。此时，该对象收到一条**显示对象属性**的消息，其所包含的方法决定了对象应该采取怎样的动作。可以采用不同的方法，以某一种确定的形式显示该图样的属性。

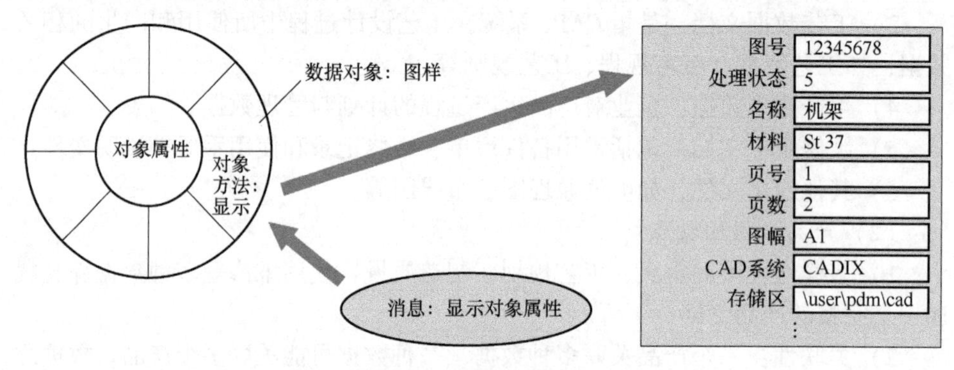

图 2-22　图样对象示例

一个产品的数据主要由零部件数据和有关的文档组成。产品数据模型的构造使得产品文档中的所有信息单元都能有序地保存在 PDM 系统中。对于描述产品的一份纸质文件来说，文件的部分内容会为文件其余部分保留一些信息。例如，一份工程图的“标题栏”，说明了图样名称、标识、比例、单位及建立时间等信息。在传统的普通纸质文件管理时，会有一个“表头”(Header) 表明文件名、产品名、建立日期及创建者的名字等。这些信息与图书馆的图书信息目录类似，图书馆的图书目录信息可能包括书名、作者、书号等信息，这些信息就是图书的元数据，因此纸质文件的标题栏或“表头”就包括了元数据。

以工程图样的 CAD 文件管理为例，如图 2-23 所示，CAD 文件中包含了各种视图、技术要求等信息，这个信息用传统的文档管理系统很难管理，因为传统的文件管理系统只能把 CAD 格式文件存储于硬盘的某一位置，然后通过指针指向文件所在的位置，要了解图样的内容必须把文件打开。

下面来对工程图样进行分析。工程图样的信息可分为两类：结构化数据，如标题栏等；非结构化数据，如视图、技术要求等。把图形中的结构化数据提取出来，如标题栏中的图号、图名等信息，将其填入关系数据库以保存在数据库中；将非结构化数据，如图形数据、技术要求等，保存为数据文件。这样，就把工程图数据拆分为两部分来管理。

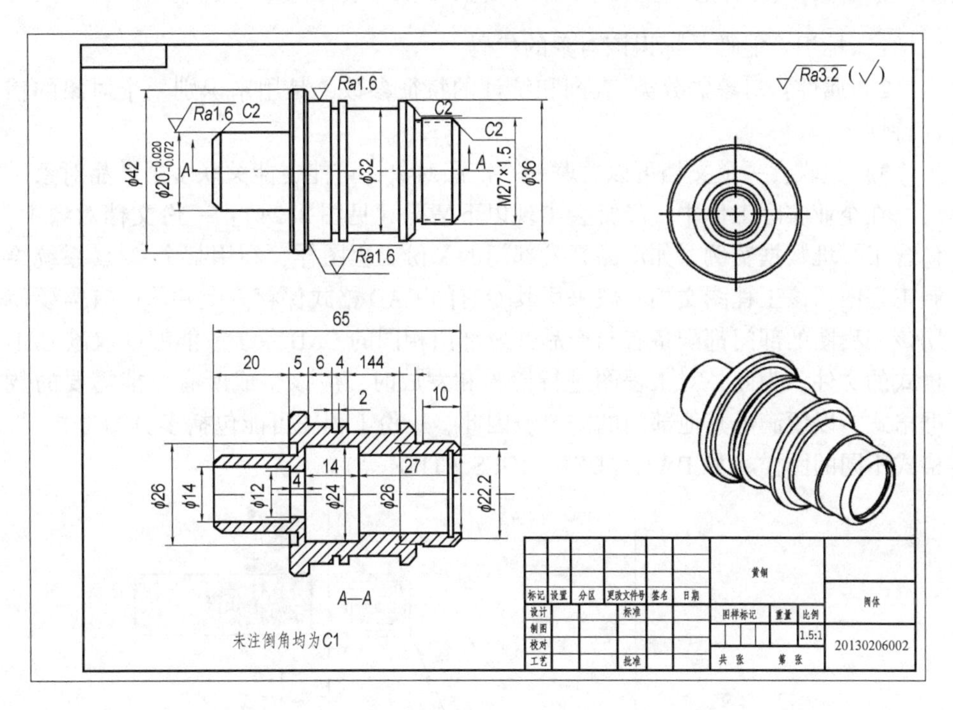

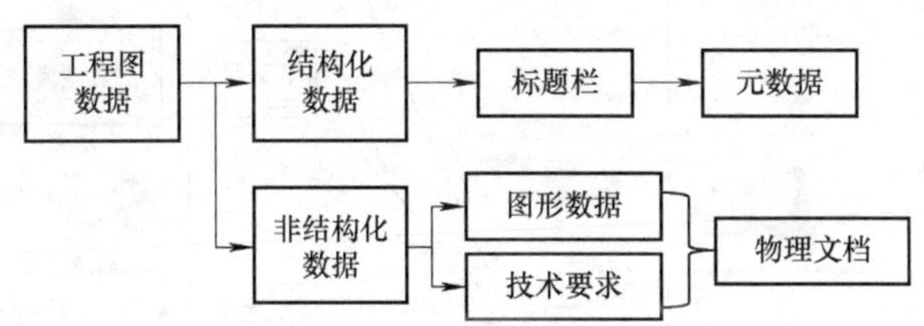

图 2-23　工程图样内容分析

利用类的实例（对象），可以将 PDM/PLM 系统管理的所有数据作为信息单元进行处理。为了实现将产品相关的信息单元都能有序地保存在 PDM/PLM 系统中，任何产品数据都可以分为两部分来管理：元数据及物理文档。

对产品信息和其他业务数据进行管理是 PDM/PLM 系统的核心任务之一。为了方便制造企业产品数据的生命周期管理，产品数据中用两类对象进行描述。

1）产品对象：凡是组成产品或者为了制造而准备的各种实体均称为产品对象，如零部件、硬件、软件、成品、包装、工装、刀具夹具、机床、工作台等。

2）文档对象：描述产品对象的各类电子文档，如可行性报告、总体方案、设计图样、分析测试报告、计算结果、变更通知、电气原理图、软件开发文档、执行代码、数控程序、工艺文件、手册等。

根据面向对象的思想和制造企业数据管理的需求，产品对象和文档对象要求具有以下三个要素：

1）标识：能唯一标识该对象的代码。

2）属性：对象的分类/查询和统计的特征参数，是用来识别一个对象的辅助特性。

3）关联：一个文档可以关联一个产品对象，可能也能关联多个产品对象。

在企业实际工作中，经常会出现以下情况（见图 2-24）：一份文档对象中，包含了一堆数据实例，如产品开发部门的一份工程图样，利用某个 CAD 系统绘制工程图，该工程图文档一般采用其专有的 CAD 格式保存。但并非所有需要使用该工程图的部门都配备有与产品开发部门相同的 CAD 系统或能够读取该 CAD 格式的文件。为此，对工程图进行检验和发放时，应该生成所有可能需要的数据格式，以便满足其他部门的需要。因此，一份工程图可能包括多页图号相同、格式不同的图样（如 DWG、DXF、IGES、TIFF 等）。

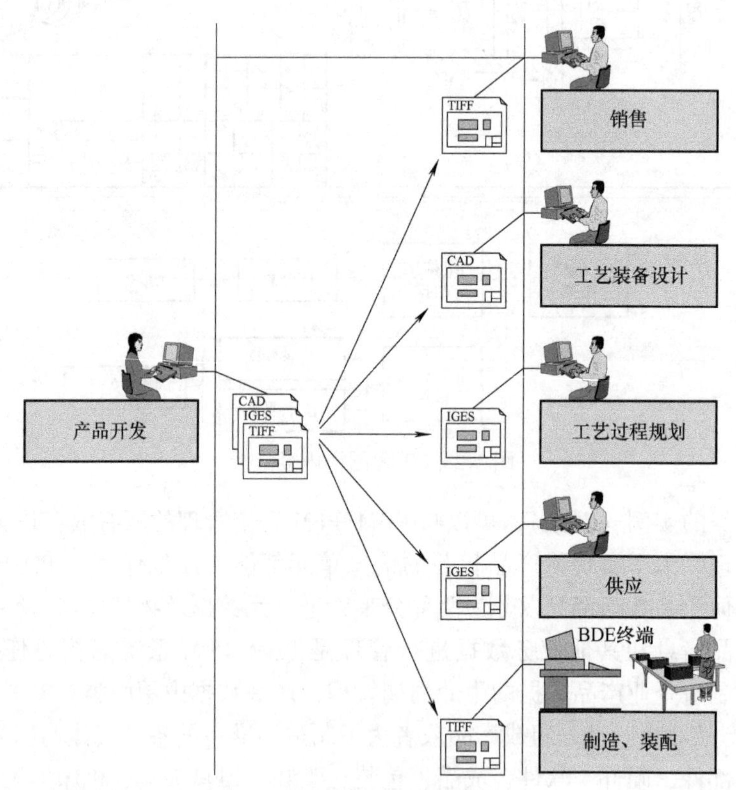

图 2-24　工程图样文档对象与实例

同样，一份逻辑文档中也会包括多页文档号相同、格式不同的章节或段落（如 Word、PPT、Excel 等），一个模型可能包括多个模型号相同、格式不同的 CAx 模型（如 STEP、DMU、FEM 等）。

为了在 PDM/PLM 系统中存储具体实例文件的信息，在产品数据模型中引入一个数据对象，数据对象与物理文档之间通过一个指针关联，此时的文档对象只是一个虚拟的桥梁。为了便于区别，把产品对象和文档对象称为业务对象，一个文档对象的具体实例（物理文件）称为数据对象。

对对象进行结构化处理时需要用到联系。为了便于描述业务对象和数据对象的关系，引入联系对象，使业务对象与数据对象在逻辑上联系成一个整体，如图 2-25 所示。

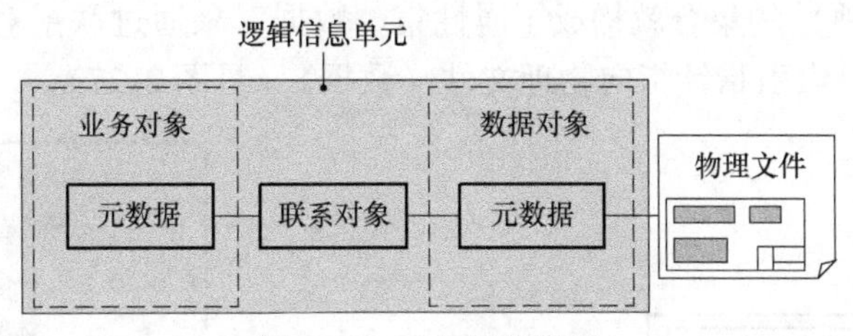

图 2-25　产品数据模型

1）**业务对象**。业务对象用来描述某个事物（如零部件、项目和顾客、文档等），或定义组织方面的信息，即描述对象的属性。在 PDM/PLM 系统中，业务对象被定义为 ** 主记录，如工程图对象的数据对象称为工程图主记录（Draft Master Record）。工程图主记录描述产品开发过程中图样的基本管理特性的数据记录，是为了适应产品数据对象管理的需求而对产品数据信息的抽象（见图 2-26）。

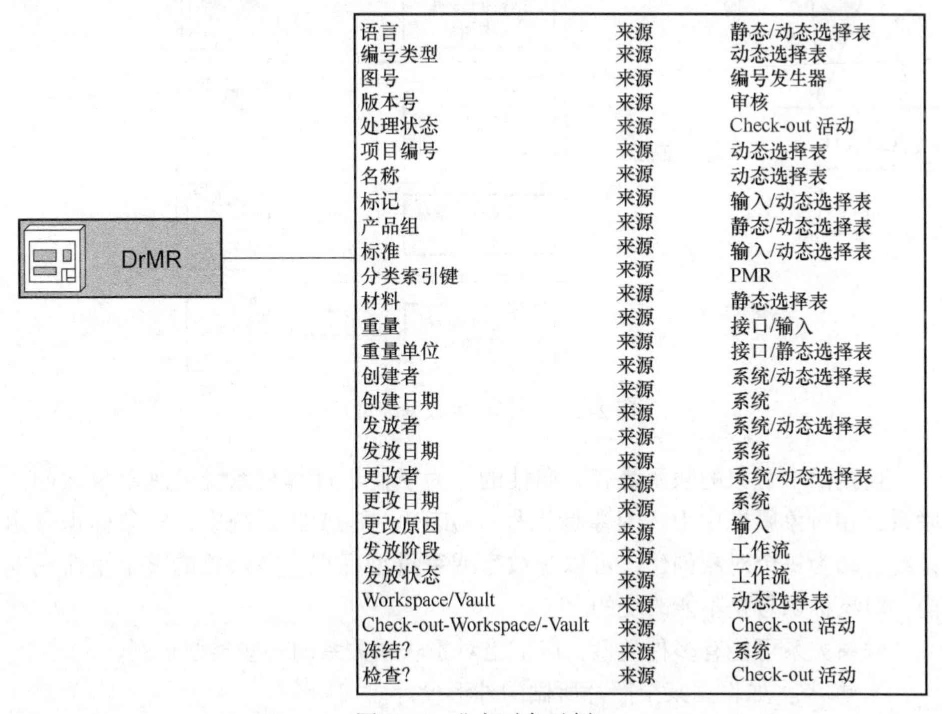

图 2-26　业务对象示例

在通常情况下，一个用来进行数据管理的业务对象除了其他的属性，还需要定义一个标识号、一个更改标记（版本号）和一个处理状态。

2）**数据对象**。数据对象指描述一个具体文档实例文件属性（即数据对象元数据）的数据记录和文件指针。在 PDM/PLM 系统中，数据对象元数据主要描述物理文件的信息，如文件名、文件长度、文件类型、创建日期、版本、所有者及存储路径等属性。每一项元数据对应 PDM/PLM 系统中的一个属性项，元数据（属性项）的集合就构成了属性集。数据对象通过联系对象与业务对象相连，同时通过索引指针指向物理文件（数据）（见图 2-27）。

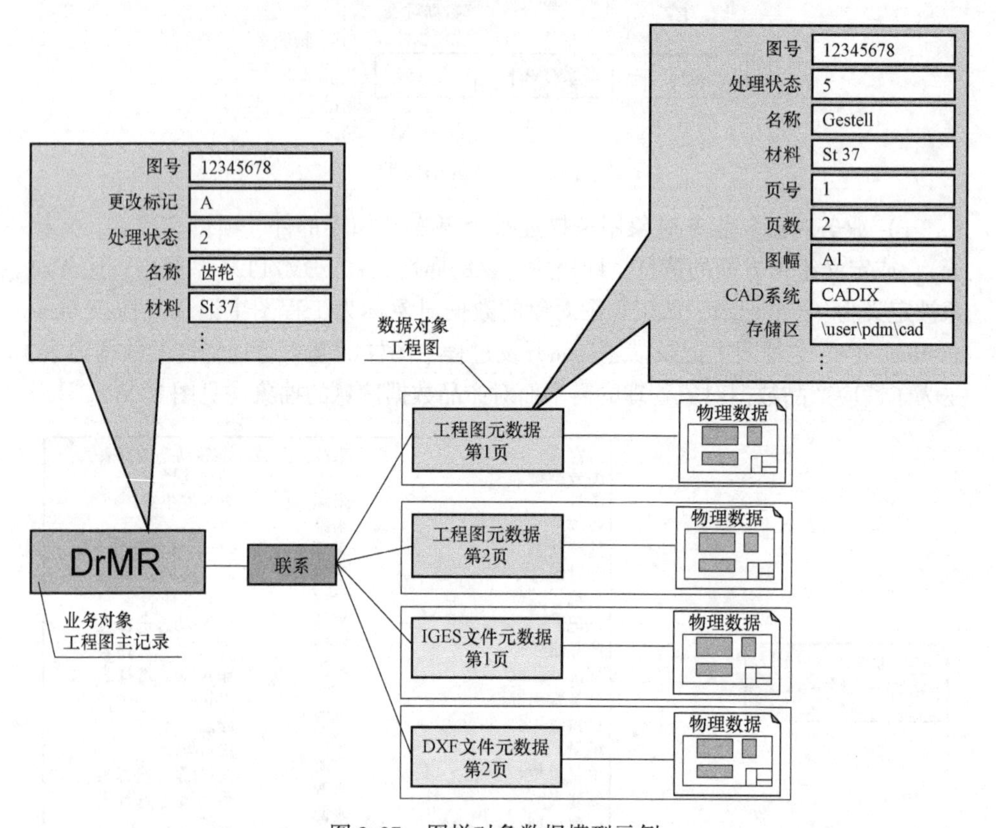

图 2-27 图样对象数据模型示例

连接两个对象的联系是有方向性的。为了便于计算机系统处理对象之间的联系，在对象属性中引入对象标识号（OID）。在 PDM 系统中，对象标识号由系统自动为每个对象创建，可以是数字或字符型标识。在对象的整个生命周期内，对象标识号是不能改变的。

联系关系可能有多种类型，以下是对象联系关系的一些类型示例。

- 参考：如根据某个照片所做的外形设计。

- 注释：说明为什么这样设计。
- 包含：如某个零部件包含在某一产品对象下面。
- 引用：引用的某个产品的设计。
- 变更：为什么要变更、变更哪些内容等。
- 具有/属于：表述对象之间包含与被包含的关系。

不同企业可以根据自己的管理需要，定义不同的联系关系类型。在建立联系关系时，要注明这个联系关系是什么。大多数的默认关系是描述关系，或者是包含关系。要完整地建立结构化文档模型，需要正确地建立各种关系。

产品数据对象模型中数据对象通过关系联系起来，由此构成了产品信息模型。

在PDM/PLM系统中，根据产品数据内容的特点，主要可分为以下几个典型业务对象：

1）产品实体对象，如产品、零部件、组件等。用于描述产品实体对象设计过程中相关管理属性的业务对象称为零部件主记录（Part Master Record，PMR）。零部件主记录是一种与产品设计过程有关的数据记录，用来对零部件在其生命周期中的各种情况进行描述和管理，如图2-28所示。

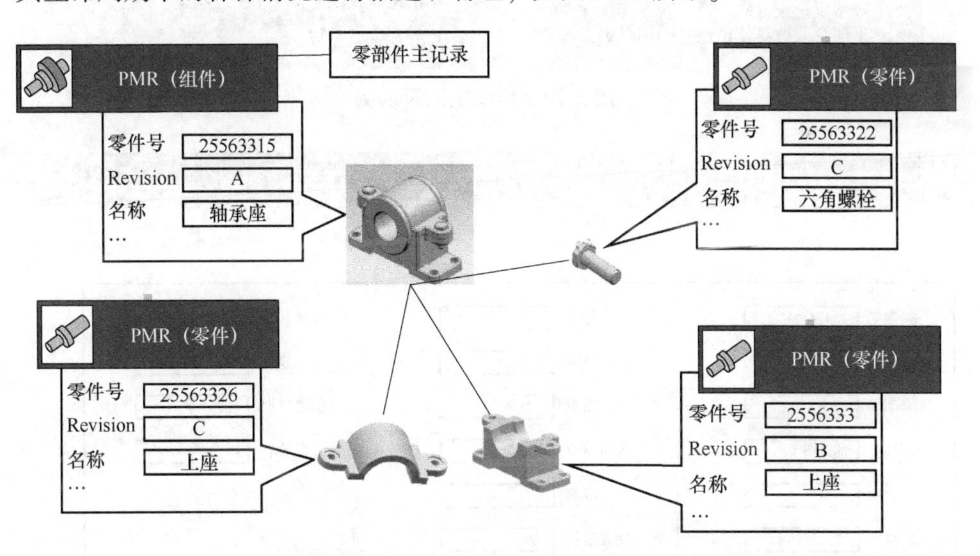

图2-28　零部件主记录——对描述零部件的各种数据进行管理

零部件主记录不仅管理零部件或产品，对产品开发过程中涉及的各种实体对象（产品、组件、毛坯、半成品、原材料、包装、软件等）都可进行描述和管理。

2）CAD文档（模型和工程图）对象。由于其描述的方法各不相同，所以系统定义了不同的对象类，即模型对象和工程图对象，其业务对象分别对应定义为模型主记录（Model Master Record，MMR）（见图 2-29）和工程图主记录（Draft Master Record，DrMR）（见图 2-30）。

模型种类
标准几何模型
98764321
模型种类
空间安装模型
98764322
模型种类
功能模型
98764323
模型种类
设计构思模型
98764324
模型种类
电子元器件
模型98764325
模型种类
工装模型
98764326
模型种类
变型几何模型
98764327
…
模型号 98764321
Revision C
Version 2
模型种类 标准几何模型
名称 手柄
项目号 12345678
体积
发放阶段 发放
发放状态 详细设计发放
创建者 Peter Meyer
创建日期 19.03.2007
发放者 Martin Schulz
发放日期 25.04.2007
更改者 Holger Schmidt
更改日期 14.09.2007
更改原因
…
MMR中某些特殊的元数据与模型的种类有关
MoMR中包括了所有描述某个CAD模型的元数据
模型主记录（MMR）的属性可以根据不同企业的具体情况分别加以定义
在正式发放以前，一个更改状态（Revision）可以有多个版本（Version）

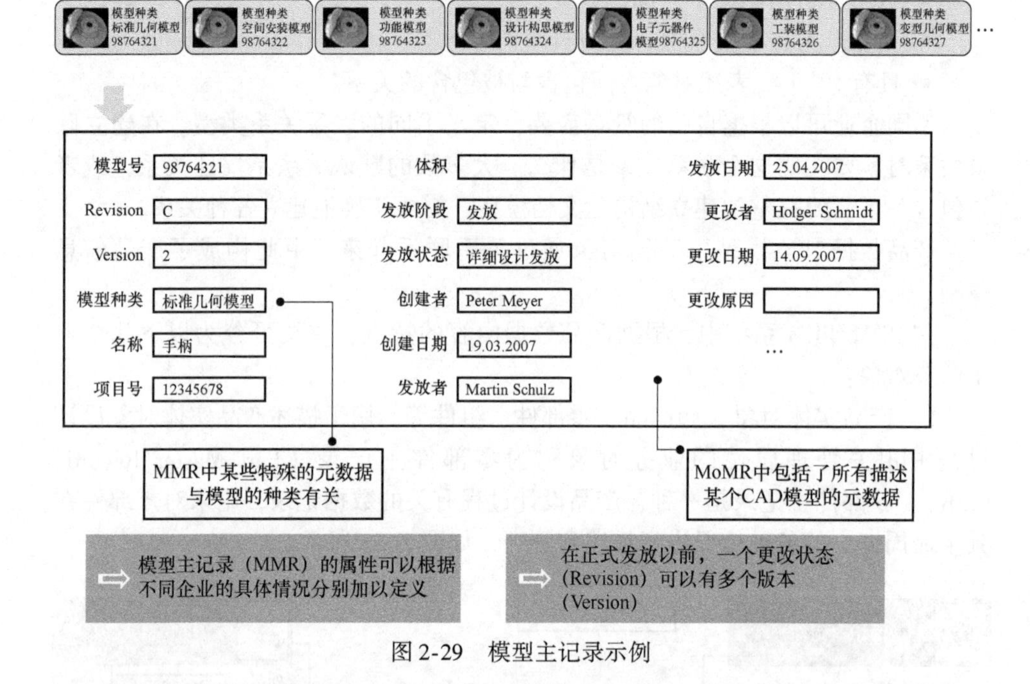

图 2-29　模型主记录示例

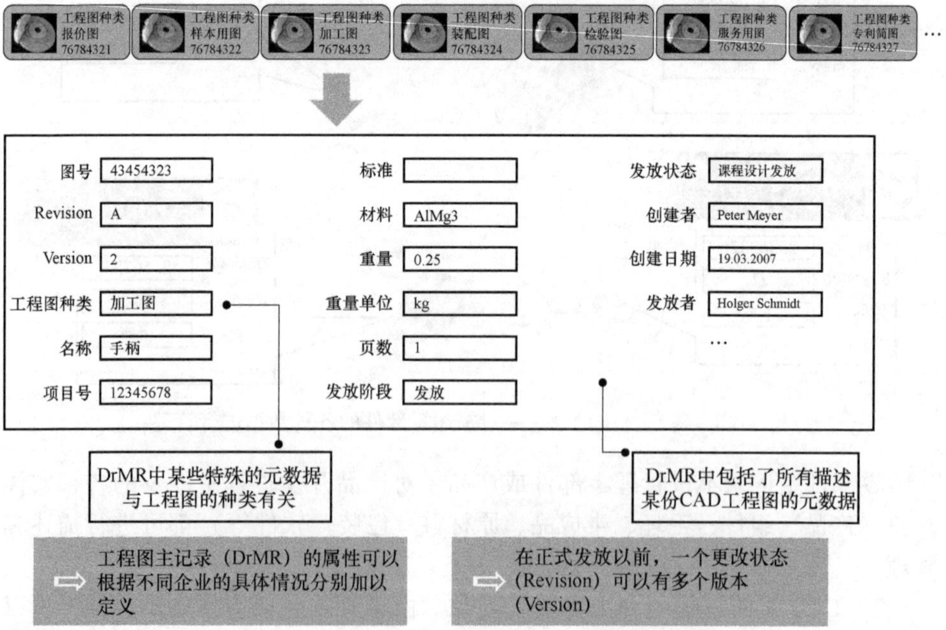

工程图种类
报价图
76784321
工程图种类
样本用图
76784322
工程图种类
加工图
76784323
工程图种类
装配图
76784324
工程图种类
检验图
76784325
工程图种类
服务用图
76784326
工程图种类
专利简图
76784327
…
图号 43454323
Revision A
Version 2
工程图种类 加工图
名称 手柄
项目号 12345678
标准
材料 AlMg3
重量 0.25
重量单位 kg
页数 1
发放阶段 发放
发放状态 课程设计发放
创建者 Peter Meyer
创建日期 19.03.2007
发放者 Holger Schmidt
…
DrMR中某些特殊的元数据与工程图的种类有关
DrMR中包括了所有描述某份CAD工程图的元数据
工程图主记录（DrMR）的属性可以根据不同企业的具体情况分别加以定义
在正式发放以前，一个更改状态（Revision）可以有多个版本（Version）

图 2-30　工程图主记录示例

3）文档对象。除了 CAD 文档的其他文档为文档对象，如测试文档、客户需求文档等。其业务对象定义为文档主记录（Document Master Record，DoMR），如图 2-31 所示。

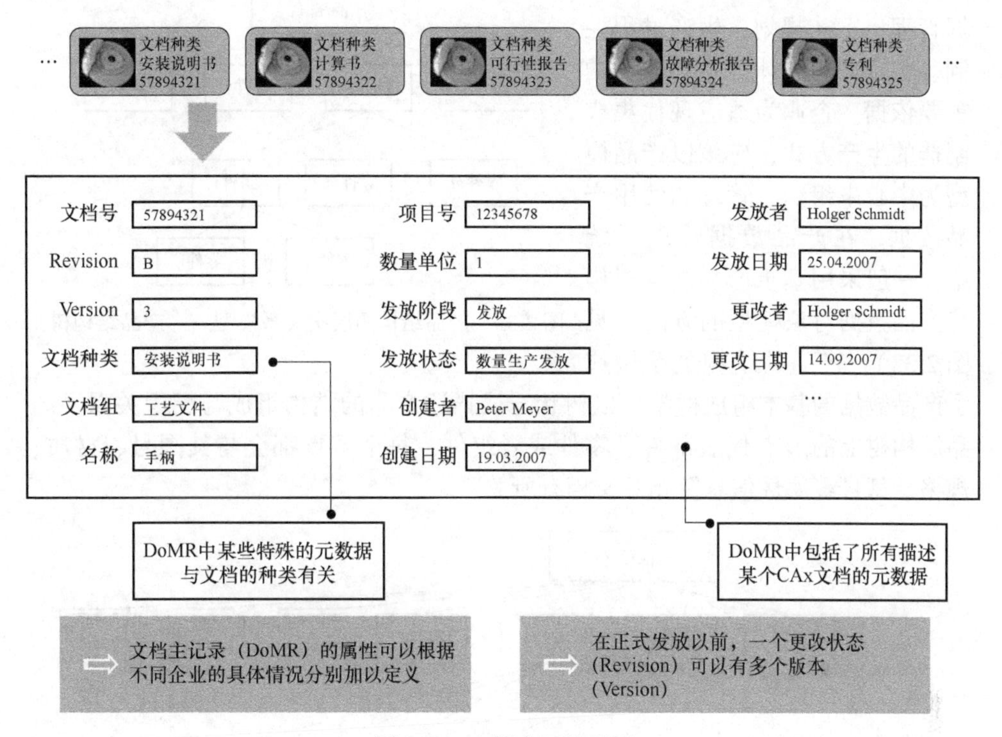

图 2-31　文档主记录示例

3. 产品数据管理中的产品数据组织方法

从产品数据模型可以看出，业务对象、数据对象及联系对象是制造企业中产品数据和生产数据的信息载体。因此，产品对象模型的构建必须使产品文档中的所有对象都能够有序地保存在 PDM/PLM 系统中。产品数据管理的关键是构建合理的产品对象模型，这个模型对一组零部件经过一系列操作，将具有确定的装配关系和一定功能的组合体相关的所有对象及其之间的关系组成有序的逻辑体。

（1）*基于产品结构树的产品数据的组织*　对于机械制造业而言，无论是一些结构简单的产品，还是大型复杂结构的产品，都可以根据其功能组成与结构关系分解为若干个子系统或部件，而产品的每一个子系统或部件也都可以由一些零件或者装配件装配而成（见图 2-32）。

产品结构树根据该产品的层次关系，将产品各种零部件按照一定的层级关系组织起来，可以清晰地描述产品各个零部件之间的关系。它以树状方式描述产品结构，根节点表示产品，叶节点表示零件，中间节点表示部件，节点间的层次关系描述了产品的组成。产品结构树反映了产品及其组成部分的逻辑关系，因此，它是制造企业进行产品数据管理、工艺规划、生产过程控制、物资采购设计等生产活动的重要依据。企业为适应现代集成制造的生产方式，应该以产品模型为中心来组织、管理和使用产品数据。在产品数据管理系统中，一般采用基于产品结构树构建产品数据对象模型的方法（见图 2-33）：产品的结构关系构成了产品数据的基本组成框架，以树状方式描述产品的结构组成与配置关系。产品结构树上的节点代表部件、零件或者组件，每个节点都会与其图号、材质、规格、型号等属性信息及相关文档有所关联。

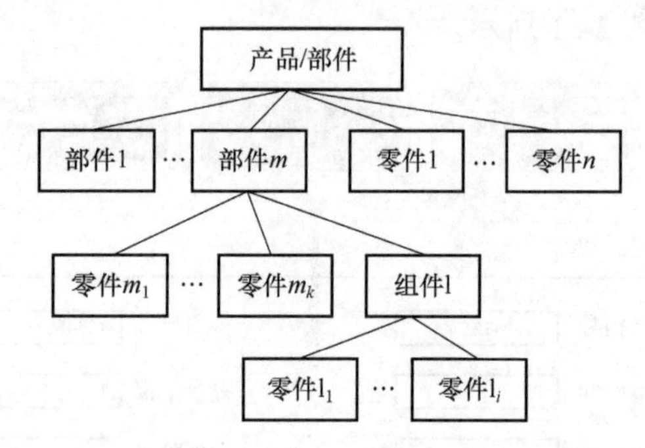

图 2-32　产品结构的层次关系模型——产品结构树

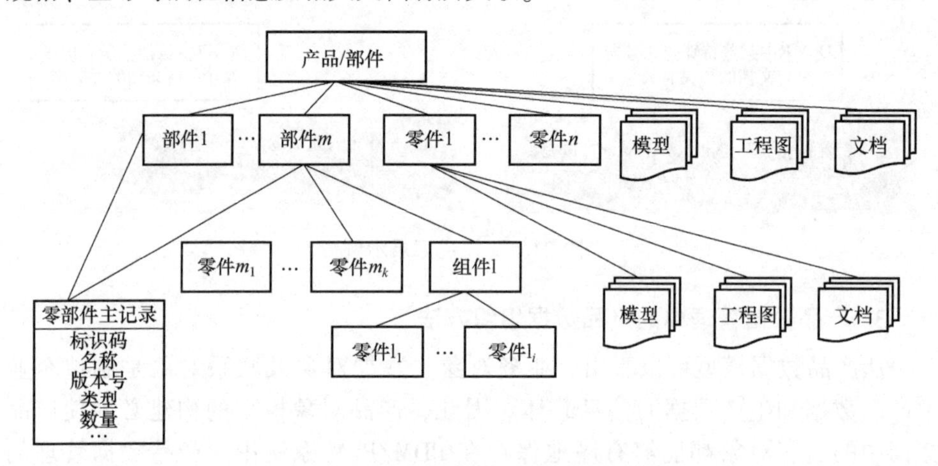

图 2-33　产品数据对象的逻辑结构

例如，某产品由底座、顶板及六角螺栓装配而成，采用基于产品结构树的产品数据对象模型表达，则产品数据及文档之间的关系可以用图 2-34 描述。

（2）*基于文件夹对象的产品数据的组织*　在实际工程应用中，为了完整描述产品、零部件的信息，往往将它们各自有关的文件集中起来，建立一个完整的产品描述对象的文件目录，称为文件夹。产品由若干零部件之间按照一定的结构关系表示为具有层次结构的产品结构树描述，与此类似，文件夹对象也可以用于产品的结构化，一个文件夹也可以分为若干具有一定结构关系的子文件夹及文件。因此，可以利用自由定义的文件夹结构从不同的角度对文档进行分类。

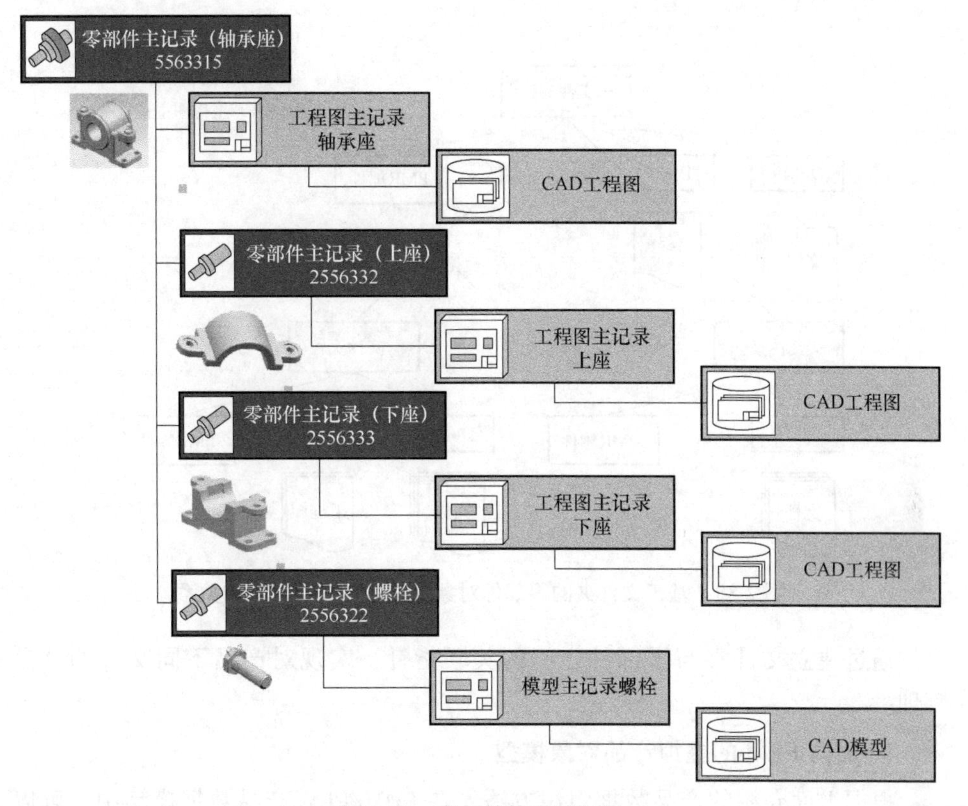

图 2-34　产品结构及其文档

一个零部件的所有信息被保存在一个文档文件夹中。零部件的图样文件与对象的图样主记录（DrMR）之间存在着联系，所有其他的文件都与对象的文档主记录（DoMR）相关联。PMR 对象一方面与有关的文件夹相关联，另一方面还与其他的 PMR 对象有联系。按照这种描述方式，可采用面向文档的思想建立一个产品模型。图 2-35 描述了利用文件夹的层次结构实现对产品的结构化描述。

在 PDM/PLM 系统的实际应用中，通常产品、零部件等对象与文档并不直接发生联系，往往通过文件夹作为连接零部件对象与文档的桥梁，通过文件夹的分类管理来实现对零部件对象的各种不同文档（如三维模型、二维工程图样、数据文件等）的分类管理。

一个文件夹可以包含多个不同类型的文件。文件夹与文件的关系类似于计算机中文件夹及其包含的各种文件的关系。

产品或零部件可以具有多个文件夹，它们管理着与该产品或零部件相关的多个不同的工程文档。

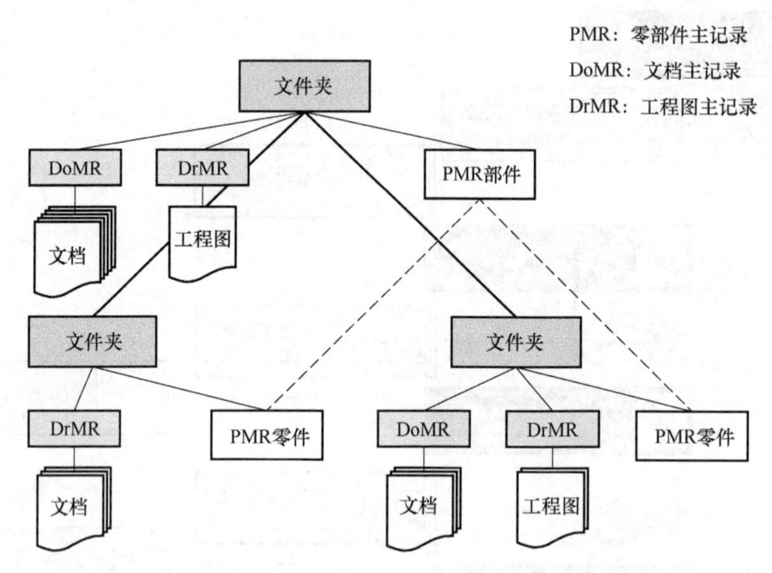

图 2-35　基于文件夹的零部件对象及其相关文档之间的关系

通过建立文件夹与零部件之间的关联指针，实现对产品不同文件的分类管理。

4. 面向 PLM 的虚拟产品对象模型

根据上面介绍的产品数据组织方法，在 PDM/PLM 产品数据模型中，可以用对象类零部件主记录（PMR）对零部件进行描述，通过零部件之间的联系对象实现产品的结构化描述，同时文件夹的层次关系也可用于构建产品的结构化。在实际工程应用中，为了完整地描述产品、零部件信息，往往将它们各自有关的文件集中起来，建立一个完整的产品描述对象的文件目录。因此，面向 PLM 的产品业务对象在考虑上面提出的四个业务对象模型的基础上，构建文件夹对象。PMR 及其他各种业务对象和数据对象，以及文件夹对象，形成了面向 PLM 的虚拟产品对象模型（见图 2-36）。

图 2-36 中箭头表示对象之间的对应关系。双箭头表示 n，单箭头表示 1。如部件 PMR 与零件 PMR 之间存在 $n:m$ 的关系，即一个部件可以包括多个零件，一个零件也可以被用于多个部件；零件 PMR 与 MMR 之间存在 $n:1$ 的关系，即一个零件对应一个模型，而一个模型可以产生多个零件等。

在图 2-36 所示模型中，部件和零件分别是各自的 PMR。此外，PMR 之间可以存在各种不同的联系。利用模型主记录，可以把 CAD 模型链接到产品文档。所有的图样、IGES（初始图形交互规范）文件和其他与工程图有关的资料通过工程图主记录链接到产品文档，而装配计划、使用说明等则通过一般的文档主记录与产品的零部件主记录业务对象相链接。为了完整地描述产品的结构，必须建立 PMR 与业务对象 DoMR、DrMR 及文件夹之间的完整联系。

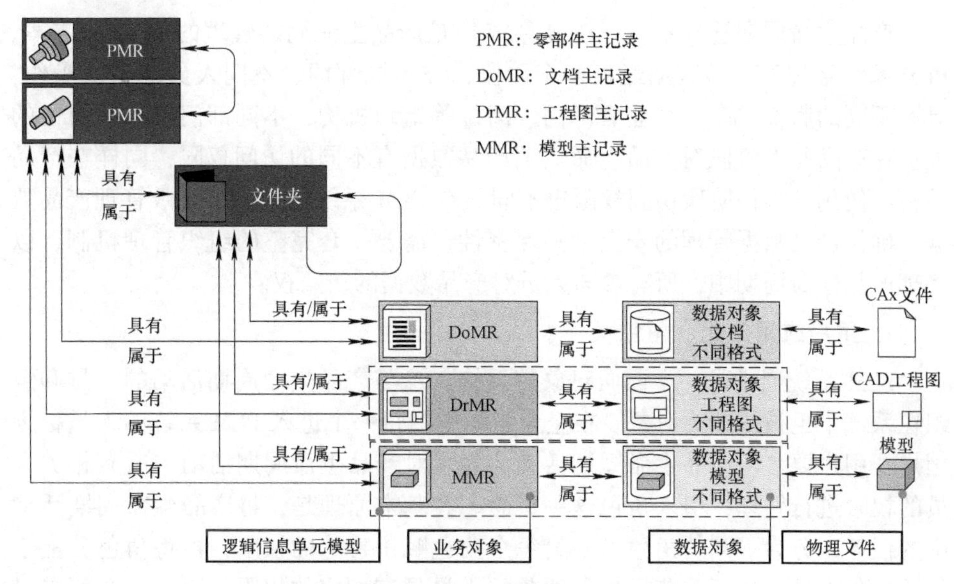

图 2-36　面向 PLM 的虚拟产品对象模型

在产品模型中，文件夹对象和 DoMR 与 PMR 之间，存在 $n:m$ 的联系。文件夹对象和 DoMR 与 PMR 之间的逻辑联系是相对比较松散的，双方通常有自己的标识号和名称。此外，一个文件夹对象或 DoMR 对象可以根据需要与多个零部件主记录相关联。

该模型满足前述提出的独立性、整体性、简洁性和普适性原则。

独立性原则分析：从模型中可看出，面向 PLM 的产品对象模型由各种业务对象和数据对象组成，根据面向对象的原理，每个对象都有唯一的独立标识符和状态信息，因此满足独立性原则要求。

整体性原则分析：模型利用不同形式的联系对象将各种业务对象、数据对象和数据文件加以关联，组成一个完整的产品模型。

简洁性原则分析：通常情况下只需要四个业务对象（零件主记录、工程图主记录、文档主记录和模型主记录）即可满足使用要求（文件夹对象为可选）。

普适性原则分析：产品模型可以满足实际生产过程中可能出现的各种情况，是一个产品模型全集。该产品模型既适用于复杂产品，如飞机、船舶等，也适用于简单产品，如家具、小家电等。

如果企业中的所有计算机系统都与 PDM/PLM 系统有一个接口，那么由产品开发过程中的所有阶段，即产品规划、原理设计、开发、设计、试验和工艺过程规划等组成的过程链，最终可以构建一个集成的产品模型。

2.3.5 面向 PLM 的组织对象模型

产品生命周期管理系统（PLM 系统）是产品生命周期管理的 IT 解决方案。PLM 系统管理的产品数据经过多个阶段，被不同部门、不同人员访问及操作，具有不同的版本状态。企业有部门、岗位等组织机构，不同部门、不同岗位的人员在产品开发阶段对产品生命周期产品数据有不同的访问权限，同样在产品销售、使用和维护阶段访问权限也不同。在 PLM 系统中，为了有效管理产品数据，确保产品数据管理的安全性和保密性，需要一套完整的组织管理机制，以管理产品生命周期中，所有参与人员对产品数据的访问权。

1. 用户或用户组、角色

PLM 系统通常是一个面向对象的系统，参与产品生命周期活动的人员和组织在系统中也被描述为对象。在企业组织中，每一个进入 PLM 系统的人员称为用户，用户要参与产品生命周期活动。为了对产品生命周期活动中所有相关人员的权限进行管理，引入角色这一概念。其基本原理是，将产品生命周期活动中的任务划分为不同的角色，并给每个角色赋予特殊的权限，再将角色分配给相关任务人员，从而使获得某种角色的人员具有相应的权限。因此，在面向对象的 PLM 系统中，定义用户、用户组和角色三个对象类，如图 2-37 所示。

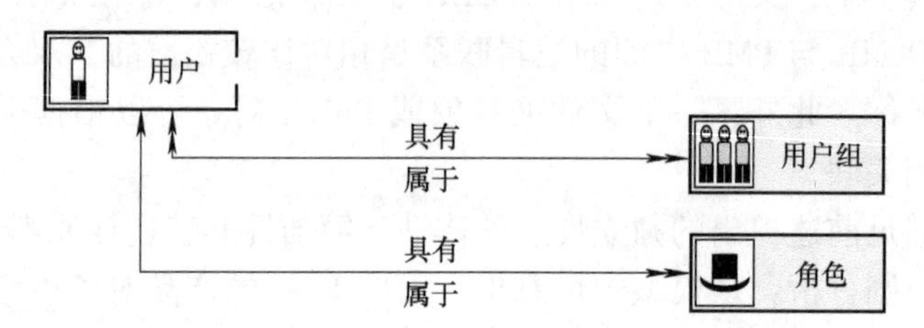

图 2-37 用户、用户组和角色之间的联系

（1）*用户* 用户是系统的实际使用者。作为 PLM 系统用户，企业所有技术部门中的每一名员工，必须事先在用户注册表中进行注册。用户对象可以对某个用户在 PLM 系统中的所有个人数据进行统一管理。用户对象中除了包含一些与系统有关的重要信息外，还应该包含一些与个人有关的数据。利用这些数据，可以使项目负责人为某项活动找到合适的人选。

（2）*角色* 角色是相同职责的一群用户的组合，用于区别工作中工种、岗位（技能、职责）的不同。角色作为 PLM 系统的管理对象，可用角色编号、角色名称、角色权限等属性进行描述。以制造企业为例，典型的角色有项目负责人、检验人员、开发人员和设计人员等。

（3）*用户组* PLM 系统中的用户可以根据其在产品开发过程中所承担的任

务进行分组，从而得到一个用户组。一个用户组包括多个用户，同样一个用户也可以属于多个用户组。

2. 组织对象模型

在 PLM 系统中，企业的部门、人员及企业本身都是对象，因此在组织对象类的对象模型中，部门与人员对象都与角色对象关联，表示部门的岗位配备情况，以及什么人负责该岗位。

在 PLM 系统中，对所有的系统用户按其所承担的任务或角色分别进行入口控制，即对数据操作权限进行设置和规定，控制如用户可以生成或编辑哪些数据，或者只能进行简单的浏览等。通过规定不同的访问权限，来保证产品数据管理的安全性和保密性。

由于每个用户进入系统都是通过一个用户界面，用户必须是某个项目组的成员，必须承担某一种角色（设计、审批、校对），因此组织对象模型核心的部分就是规则。在建立组织对象模型时应该确定用户组和角色及其相应的规则。按照所执行任务的不同，将 PLM 系统用户分配给有关的用户组和角色，同样也应该确定数据存储的访问规则和传送规则。因此 PLM 的组织对象模型实际是组织 - 角色 - 权限模型（见图 2-38）。

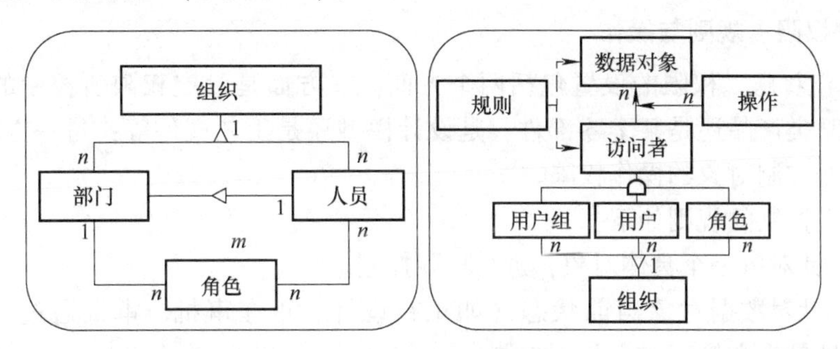

图 2-38　组织对象模型

在组织对象模型中，操作是指对某个对象执行某个动作。在产品数据管理中，常见的操作有读、写、删除、更改、复制、发布、更改等。

如图 2-39 所示，用户参加了某个小组，扮演某个角色，当用户进入用户界面后选择了某项操作，系统会根据用户所承担的角色在规则的基础上进行用户的权限判断。规则是由一些单一的或组合的条件组成的逻辑集合，由规则处理器根据当前的情况（用户名称、对象类等）进行判断。如果判断的结果为假，则说明该用户无权执行所选择的操作，此时系统中止该活动并输出一条出错信息；如果判断的结果为真，则说明该用户有权执行所选择的操作，此时便开始执行活动消息。

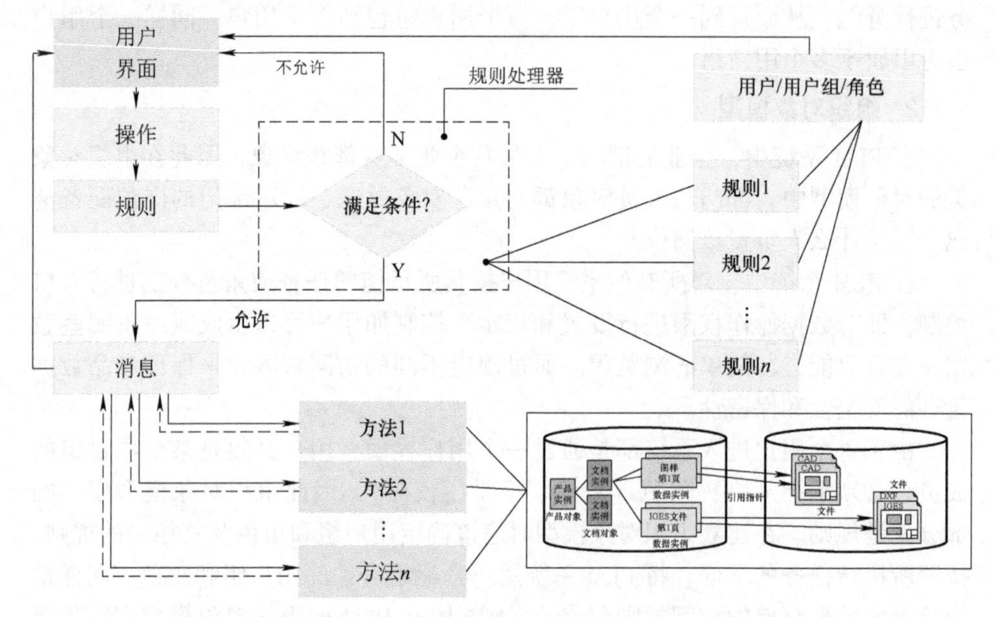

图2-39　用户－权限－产品数据对象的关系

3. 权限、规则与操作

(1) 权限　权限的设置包括两个方面：一方面是设定权限所控制的对象，例如是某类产品还是某个零部件，是设计模型还是工艺文件等；另一方面是设定角色对控制对象的操作权限。

权限控制的规则如下：

1）针对每一个具体对象，进行权限控制。

2）针对数据对象当前状态（如正在设计、正在审批、审批通过、试制、小批、批量生产等）进行权限控制。

3）针对数据类型进行权限控制。

4）针对用户/用户组/角色进行权限控制。

(2) 规则　PLM系统利用规则来管理用户的权限。可以为对象用户、用户组、角色等定义不同的规则（见图2-40）。每一条规则包括了一个或多个必须满足的条件，通过规则的定义，PLM系统就能分配不同的用户权限。规则中的条件与一般程序设计语言里所使用的逻辑表达式相同。通常情况下，由系统管理员定义规则，并将其分配给有关人员。在执

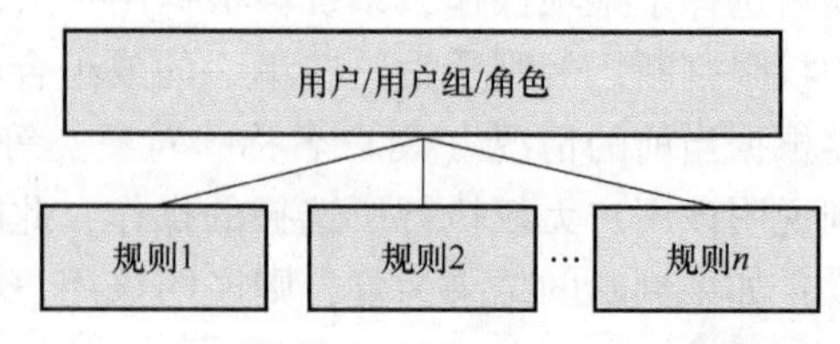

图2-40　规则与用户/用户组/角色之间的联系

行过程中，规则处理器对规则中的条件进行判断。若条件成立，则由PLM系统执行用户所要求的活动；若条件不成立，则由系统输出一条出错信息。在定义规则时不能自相矛盾，即当定义某一条新规则时，不能与其他已定义的规则相冲突。当取消某一个用户权限时，应该对与其有关的规则或条件进行更改。规则应针对不同的文档、不同的对象、不同的文件夹单独设计相应的权限。

2.3.6　面向PLM的过程对象模型

1. 过程对象模型

在产品开发、制造、服务、回收等生命周期各阶段中有许多活动，企业要经营好产品，需要对这些活动进行合理的组织。表2-6列出了部分活动。

表2-6　产品生命周期中的部分活动

管理产品组合	捕捉产品构思	筛选构思	评估建议	项目排序
明确需求	细化产品	定义BOM	定义设计规则	设计产品
计算产品成本	购买零部件	仿真零部件	测试零部件	管理订单
配置产品	制订制造计划	制造零部件	装配零部件	使用产品
获得反馈	解决问题	进行更改	置换零部件	维护产品
翻新产品	比较实际成本	聘用员工	升级设备	产品退市
拆解产品	回收零部件	培训员工	报告进度	衡量进度

20世纪后期，企业一般将业务活动组成各个过程，围绕过程来开展业务。所谓**过程是一系列有组织的活动，它清晰地定义了创造企业价值的投入和产出**。如企业设计部门设计一个产品，首先设计工程师设计出各个零部件，然后把工程图的三维模型、设计说明书等设计资料，提交上级技术人员进行审核；如果这些资料有不合适的地方，则要返给工程师进行修改，再重复提交、审核，直至审核通过为止。因此，设计一个产品是一个工作过程，它由产生设计资料、审核、修改等工作步骤组成，而且必须按照相应的顺序执行。为了完成某项任务，按照一定顺序进行一系列工作的过程称为业务流程。

企业在长期的生产经营过程中，会产生各种有效完成工作的业务流程和工作步骤。为了有效地在信息化环境中对这些业务流程和工作步骤进行电子化，必须建立一个包括产品生命周期中的活动及这些活动之间的链接关系、执行活动的参与者、执行活动的时间，以及执行活动输入与输出、执行活动所需的资源等重要特性的过程模型。

过程模型需要具有哪些要素呢？下面用一个企业设计更改流程示例来进行说明（见图2-41）。

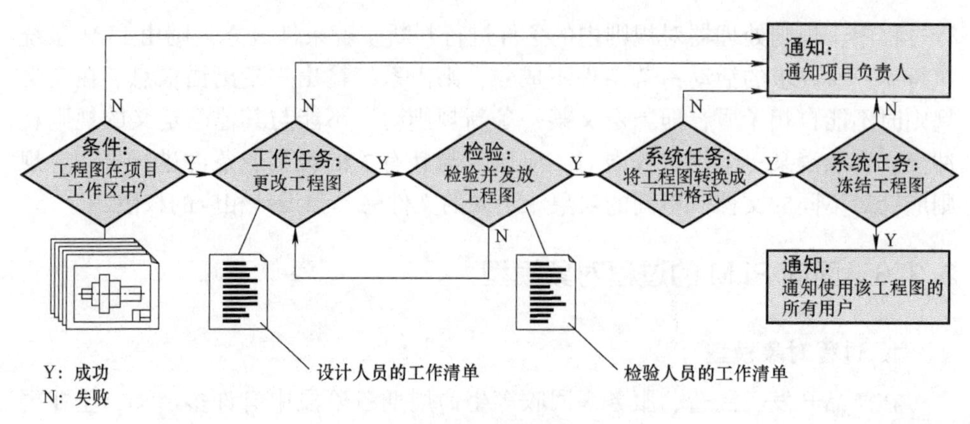

图 2-41　企业设计更改流程示例

首先项目负责人发出更改工程图的工作任务，下达工作任务后，系统判断需要修改的工程图是否在项目工作区，即执行人员（设计人员）是否具有权限进行图样的修改操作，若有，设计人员根据工作清单（如更改意见表等）进行修改，修改完成后，设计人员将文件提交给检验人员，某个被授权的检验人员对某张图样的正确性进行检验。检验完毕后，若无问题，检验人员可以发放该图样，若发现错误，则检验人员必须向设计人员反馈修改建议。检验通过后，将工程图文件提交到企业工作区，同时系统可以根据需求调用相应的应用程序对工程图格式进行转化，或者将工程图存入归档区。存档后将该结果（如已将图样存入档案数据库等）自动通报给预先定义的 PLM 系统用户。

从上述分析可看出，过程模型需要包含以下几个活动要素（对象）：

1）任务：根据执行任务的对象的不同，分为工作任务和系统任务。

2）检验：在每一项活动完成后需要通过审核才能进入下一个活动（步骤）。

3）通知：流程的启动或开始来自通知。

4）条件判断：在执行过程中必须通过相应的条件判断才能执行相应的活动或任务。条件在系统中由逻辑表达式进行表达。

5）活动的承担角色：任务需要相应的执行者和接收者，执行者和接收者可以是用户、用户组或角色。

综上所述，过程对象模型如图 2-42 所示。

2. 过程及其重要对象的联系

过程及其重要对象的联系可以用图 2-43 来描述。

一个过程包括一系列活动，一个活动也可以属于不同过程。为了执行过程中的某个活动，需要使用相应的软件工具，所以一个活动可以与一个确定的应用软件相关联。这样做的优点是，从对象活动可以直接启动相应的应用软件；同时，项目负责人也可以确定，哪些产品数据应该用哪个应用软件来建立。

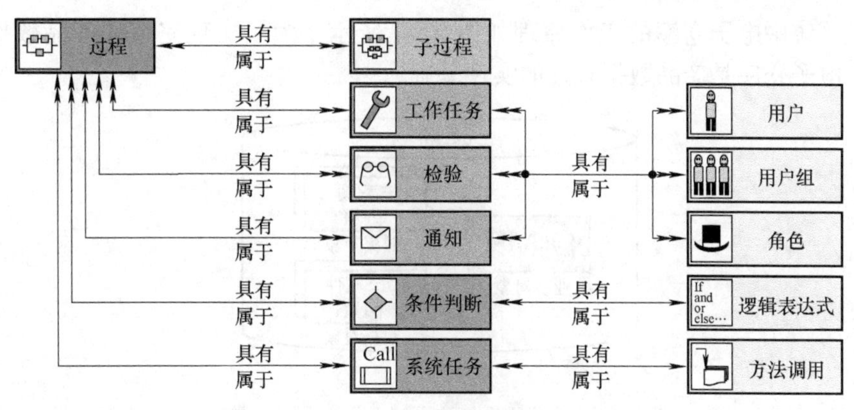

图 2-42　过程对象模型

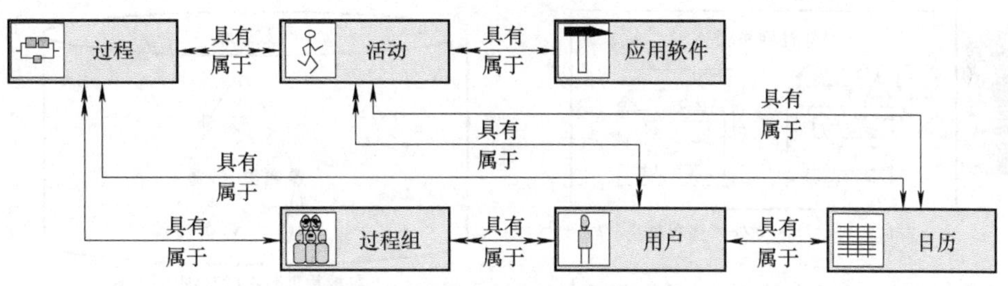

图 2-43　过程及其重要对象的联系

一个 PLM 系统用户可以在多个过程组中工作，也可以属于多个过程组。将 PLM 系统用户与项目日历对象相关联以后，就可以向 PLM 系统用户分配各种不同的任务而不会发生时间上的冲突。

每一个过程可以与一个过程组相关联，该过程组由任意数量的、扮演不同角色的用户组成。过程、活动和用户可以与日历相关联，以便了解过程和活动的进展情况，并将实际的进度与目标进度进行比较。

2.4　产品数据的存储管理

2.4.1　电子仓库

从第 2.3.3 小节所构建的面向 PLM 的产品对象模型和产品数据模型可看出，产品数据管理的对象是产品的业务对象，数据对象即描述该产品数据的一些基本属性的数据（产品的元数据）。为了保证 PLM 系统的整体性原则，在 PLM 系统中，把业务对象和数据对象的数据存放在一个特定存储机制的数据库中，这个数据库又称元数据库；而数据对象文件或目录则被存放在文件系统中。

系统中电子仓库的工作原理如图 2-44 所示，为了实现完整的产品数据管理，电子仓库是产品数据管理的实现基础。

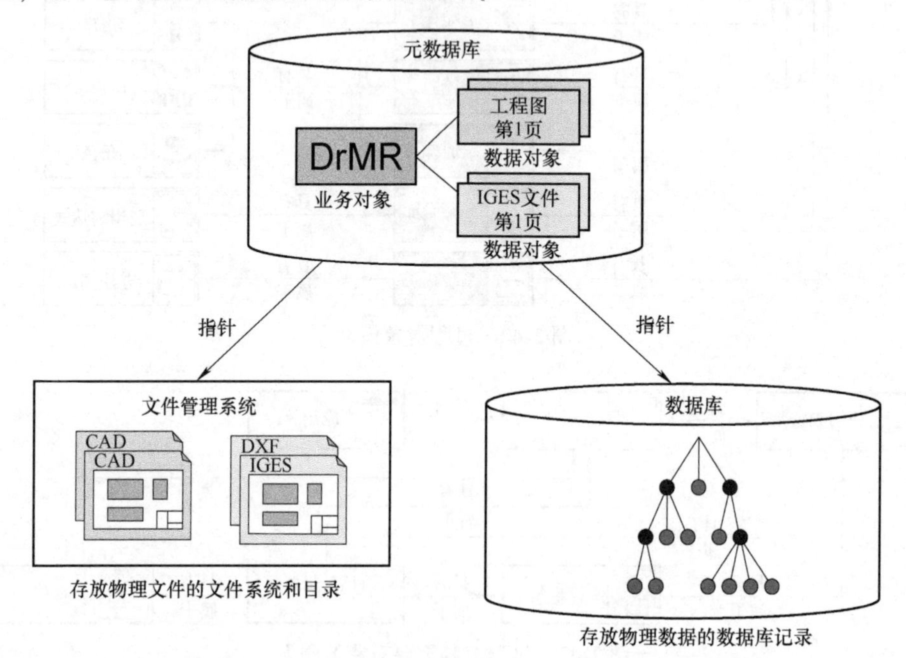

图 2-44　系统中电子仓库的工作原理

电子仓库通常是建立在通用的数据库系统的基础上的，是 PLM 系统中实现某种特定数据存储机制的元数据库及其管理功能，它保存所有与产品相关的产品数据的元数据，以及指向物理数据和物理文件的指针。

通过指针，元数据库连接存放物理数据的数据库，以及与产品相关的物理文件的文件系统及目录，建立不同类型的或异构的产品数据之间的联系，实现文档的层次和联系控制。

因此，通过电子仓库，用户可以无须考虑分布式环境下各种数据的物理存储位置，能比较方便地实现文档的分布式管理与共享。

在 PLM 系统中，电子仓库是建立系统底层服务的关键，如图 2-45 所示。电子仓库是服务器为文档的存储专门设置的区域，一般由管理程序、数据库管理系统和专用存储区组成。电子仓库一般是建立在关系数据库基础上的，主要

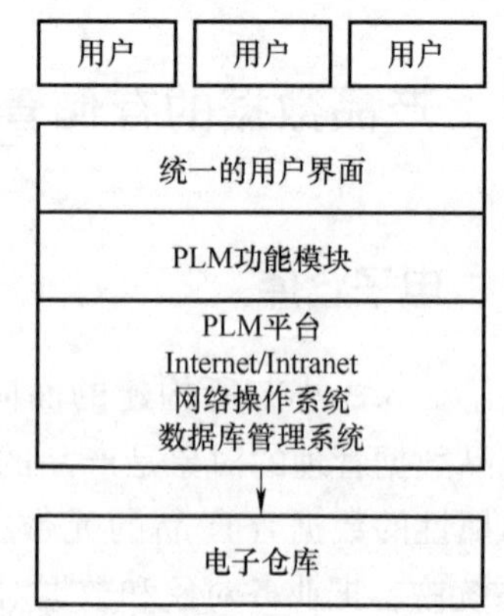

图 2-45　电子仓库提供 PLM 系统底层服务

保证数据的安全性和完整性，并支持查询和检索功能。它连接数据库和文件系统，通过建立在数据库之上的数据指针，建立不同类型产品数据之间的联系，实现文档的层次和联系控制，通过面向对象的数据组织方式提供快速有效的信息访问，实现信息透明、过程透明。

由于PLM系统管理的物理文件是各式各样的，管理和查找起来非常困难。如果用数据库对它们进行管理，只需将文件的描述信息，如文件名、文件长度、类型、创建日期、版本、所有者及存取路径等元数据提取出来，添加到数据库表格中，便可建立数据库表格中每一条记录与一个物理文件的链接，从而保证记录与相应物理文件的对应关系，如图2-46所示。

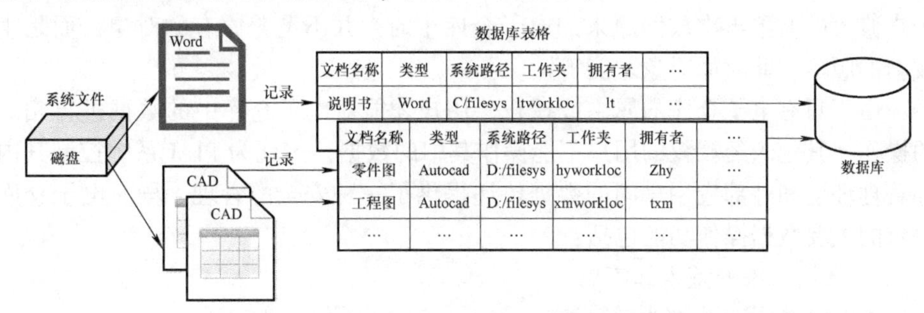

图2-46　物理文档与电子仓库中表格的对应关系

原则上，每一种文件对应一个数据库表格，但是具体到企业，文档种类繁多，为了便于用计算机管理，不可能为每一种文档都在数据库中单独建立一种文档类型与其相对应，但可对各种文档进行分类管理，如可以将任务书、说明书、计算书、技术条件、报告、一般资料等文档统一归为Word文本文档，对应数据库中一个专门记录Word类的表格。这样，PLM系统的设计就屏蔽了文件存储的实际物理位置。当用户进入用户界面后，单击某一文件对象时，便获得了操作该对象的指针。在对该对象进行复制、签入和签出等操作时，PLM系统自动到相应的表格中进行记录的修改和增加，以跟踪文件信息的变化，把文档的原数据存入元数据库中，相应的具体文件则放入指定的某一文件系统的相关路径中。这种文档管理的优点是：①用户无须了解应用软件的运行路径、版本、版次及文档的物理位置等信息，就可以利用电子仓库来管理存储异构介质上的产品电子文档，实现产品数据的无纸传送；②生成的文档存入时，首先要通过规则约束检查，只有符合操作权限的用户才能将文档存入电子仓库中；③在用户界面上，可以实现文档信息的快速查询和检索，这些信息包括文件描述、作者、部门、版本号和零部件与项目间的联系关系等，并能保证数据的一致性、正确性和安全性。

为了保证数据的安全性、正确性和一致性，用户在存取PLM系统中的共享数据时，都要通过签入（Check In）与签出（Check Out）操作，以及相应权限检验。

签入操作实现将用户的私有信息放入电子仓库，而签出的功能主要是实现将电子仓库中的信息签出用户个人工作区进行修改。只有对电子仓库有签入权限的用户才可以将个人工作区中的对象签入电子仓库中，并且一旦对象被签入电子仓库后，它就属于该电子仓库的属主所有，而与原来的用户脱离属主关系。对该对象的访问权限的管理，全部由新属主负责。一般用户在权限许可下，才能浏览电子仓库中对象的内容，但不允许修改。只有对该电子仓库具有修改权限的用户，才能对电子仓库中的对象进行修改。当用户需要修改电子仓库中的对象时，必须将对象从电子仓库中签出，放入个人的工作区中进行修改，此时，电子仓库对该对象加锁，其他用户只能浏览对象的内容而不能进行操作。经过用户修改的对象再次放回原来的电子仓库中时，并不覆盖原有的对象，而是生成新的版本，此时原对象才能解锁。

由于只有电子仓库的属主或授权，用户才能对电子仓库中的数据进行相应的操作，其他未经授权的用户不能操作其中的数据，这就为 PLM 系统控制其内部管理环境和外部应用之间的数据传递提供了一种安全的管理手段。电子仓库提供的主要数据操作功能包括：

- 数据对象的签入和签出。
- 改变数据对象的状态。
- 转换数据对象的属主关系。
- 按对象属性进行检索。
- 数据对象的动态浏览与导航。
- 数据对象的归档。
- 数据对象的安全控制与管理。

2.4.2 物理数据的存储方式

物理数据的存储方式有三种：集中式、分布式与虚拟式。

1）集中式电子仓库是将物理数据集中于中心服务器上进行管理，元数据库与存放物理数据记录的数据库及存放物理文件的文件系统和目录位于同一台计算机上，数据的唯一性自然得到保证，安全性好。但由于网上用户均需通过远程登录来获取数据，导致计算机运行速度慢、效率低。

2）分布式电子仓库具有文件系统分布与电子仓库之间互联的特点。同一个电子仓库可以对应多个分布在不同计算机上的文件系统和目录；同一个物理数据库可以对应多个不同的电子仓库，并且它们之间元数据可以共享。这样，在分布式环境中，电子仓库与电子仓库之间，以及电子仓库与用户之间能直接进行数据操作，并且这种操作是透明的，用户无须进行远程登录。

3）虚拟式电子仓库是在分布式电子仓库的基础上，不仅做到文件系统分布，而且做到元数据库与物理数据库的分布，即只有一个面向全企业的虚拟电子仓库，而实际元数据却分布在多个物理电子仓库中。虚拟的元数据管理与分布式文件管理的实现，使得用户能透明地访问全企业的产品信息，而不用考虑用户或数据的物理位置。

2.5　PDM 系统的体系结构

PDM 系统的作用是将产品生命周期所有与产品有关的数据和过程集成在一起，并为所有的相关用户提供最新的数据信息。作为企业级管理工具，PDM 系统必须具备一个开放的、灵活的体系结构，支持异地、异构的软/硬件环境。PDM 系统的体系结构随着计算机软/硬件技术的发展而日益先进，并一直伴随着 PDM 系统的发展和应用。

2.5.1　基于 C/S 结构的 PDM 系统体系结构

最早的 PDM 系统出现于 20 世纪 80 年代初，主要用于管理 CAD 系统产生的大量电子文件，属于 CAD 文件的附属系统。由于技术的限制，此时的 PDM 系统通常采用简单的 C/S（客户端/服务器）结构和结构化编程技术。到了 20 世纪 90 年代中期，出现很多专门的 PDM 产品，这一时期的 PDM 系统基本上是基于大型关系数据库，采用面向对象技术和成熟的 C/S 结构。

C/S 结构将应用一分为二，服务器（后台）负责数据管理，客户端（前台）完成与用户的交互任务，其结构模型如图 2-47 所示。客户端需要实现绝大多数的业务逻辑和界面展示，因此承受很大的压力。

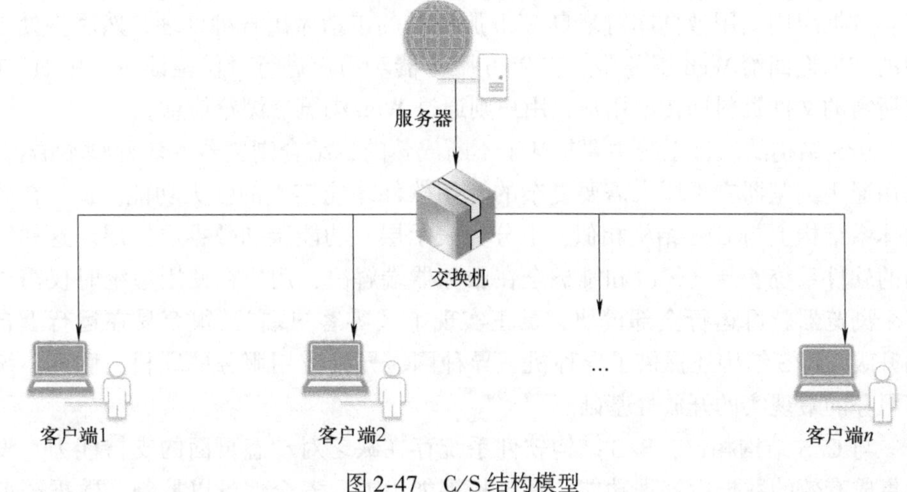

图 2-47　C/S 结构模型

2.5.2 基于 C/B/S 结构的 PDM 系统体系结构

随着 Internet 技术、WWW 浏览器技术的不断发展和对象关系数据库（OR-DBMS）的日益成熟，出现了基于 Java 三段式结构和 Web 机制及 C/B/S 结构模型的 PDM 产品。C/B/S 结构是 C/S 结构和 B/S 结构的混合结构模型。

1. B/S 结构模型

B/S（浏览器/服务器）结构是在 Internet 技术基础上发展起来的一种结构模型，如图 2-48 所示。

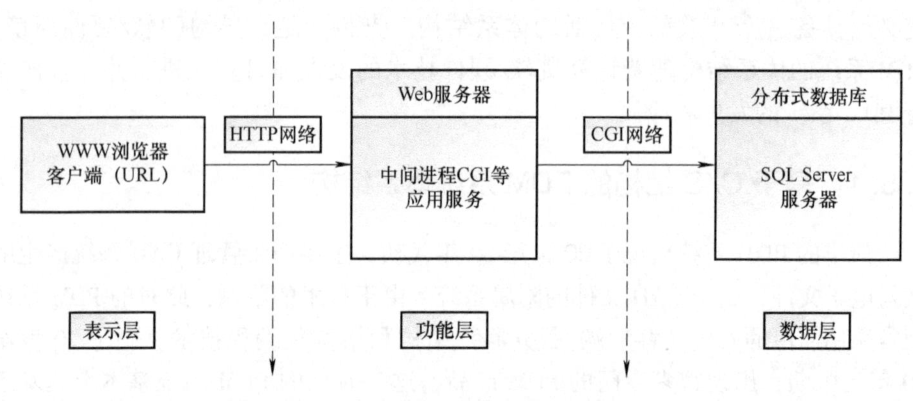

图 2-48　B/S 结构模型和软件体系

B/S 结构系统在运行时，客户通过 URL（Uniform Resource Locator）向指定的 Web 服务器提出服务申请；Web 服务器接到客户端的申请后，通过公共网关接口（Common Gateway Interface，CGI）与 Oracle、SQL Server 等大型数据库相连；数据层则利用数据库对来自 Web 服务器的申请做出各种处理，然后将处理后的结果返回给 Web 服务器。在 Web 服务器对用户进行身份验证后，用 HTTP 将所需的文件资料回传给用户，用户则通过 Web 浏览器浏览信息。

B/S 结构的软件系统主要是基于不断成熟的、结合浏览器的多种脚本语言，采用通用浏览器实现原来需要复杂的专用软件才能实现的强大功能。B/S 在软件体系结构上与 C/S 结构相似，也分为表示层、功能层和数据层三层。这样结构的软件系统安装、修改和维护全在服务器端解决，用户在使用系统时仅需要一个浏览器就可运行全部模块，真正实现了“零客户端”，很容易在运行上自动升级。B/S 结构还提供了异种机、异种网、异种应用服务的联机、联网、统一服务的最现实的开放性基础。

与 C/S 结构相比，B/S 结构软件系统存在缺乏对动态页面的支持能力、没有集成有效的数据库处理功能、系统拓展能力差、安全性难以控制、数据查询响应速度慢等不足。

2. C/B/S 结构模型

由于 C/S 结构技术成熟，原来的很多软件系统都是建立在 C/S 结构基础上的，现在出现了 C/S 结构和 B/S 结构混合的结构。C/B/S 结构是一种典型的异构体系结构，该结构既充分发挥了 C/S 体系结构的优点，又利用了 B/S 体系结构的特点弥补了 C/S 体系结构的不足。C/B/S 结构分为“内外有别”和“查改有别”两种模型。

在图 2-49 所示的“内外有别”的 C/B/S 结构模型中，企业内部用户通过局域网直接访问数据库服务器，软件系统采用 C/S 结构；企业外部用户通过 Internet 访问 Web 服务器，通过 Web 服务器再访问数据库服务器，软件系统采用 B/S 结构。该模型的优点是，外部用户不直接访问数据库服务器，能保证企业数据库的相对安全，企业内部用户的交互性较强，数据查询和修改的响应速度较快；缺点是，当企业外部用户修改和维护数据时，速度较慢、较烦琐、数据的动态交互性不强。

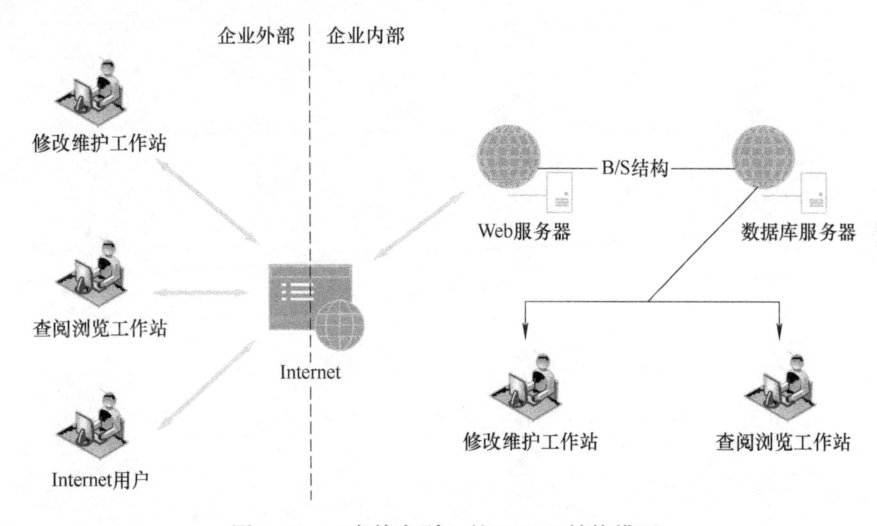

图 2-49　“内外有别”的 C/B/S 结构模型

在图 2-50 所示的“查改有别”的 C/B/S 结构模型中，不管用户是通过什么方式（局域网或 Internet）连接到系统的，凡是需执行维护和修改数据操作的，就使用 C/S 结构；如果只是执行一般的查询和浏览操作，则使用 B/S 结构。这种结构体现了 B/S 结构和 C/S 结构的共同优点，但因为外部用户能直接通过 Internet 连接到数据库服务器，企业数据容易暴露给外部用户，对数据安全造成了一定的威胁。

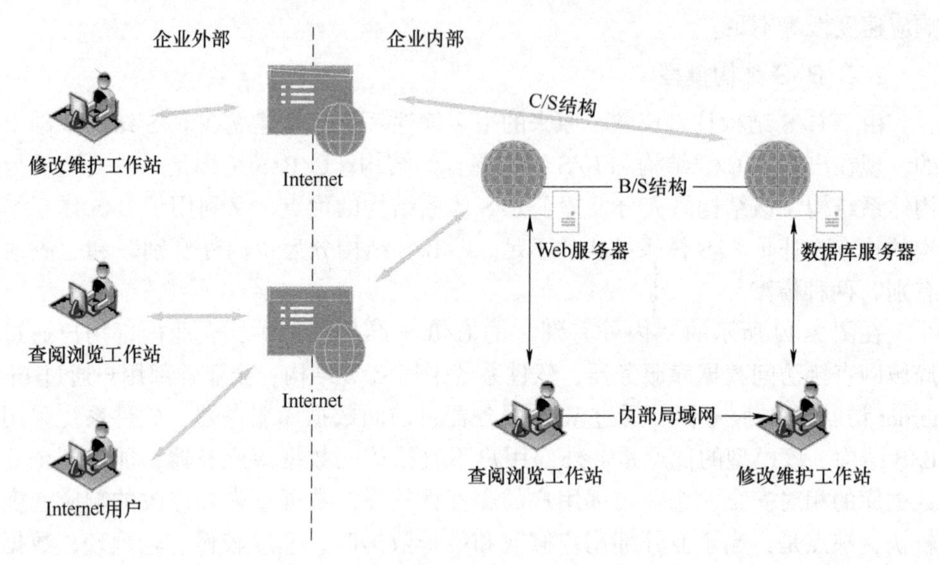

图 2-50 “查改有别”的 C/B/S 体系结构

第3章 PLM系统的数据管理

经过前面的讲述可以了解，产品生命周期管理不仅仅是一个概念、一个哲理、一个管理模式，还需要有一个产品生命周期管理系统来支持企业实现产品生命周期管理。由于产品生命周期不同阶段企业生产活动和产品数据的产生和使用各有特点，因此，本章从企业级产品生命周期阶段的观点，对目前研究和关注比较多的前三个产品生命周期阶段，即产品设计生命周期阶段、产品制造生命周期阶段和产品使用生命周期阶段的数据管理进行分析和介绍。

3.1 概述

产品数据管理是产品生命周期管理的核心，要求PLM中的产品数据管理具备共享性、重用性、一致性、完整性、配置性、追溯性、可视性的特点。在第2章产品对象模型的构建部分介绍了如何保证产品数据的完整性、一致性、重用性。但是如果在产品生命周期管理中，对产品文档在整个生命周期的不同阶段、不同类型、不同人员、不同地点的动态变化，即文档变化的关联性不能进行有效管理，文档关系无法追踪，那么数据的共享性和一致性难以实现，同时不同技术状态下的数据有效性也难以明确，配置性也难以满足。因此，在介绍不同生命周期阶段的数据管理之前首先需要了解产品数据管理中的两个基本知识：产品数据对象的版本概念和物料清单（BOM）的概念。

3.1.1 产品数据对象的版本与版次

产品设计过程是一个动态变化的过程，是分阶段、反复迭代进行的（见图3-1）。

从图3-1可看出，在整个产品生命周期中，每个阶段的同一个设计对象要经过多次修改和状态改变。每个阶段的输出可能是设计过程全部结果的一部分，或者是设计的中间结果，保留这些结果以便在其后的步骤中发现这些结果不符合要求，可再返回进行改进。事实上，设计人员有时需要访问设计对象的历史版本数据，这就要求保留一些设计过程的中间结果、设计结果及这些设计结果的相互关系，以便对这些历史数据进行追溯。

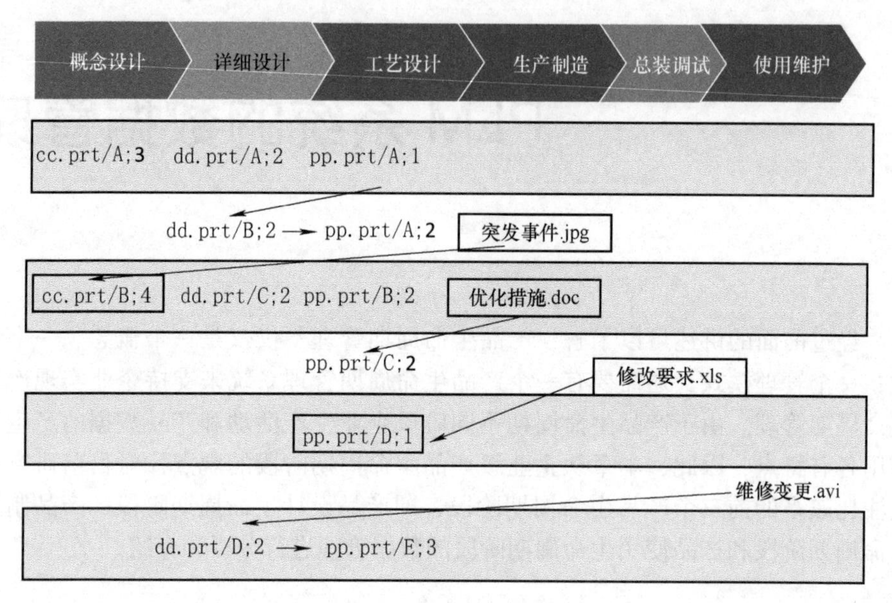

图 3-1 产品数据修改过程示例

为了记录这些状态和改变，在产品数据管理中引入了版本的概念。

版本（Version）：用来描述设计过程中设计对象不断演变的动态变化，它是设计对象在设计过程中的某一时间点 t 对设计对象的描述。一个版本记录了产品数据在设计过程中的一次有效更改。

设计过程是设计对象由一个状态向另一个状态迁移的过程。在产品设计过程中，产品数据有不同的状态（见图 3-2）：工作版本、提交版本、发放版本、冻结版本和归档版本。

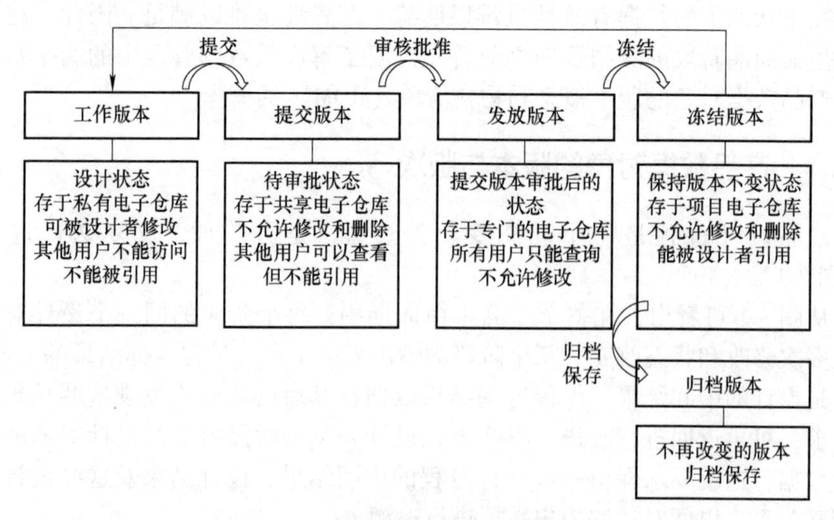

图 3-2 产品数据对象的版本转换过程

工作版本：设计阶段对象的版本称为工作版本。工作版本驻留在设计人员私有工作区（私有电子仓库），只能被设计者修改，其他用户不能访问，也不能被引用。

提交版本：设计工作完成后，设计者需要将该数据提交到共享工作区（共享电子仓库）中，等待审批。提交版本不允许被修改和删除，其他用户可以查看但不能引用。

发放版本：提交版本经相关人员审核批准后，成为发放版本。发放版本存储在专门的电子仓库中，所有用户只能查询不允许修改。

冻结版本：要使某一数据对象的版本处于不变状态，可以将它冻结起来，称为冻结版本。冻结版本一般存放在项目电子仓库中。冻结版本不允许被修改和删除；但是一旦冻结版本解冻后成为工作版本，即可对它进行操作。提交版本是审批阶段的冻结版本，它和冻结版本一样，都能被设计者引用，成为设计者开展下一步工作的基础。

归档版本：不再进行更改的数据需要归档保存，版本归档后便成为归档版本。

产品数据对象只有在提交状态和预发布状态才有可能形成新的版本，不同状态下的版本是有差异的。正式版本是在发布后生效的，在此之前的版本为非正式版本。为了便于区分，引入版次的概念。

版次（Revision）：在正式发布之前的产品数据对象版本。

例如在产品开发过程中，对产品数据对象进行签入、签出操作，就会生成一个新的版次。如图 3-1 中，文档“cc. prt/A；3”中的 A 表示版本，3 表示版次。说明在正式发布之前，该文档对象经过了 3 次变化。

在 PLM 系统中每一次正式发布就认为文档产生一个新的版本。对于已发布的对象，可以进行重新发布，此时产品数据管理系统自动生成对象的新版本。

3.1.2　物料清单

企业的生产制造过程本质上是将原材料（半成品）经过加工处理，由原始的形态，经过一系列外在因素的推动而产生形态的变化，最终形成具有一定功能的产品。物料清单概念的提出就是为了表达所有在产品形成过程中出现的物体形态实体，这些实体是组织产品的设计、工艺、生产、成本、维护等所有与产品相关活动的依据。物料清单（Bill of Material，BOM）是制造企业计算机信息管理的基础，如果不能对 BOM 信息进行有效管理，企业就难以准确地将设计部门产生的数据和变更信息传送到生产制造和采购部门，也无法实现整个企业全局数据的统一管理和信息集成。

1. BOM 的定义和作用

（1）BOM 的定义　BOM 又称产品结构表、物料表等，是产品结构（Product Structure）的关系表述，将产品的原材料、零配件、组合件等予以拆解，并将各单项物料，如物料代码、品名、规格、单位用量、损耗等按照制造流程的顺序记录下来，排列为一个清单。

产品数据的 BOM 是对产品结构配置关系的描述，包括产品对象的结构关系和基本属性信息。BOM 对应于制造企业中传统工程图样的明细表目录。为了便于计算机进行数据处理，必须将用图示表达的产品结构转化为某种数据格式，这种以数据格式来描述产品结构关系的文档就是 BOM。

（2）BOM 的作用　BOM 作为产品结构的技术性描述文件，在 ERP 系统中起到非常重要的作用。它的主要作用如下：

1）BOM 是生成物料需求计划（MRP）的基本信息，是联系主生产计划和物料需求计划的桥梁。

2）物料工艺路线可以根据 BOM 来生成产品的总工艺路线。

3）为采购外协加工提供依据。

4）为生产线配料提供依据。

5）根据 BOM 来计算成本数据。

6）提供制定销售价格的依据。

2. BOM 的数据特点分析

BOM 是一个结构化的产品及零部件表，包括产品的装配结构、相应零部件的装配树、相关的特征参数、技术文档和图形文档等。

产品及其零部件的装配关系，构成了 BOM 的基本数据结构。产品 BOM 的数据结构具有以下特点：

1）产品 BOM 结构具有明显的层次特点。上一级零部件由下一级零部件构成，是下一级的父件；下一级是上一级的子件。在 BOM 中，必须明确零部件所在的层次和它相关的父件和子件的联系。

2）产品 BOM 中零部件关系是多对多关系，存在单父多子或多父单子的情况。一个部件可能由多个零件/子部件组成，一个零件/子部件也可以被用于多个部件。

3）产品 BOM 的零部件特征参数复杂，且不同零部件特征参数类型也不同，零部件的特征参数不能在同一关系表中反映出来。例如 A 部件可能有尺寸方面的特征参数，而 D 可能包含使用材料方面的特征参数。

4）由于产品构型的技术状态随着客户的要求不断变化，产品 BOM 也会动态地变化，从而增加了 BOM 的复杂性。同时，BOM 还需要具有版本管理功能。

5）产品零部件的数据还必须包括各种图形和技术文档等复杂的数据类型。

3. BOM 的三种类型

按照结构的不同，可以将 BOM 分成三种类型（见图 3-3）。

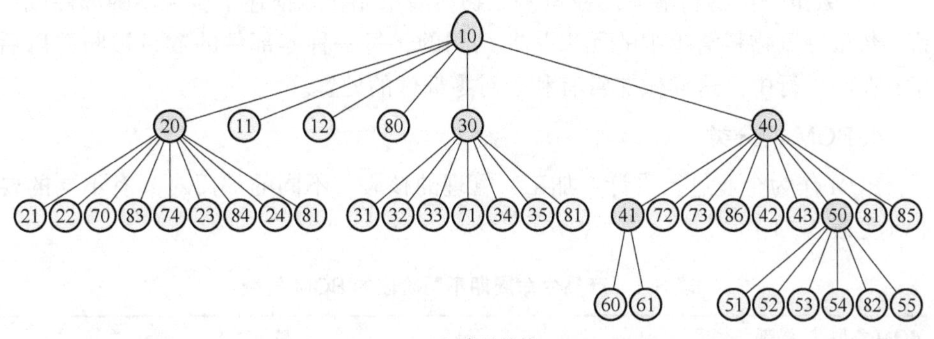

a）产品结构

ID-No: 10	名称：齿轮传动装置（双出轴）			
位号	St.	ID-No	名称	SL
1	1	11	箱体下半	
2	1	12	箱体上半	
3	21	80	六角螺钉	
4	1	20	主动轴总成	X
5	1	30	从动轴1总成	X
6	1	40	从动轴2总成	X

ID-No: 20	名称：主动轴总成			
位号	St.	ID-No	名称	SL
1	1	21	套筒	
2	1	22	主动轴	
3	2	70	滚动轴承	
4	1	83	螺母	
5	1	74	保险垫片	
6	1	23	密封件	
7	1	84	密封环	
8	1	24	环	
9	8	81	六角螺钉	

ID-No: 30	名称：从动轴1总成			
位号	St.	ID-No	名称	SL
1	1	31	从动轴1	
2	1	32	大齿轮	
3	2	33	键	
4	2	71	滚动轴承	
5	2	34	密封件	
6	2	35	盖板	
7	12	81	六角螺钉	

ID-No: 40	名称：从动轴2总成			
位号	St.	ID-No	名称	SL
1	1	41	从动轴2部件	X
2	1	72	滚动轴承	
3	1	73	滚动轴承	
4	1	86	密封圈	
5	1	42	隔离圈	
6	2	43	环	

b）组合产品物料清单

ID-No: 10			名称：齿轮传动装置（双出轴）		
层号					
1	2	3	St.	ID-No	名称
X			1	20	主动轴总成
	X		1	21	套筒
	X		1	22	主动轴
	X		2	70	滚动轴承
	X		1	83	螺母
	X		1	74	保险垫片
	X		1	23	密封件
	X		1	84	密封环
	X		1	24	环
	X		8	81	六角螺钉
X			1	11	箱体下半
X			1	12	箱体上半
X			21	80	六角螺钉
X			1	30	从动轴1总成
	X		1	31	从动轴1
	X		1	32	大齿轮
	X		2	33	键
	X		2	71	滚动轴承
	X		2	34	密封件
	X		2	35	盖板
	X		12	81	六角螺钉
X			1	40	从动轴2总成
	X		1	41	从动轴2部件
		X	1	60	从动轴2
		X	1	61	齿套
	X		1	72	滚动轴承
	X		1	73	滚动轴承
	X		1	86	密封圈
	X		1	42	隔离圈
	X		2	43	环
	X		1	50	联轴器总成
		X	1	51	联轴器
		X	1	52	环
		X	2	53	

c）结构物料清单

ID-No: 10	名称：齿轮传动装置（双出轴）		
位号	St.	ID-No	名称
1	1	11	箱体下半
2	1	12	箱体上半
3	1	21	套筒
4	1	22	主动轴
5	1	23	密封件
6	1	24	环
7	1	31	从动轴1
8	1	32	大齿轮
9	2	33	键
10	2	34	密封件
11	2	35	盖板
12	1	42	隔离圈
13	2	43	环
14	1	51	联轴器
15	1	52	环
16	2	53	定位销
17	1	54	联轴器罩壳
18	1	55	套筒
19	1	60	从动轴2
20	1	61	齿套
21	2	70	滚动轴承
22	2	71	滚动轴承
23	1	72	滚动轴承
24	1	73	滚动轴承
25	1	74	保险垫片
26	21	80	六角螺钉
27	36	81	六角螺钉
28	9	82	六角螺钉
29	1	83	螺母
30	1	84	密封环
31	2	85	密封环
32	1	86	密封圈

d）数量一览物料清单

图 3-3　物料清单的三种类型

1）组合产品物料清单。组合产品物料清单是一种单级的物料清单，其中只包括构件的一层隶属关系。

2）结构物料清单。对于结构物料清单，在产品结构中被重复使用的相同零部件具有不同的位号，而不对其进行归并。

3）数量一览物料清单。数量一览物料清单完整地描述了所观察的部件或产品。数量一览物料清单中的元素是非结构的，每一种零部件的数量被归并以后存放在同一行中，这样做非常有利于对零部件的处置。

4. BOM 的分类

BOM 作为企业进行设计、加工、管理的核心，不同的部门对其有不同的要求（见表 3-1）。

表 3-1　产品生命周期不同阶段的 BOM 类型

BOM 类型	部　　门	基 本 信 息
EBOM	设计部门	产品（零件）：物料号、图号、物料名称、净重、机型、规格、更改设计说明、更改顺序号、关键件标志等
PBOM 装配 BOM	工艺部门（PBOM）	工装、刀具/量具、毛坯：物料号、图号、物料名称、净重、设计更改说明、更改顺序号等 产品（零件）：提前期、编码、装配工艺标识、工艺路线等
MBOM	生产计划部门（MBOM）	需求时间、计划时间、订货方针、批量标识、计划员、统计编码、累计提前期
CBOM	财务部门（CBOM）	成本、不变价、标准成本、销售价格、销售单位等

在产品的整个生命周期中，根据不同部门对 BOM 的不同需求，主要存在以下几种 BOM。

（1）*工程物料清单（EBOM）*　EBOM 是产品工程设计阶段所使用的产品数据结构视图，精确地描述了产品设计中的产品、部件、组件、零件、标准件之间的关系。

EBOM 就是通常所说的零件明细表，主要反映了产品的设计结构，以此作为对产品生命周期中的数据进行组织、任务安排、文件管理等的基础数据，也是工艺、制造等后续部门的其他应用系统所需产品数据的基础。

企业在产品设计完成后，经过配置首先得到的 BOM 就是 EBOM。当完成一个零件的设计后，将零件图上与零件相关的属性，例如标题栏中的物料号、零件图号、材料净重等属性信息，编制成属性文件。当完成产品的某个部件或总体设计时，可以将零件明细表汇总成设计结构文件。

（2）生产物料清单（PBOM） 生产工艺 BOM 是生产计划部门 ERP/MRP Ⅱ 系统进行生产管理时非常重要的输入数据之一。从 EBOM 到 PBOM 的转换是在工艺部门中进行的，是产品从设计开发到实际生产必不可少的信息转换环节。工艺部门首先需要接收设计部门发放的产品设计信息，包括产品的项目信息、产品结构信息、零件的几何材料等信息；其次，对设计部门的设计结果进行可制造性分析，对不合理的设计结构（如结构、尺寸、公差等）提出修改意见，然后，对产品的设计结构进行分解和转换，变成可用于指导生产的工艺结构。与此同时，对每一个要生产的零部件设计其加工工艺（包括加工方法和加工步骤、机床设备的选择和参数、刀具和量具的选择等），制定工装方案，制定原材料并计算材料定额，统计标准件、外购件等非生产零件的需求，编排工时定额等，将其存储在对应零部件的产品信息库中。

PBOM 保留了 EBOM 的信息，并在以后的装配流程设计过程中加入了其他工艺信息，如装配工艺规程、工艺分工、装配工装和工具等，最后还要包括生产部门信息，如设备情况、刀具和量具情况、零部件实际生产情况等。PBOM 是产品从设计到生产必不可少的信息转换环节。

（3）装配 BOM 从 EBOM 到装配 BOM，主要的变化是确定零部件之间装配关系和时序，以及每个零部件的工艺信息，如制造、装配工时等。装配 BOM 将零部件的装配结构及其装配方法以装配 BOM 的形式明确地表达出来。

（4）制造物料清单（MBOM） MBOM 是工艺设计和生产制造部门根据企业的生产水平和加工能力，在 EBOM 的基础上形成的，是制造部门根据已经生成的 PBOM，对工艺装配步骤进行详细设计后得到的，主要描述了产品的装配顺序、工时定额、材料定额，以及相关的设备、刀具、夹具和模具等工装信息，反映了零件、装配件和最终产品的制造方法和装配顺序，明确描述了零件、组件、部件、产品之间的制造关系，反映了物料在生产车间之间的合理流动和消失过程，跟踪零件是如何制造出来的、在哪里制造、由谁制造、用什么制造等信息。MBOM 也是提供给生产计划部门（ERP/MRP Ⅱ 系统）的关键管理数据之一。

（5）成本物料清单（CBOM） CBOM 是财务部门根据设计部门、工艺部门和制造部门的数据信息进行汇总核算形成的财务报表。CBOM 给出了产品的成本信息，包括采购成本、制造成本、总采购成本、总制造费用及分摊点管理费用。在价值分析方面，CBOM 对于通过减少项目成本来降低产品的总成本，或者考查上升的原因，都有一定的价值。

5. EBOM、PBOM、MBOM 和装配 BOM 之间的关系和比较

EBOM、PBOM、MBOM 和装配 BOM 之间的关系如图 3-4 所示。

（1）几者间的关系 装配 BOM 是由 EBOM 转换成 MBOM 的中间阶段。装

配 BOM 与 EBOM 相比，二者的产品层次结构相同，EBOM 中的产品层次结构是设计视图，装配 BOM 的产品层次结构是实际装配时的制造视图，而且装配 BOM 增加了零部件的工艺信息，如制造、装配工时等；装配 BOM 与 MBOM 比较，二者的产品结构层次相同，但 MBOM 的零部件信息更多，包含生产管理方面的信息。

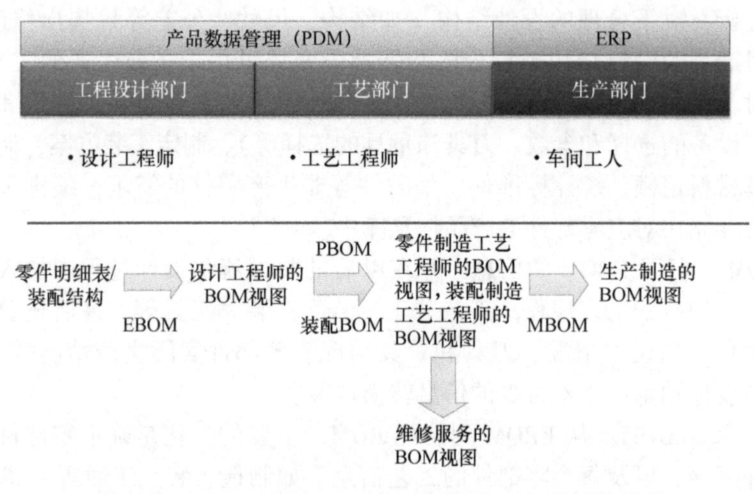

图 3-4　EBOM、PBOM、MBOM 和装配 BOM 之间的关系

（2）几者的比较　MBOM 中零部件的层次关系是实际装配过程的反映，而 EBOM 则不一定。MBOM 中通常包含了装配的时间因素，而 EBOM 中并没有表达若干下层子零部件装配成上层部件的先后顺序和时间间隔，而且 MBOM 需要反映各子零部件装配的提前期偏置时间，从而形成生产计划。MBOM 中还包括一些涉及生产管理的信息，这部分信息通常由生产计划部门的人员在 ERP 系统中确定。

3.2　产品设计生命周期的数据管理

根据图 1-8，产品设计生命周期是指从产品定位到产品定型这一阶段。这一阶段是产品数据大量产生的阶段，因此这一阶段的产品数据管理是后续几个阶段的基础，主要涉及数据如何组织、如何管理、如何追溯，以及如果数据发生修改，这一过程如何记录。根据管理特点和工作特点的不同，产品设计生命周期的数据管理分为两个部分来讨论：第一部分讨论从预研与策划到立项与计划这一阶段的数据管理，即需求管理，这一阶段又被称为系统工程管理阶段；第二部分主要讨论产品开发与设计阶段产品数据管理技术和方法。

3. 2. 1　产品需求数据管理

从表 1-2 可看出，从预研与策划到立项与计划这一阶段主要是根据市场调研、用户反馈、企业产品状况等信息解决所研究的产品需要达到一个什么标准，并提出达到这一标准的解决方案。这一阶段输入的信息称为需求信息，需求信息是客户对产品在不同角度上的要求。为了确保最终产品能够满足客户的需求，开发者在开发过程中要遵循这种需求。如果开发者对需求理解不恰当，很容易导致预算溢出和落后于预计时间，进而造成后期操作改变并且耗费大量的人力和物力。同时，这种情况可能会导致产品具有较差的功能和低劣的质量，最终客户很可能拒绝该产品。

信息化时代的“产品”由机械、电子、软件等系统组成，是一个复杂的系统。因此，要设计一个最优的产品，必须要利用系统工程的方法和流程进行开发。图 3-5 所示是目前应用比较广泛的基于系统工程的产品开发 V 模型。

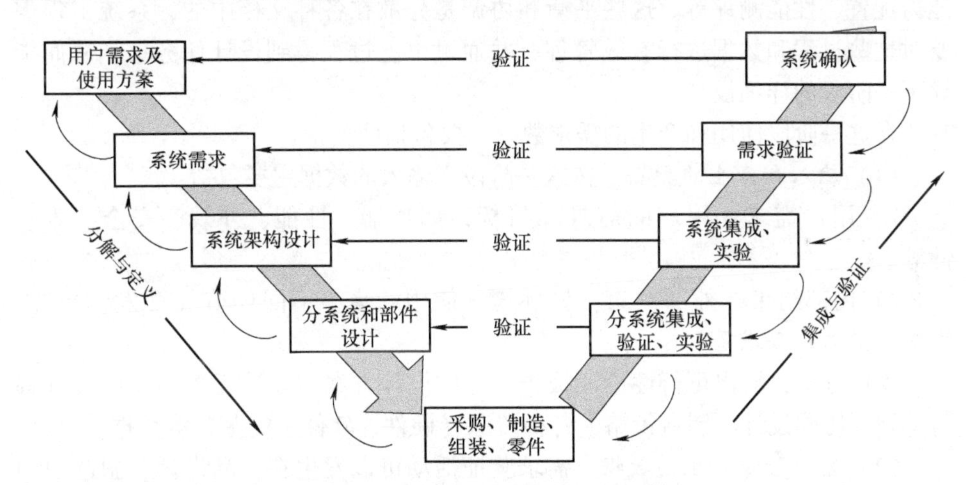

图 3-5　基于系统工程的产品开发 V 模型

从整个产品开发 V 模型可以看出，产品研发其实就是一个不断根据需求进行设计，不断验证设计结果是否满足需求的过程。

由于需求是产品产生的依据，并且随着需求的流动和变更，产品的设计、工艺、加工都会受到影响。因此，应对产品生命周期内与客户需求相关的信息、过程等资源进行规划管理和控制，必须有效地管理需求在产品生命周期中的导入、整理、分类、转化（流动）、变更、跟踪和验证，随之产生的数据有需求信息、跟踪记录信息、验证信息、链接指针等。

1. 需求数据的主要内容

在产品设计生命周期阶段，产品的开发可分为三个步骤。

（1）*需求分析*　这一过程主要对需求进行识别，确认哪些需求是需要解决的，同时对任务和环境进行详细分析，识别产品的功能，定义产品应该达到的性能，以及性能指标和性能指标的约束条件，把需求逐条转化为功能定义与指标分配。

（2）*功能定义和指标分配*　在这一过程中将产品的总功能分解为分功能，直到最底层的功能；再将性能指标和其他限制需求分配到每一层功能；然后，定义和精炼功能间接口（内部/外部）；最后，定义、精炼集成功能的系统体系架构。

（3）*综合分析*　首先，将功能架构转化为物理体系架构；再定义可供选择的系统概念配置项和系统元素；然后，选择最佳的产品和流程方案；最后，定义、精炼内部和外部的物理接口。

这一过程并不是简单的串行过程，在开发过程中，以上过程称为平衡需求的过程。平衡的内容可包括：经济性研究、有效性研究、风险管理、现有技术能力配置、性能测评等。这些平衡和协调是分散在各种文档中的，系统工程需要对这些过程和数据进行有效管理，并通过以上过程得到设计任务书，从而指导下一阶段的详细设计。

在这一阶段使用和产生的需求数据主要包括两类：

（1）*输入和产生的数据*　在这一阶段，输入的数据主要包括：

1）用户需求：用户的需求和目标，如功能、性能、外观、安全、适应性等。

2）内部约束、外部约束：如环境、使用约束、不同环节（开发、制造、维护）的各种需求等。

通过分析，输出可行性论证报告、总体设计方案、设计任务书，项目分解与计划、协同设计、制造策略、各种资源（硬件、软件、资源）等数据。

（2）*需求验证产生的数据*　需求验证活动可以发生在产品设计、制造中的任何时候。验证工作需要跨部门协作完成，整个验证过程会涉及被验证需求的任何相关信息。按照活动的要求需要对输入/输出数据分类，包括验证活动的输入数据，如工程措施、工程措施对应的零部件、零部件的模型和图样、样件等；验证活动的输出数据，如相关活动的审核结果、验证结果、问题分析结果、改进方案等。数据在流程中以表单的形式组织，表单按流程中活动的顺序排序，有验证申请单与仿真分析申请单、验证报告、问题分析单、改进通知单等。此外，这一过程涉及不断的循环评审和需求平衡过程，会涉及各种更改单，或类似会议纪要等文件。

2. 需求数据的信息模型

通过以上分析可以看出，这一阶段涉及的信息非常多，过程中存在多次循环，而且不同专业领域的信息需要在产品生命周期不同级别多次迭代协调。但是目前大部分企业以文档的形式管理需求信息，各种需求分散在多个系统中，而实际上需求之间却是相互关联的。这种现象导致需求维护困难，不利于保证产品生命周期需求信息的统一性；而且需求与产品后续信息关联关系难以管理，导致后续相关活动的效率和质量受到影响。因此，为了更好地对这一过程进行管理，需要构建一个统一的需求数据信息模型，通过以模型为中心的需求管理实现需求的有序化、关联化、清晰化。同时，该需求模型还需要满足版本跟踪、流程控制和权限管理的要求。

根据此阶段活动的特点，定义以下几个业务对象来管理和组织需求信息。

1）**文件夹对象**：用于组织需求、过程中出现的问题等信息。

2）**注释对象**：记载各种决定、活动、关键问题、测试结果等的记录表或记录条。

3）**需求对象**：捕捉产品设计意图、目的、性能、目标，如计划怎样进行验证和证实已经达到的目标。

4）**构件块对象**：为了与产品详细设计阶段的零部件区别，在需求数据模型中，引入构件块对象来表达系统工程阶段构件的工程模型。因此，构件块对象是在系统工程阶段，用于构造产品（如系统、子系统）、测试系统（如一些测试设备、测试材料）等。

在采用系统工程的思想开发产品时，把产品看作一个系统，通过逐层分解，使问题逐渐细化和具体化。但是由于各个子系统之间往往不是完全独立的，相互之间是有关联的，层次关系无法描述这些关联关系，此时这些关联关系就可以用需求对象来建立。

需求与系统关联的实现示意如图 3-6 所示，某系统的一个工程模型可以用构件块搭建形成一个构件树，产品各个子系统之间互相是有联系的，这个联系可以用需求对象来建立，如图中子系统之间关联的指标需求写入需求对象，某系统有哪些技术性能指标与各个子系统关联（排量、功率、速度、价格），并在后续阶段转化为构件的性能指标。用一个注释对象与相应构件块关联，以记录在分配过程或需求平衡过程中的活动，或进行说明。

通过以上分析可看出，与产品对象模型类似，需求数据可以用图 3-7 所示的模型表达。

通过面向对象的方法，根据构件块的要求，定义不同的属性，如名字、特征要求，把产品的性能指标、测试中应该达到的技术指标或者一些重要特征记录到构件块上。把需求分析、需求平衡过程中的一些验证所涉及的数据，用需求对象进行存储管理，文件夹对象对这些信息进行分类管理，注释对象则记录需求平衡和需求变更过程中辅助的备忘信息。

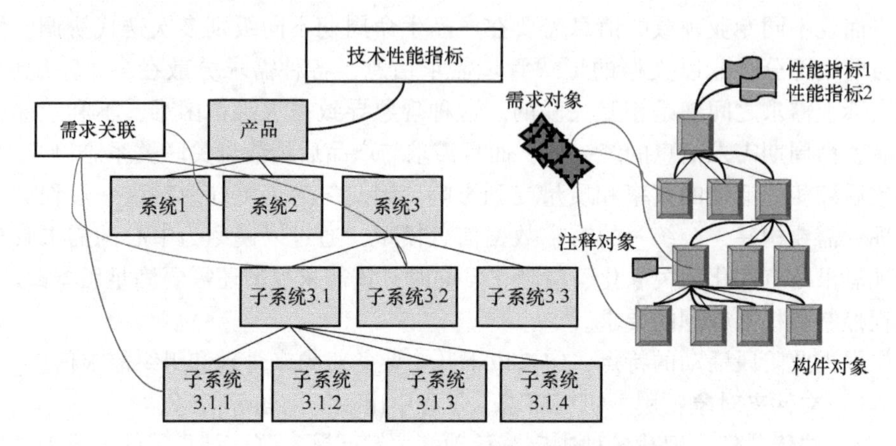

图 3-6　需求与系统关联的实现示意

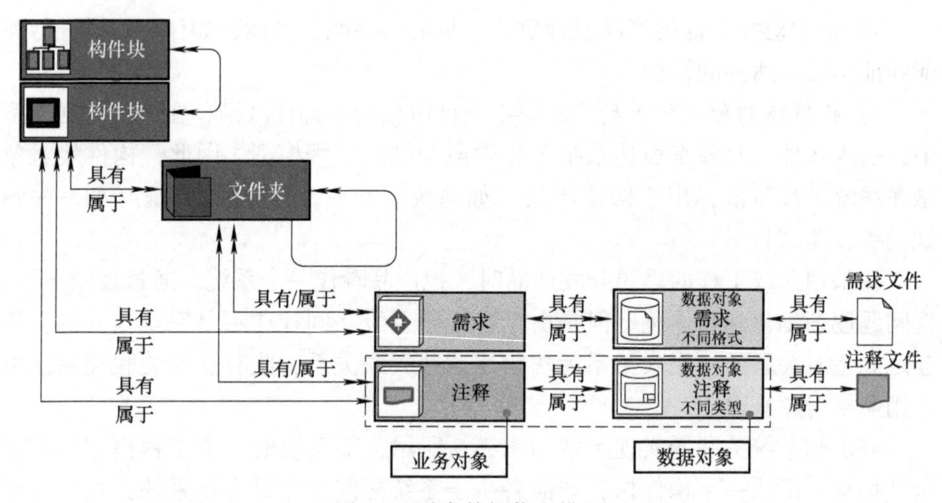

图 3-7　需求数据信息模型

3. 需求管理的工作原理和步骤

需求管理的工作原理和步骤（见图 3-8）如下：

1）对需求的处理。对于系统工程涉及的各种输入信息，如客户需求、法律法规、技术基础、问题报告、用户改进意见等，通过需求对象对其进行分门别类的管理。通常在 PLM 系统中采用结构化的层次结构对数据进行收集、分配和维护。

2）按照系统工程的开发思想，以层次结构的方式建立系统的各种工程模型（即都分解为以需求对象为核心的组织结构，如系统总体方案、子系统方案、测试大纲、培训计划、指标分配等），将输入的非工程语言描述的需求与工程模型中工程语言表达的需求（如各种指标）建立关联。同时，工程模型之间的相互关系也需要建立关联，形成横向的关系，并建立纵向的关系，如总体方案、详细方案、指标分配等关系，比如总体技术指标分解给不同的子系统，测试大纲中的某一部分内容用这个步骤方法测试目标是否达到等。

3）横向和纵向需求建立好后，就可以根据需要生成不同视图的文档（如用户手册）。一旦有了新的需求变化，通过横向和纵向的关系，进行需求变化的跟踪和追溯。

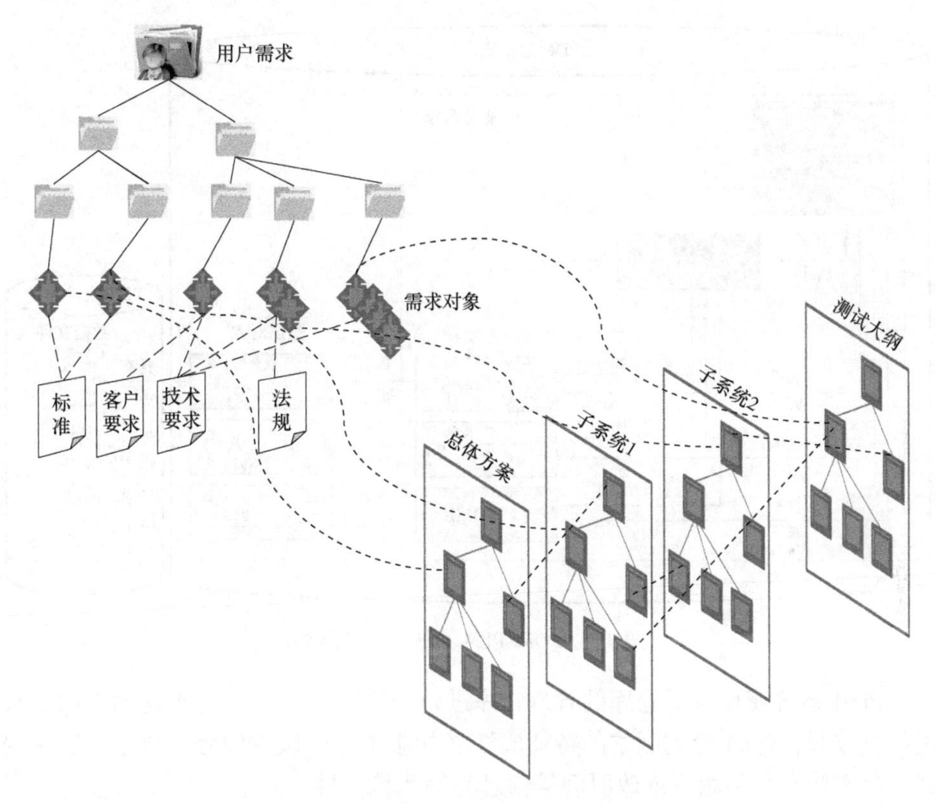

图 3-8　需求管理的工作原理和步骤

3.2.2　产品设计数据管理

产品设计数据管理就是传统产品数据管理的内容。根据第 2 章中介绍的产品对象模型和数据存储原理，在 PDM/PLM 系统中，通常采用四层的存储结构实现产品设计数据的存储（见图 3-9）。

1. 产品数据的版本管理

通过 3.1 节的讲述可知，产品设计过程是一个动态变化的过程，它是分阶段、反复迭代进行的。在整个产品设计过程中，每一阶段的同一设计对象要经过多次修改和状态改变。同时，设计人员有时需要访问设计对象的历史版本数据，这就要求保留一些设计过程的中间结果，以便对这些历史数据进行回溯。此外，由于在计算机环境中，对产品资料的修改非常方便且频繁，如果不能很好地对产品对象和文档对象进行管理，就会造成产品数据在应用时混乱。因此，在制造企业产品生命周期的信息管理中，版本管理是广泛使用的技术。若是企业产品数据的版本管理混乱，必然会影响企业正常的产品设计与生产制造活动。

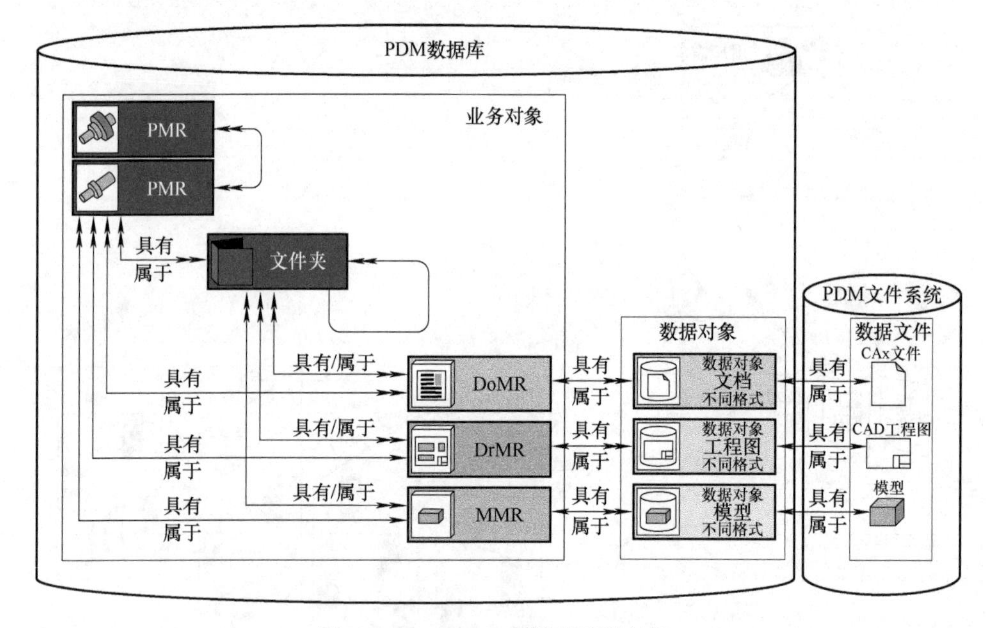

图 3-9　PDM/PLM 系统的存储结构

PDM 系统使用电子仓库的管理程序进行版本管理。当对电子仓库中的文件进行修改时，PDM 会把版本的特征属性（如版本号、版本的修改权限、版本描述、版本修改人和版本修改时间等信息）写入该文件。

版本不仅包含了设计对象在当时的全部信息，而且还反映了该版本的设计对象和与其相关联对象的联系，还应有识别每个版本的有效条件。此外，版本应有标识号：一种是按版本产生的时间顺序记为 A、B、C……；一种以时间先后依次记为 1、2、3……。

版本管理的编排模型有线性版本模型、树状版本模型和有向无环图版本模型（见图 3-10）。其中常用的是线性版本模型和树状版本模型。

1）**线性版本模型**：以版本产生的时间先后为次序依次排列，每一版本最多只有一个父版本，并且只能有一个子版本。在线性版本模型中，每一个版本只能有一个唯一的标识，当产生一个新版本时，新版本自动插入链尾，并赋予一个新的版本号。线性版本模型能很好地描述版本产生的顺序，其缺点是不能区分是新设计的版本，还是在前一个版本的基础上修改的版本，即它不能用于有多种可选方案的情况。

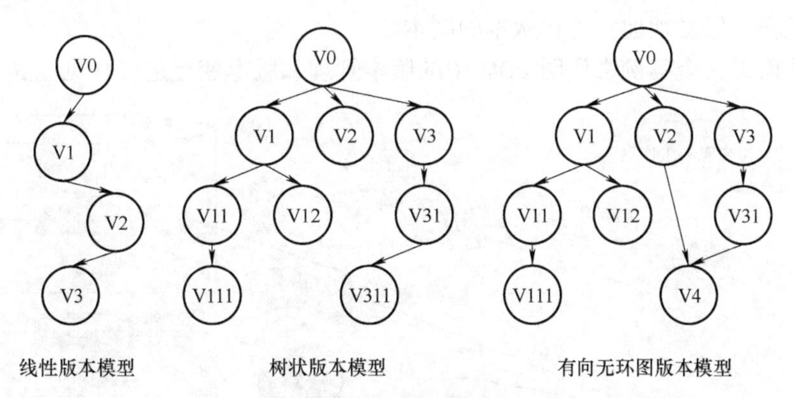

图 3-10 PDM/PLM 系统的版本模型

2）**树状版本模型**：一个特定路径反映了某个版本的繁衍过程。不同路径反映了可选设计方案的替换版本繁衍过程。在产品设计中，采用树状版本模型，如果一个版本有分支，则表示有多个可选方案替换新版本，否则表示子节点为修订版本。如图 3-10 所示，V1、V2、V3 看作 V0 的替换版本；V11、V12 是 V1 的两个分支，表明了某设计对象具有两种可选设计方案，即在 V1 版本基础上形成了可选的 V11 和 V12 版本；然后 V11 又形成了新的 V111 版本。它的优点是模型层次清晰，只有一个版本没有父版本，其余都有一个父版本；它的缺点是数据结构复杂。

3）**有向无环图版本模型**：它除了具备树状版本模型的特点，还描述了版本合并这一情况。它的优点是不仅可以区分不同设计方案和修改之间的差别，而且还支持版本合并和变更的历史信息；其缺点是失去树状版本模型的层次性，只能用节点序号来描述版本的产生次序和来源，无法表示该版本的逻辑层次性。在实际工程中，有时需要把多个版本融合成一个新版本。图 3-10 中，V4 表示融合了 V2 和 V31 版本。V4 和 V1 的关系：V4 或许是一种新的设计方案，与 V1 是平行关系，V4 是经过 V2 和 V3 后对设计的一种反复。

2. PDM 中对象的版本组织原则

1）PDM 中一般以版本产生的先后次序来管理设计阶段产生的版本。

2）在一个文档或零部件内部，版本号是唯一的。版本号反映了版本产生的次序，以及版本之间的渊源关系。

3）在产品设计的某一时刻，PDM 系统中有且仅有一个当前版本。

4）在零部件众多版本中，存在有效和无效版本。无效版本不再使用，应予以删除。但有时可作为设计参考，予以保留。

5）新的工作开始时，会建立一个数据的工作版本，该版本是可以修改的。开发工作结束后，版本不再变化，可以把工作版本冻结。在冻结版本的基础上可以工作，但必须建立冻结版本的副本。

下面以一个案例来说明 PDM 中的版本管理和版本变更过程（见图 3-11）。

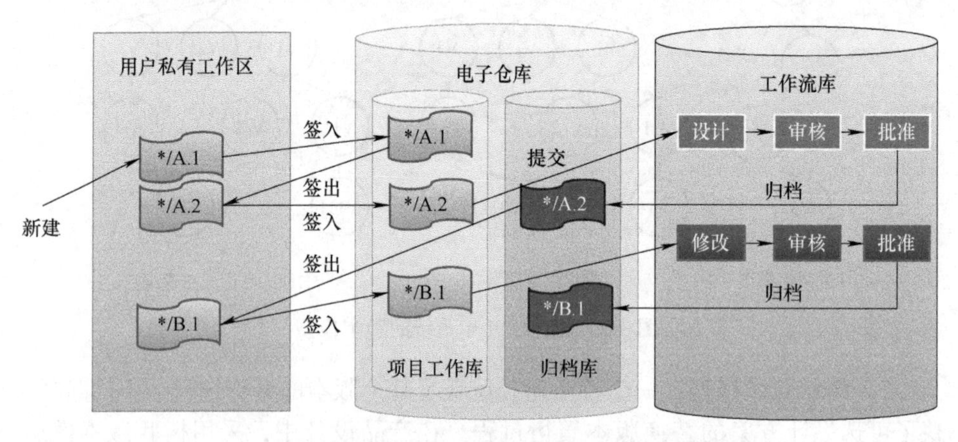

图 3-11　PDM 中的版本管理和版本变更过程示例

设计工程师创建一个新的业务对象，其版本号先设定为初始值 A 版本 1 版次，此时该业务对象存放在用户私有工作区，其他人无权访问。为了项目组成员之间交流协同，需要将该对象存入项目工作库（签入），项目组有关权限的人员对该对象进行操作（如查看、讨论等），如果需要修改，设计工程师将该对象签出至用户私有工作区，此时，该对象自动生成 A 版本 2 版次。修改结束后，将 A 版本 2 版次的对象再次签入项目工作库，如果该设计结果通过项目组的讨论，该对象就被提交进入审核批准流程，一旦通过审批，对象被存入归档库，并且将该版本对象发放给下一工作任务（如工艺设计），同时在项目工作库中 A 版本 2 版次对象被删除，此时文档的版本变为归档版本。如果归档后，发现该版本对象出现问题，此时需要具有特定权限的角色或用户把归档的 A 版本 2 版次签出，这时对象就自动升级为一个新的版本 B 版本 1 版次，设计人员修改完成后，再次将 B 版本 1 版次对象签入项目工作库进行讨论和协调，通过项目组讨论后提交 B 版本 1 版次的对象，通过审核批准流程，此时 B 版本 1 版次对象发布并归档，同时删除在项目工作库中的处于工作状态的 B 版本 1 版次。

由此可总结出 PDM 中版本、版次的变化：

- 对于版次，当 PDM 用户从电子仓库中签出对象到用户私有工作区时（每签出/签入一次），版次号加 1。
- 对于版本，指定某个版次的对象提交到对应某个阶段的审批流程，通过审核批准后，对象版本固定下来，一般不得删除。固定版本的对象从电子仓库中第一次签出时版本升1级。提交前再次签出时版次加1。

因此，如果从电子仓库取出文件不是为了修改，而仅是为了浏览，一般不采用签出操作，而是采用复制操作将对象复制到自己的工作区，这样的操作不会产生文件的新版本。使用复制的文件，也可以参考以往资料形成新的设计，但这样做不能反映设计更新的连续性，参考资料和新设计资料没有任何关联，这样产生的文件需要用注册操作把它存入电子仓库中。

一个文件在提交审批的过程中，不应当被任何人修改，此时文件的状态应当标记为冻结。对于处于冻结状态的文件，只有具有审批权限的人员才可以对其进行批注或圈阅等审批操作。任何人员对其只能浏览，不能引用。

PDM系统通过版本管理，自动建立与维护各种产品对象的版本，完整地记录产品对象的变化历史。

3. 产品设计数据的管理方式

在一个覆盖整个企业的计算机支持的产品形成过程中，按照产品的复杂程度不同，存在着成百上千的工程图、计算书、工艺过程规划、NC程序，以及其他的产品定义、生产描述和生产控制的文档。在第2章中讨论了产品数据的组织方式，在产品数据管理中，产品数据采用产品层次分解的方式组织，类似于产品结构树，在每个节点附加属性关联信息。在实际表示形式上，人们习惯用树状结构来表达产品数据模型的总体结构，这样可以有效、直观地表达产品及其零部件之间的层次关系，以及所有与产品相关的各种数据，使数据关系更加清晰，为各种产品数据的组织、检索和统计提供了强大的手段。因此，产品数据管理的主要对象是产品结构。

由于产品设计过程的各种文档在关系上都是依附于每个具体的零部件而存在的，因此产品数据管理首先要将产品结构搭建出来（见图3-12）。由于在产品生命周期中产品对象和文档对象均会发生变化（如排除问题或进行产品改进），产生多个版本。在PDM中，对于有多个版本的零部件，每个零部件节点需要对应多个不同版本的零部件，为了便于管理，用一个虚拟零部件对象作为产品结构树上的一个虚拟节点。所有从该对象派生出来的不同版本对象称为产品实例，对应产品结构模型称为虚拟产品树。由于在实际工程中，产品的设计过程是一个连续动态的过程，一个设计对象在设计过程中不断修改。因此，含版本的虚拟产品树能真正反映设计对象的动态变化情况。

4. 产品结构的数据管理

产品结构的数据管理是通过组件、零部件和原材料等业务对象和它们之间的逻辑关系来描述以产品结构模型为基础的整个产品信息。其中，零部件的业务对象，即零部件主记录中包括了产品开发过程中所需要的关于某个物品的重要信息，是产品设计工作的基础数据。在 PLM 系统中，为了区分与版本无关的零部件主记录，引入 PMR-Master（PMR 主对象）的概念。PMR-Master 记录与零部件版本无关的属性，如物品编号或名称等。PMR-Master 和 PMR 之间的关系可以用图 3-13 来描述。

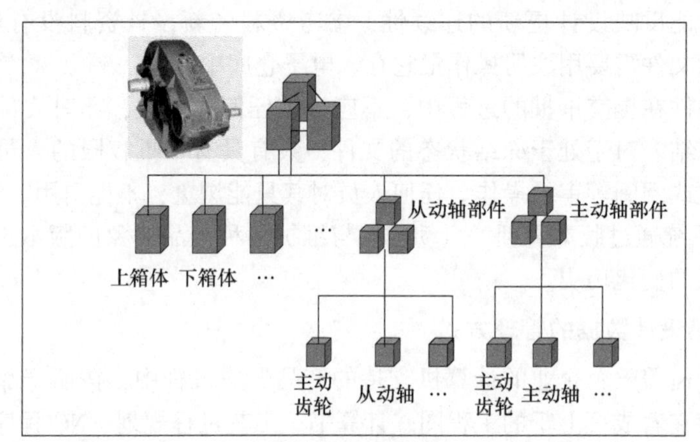

产品结构（不含版本）

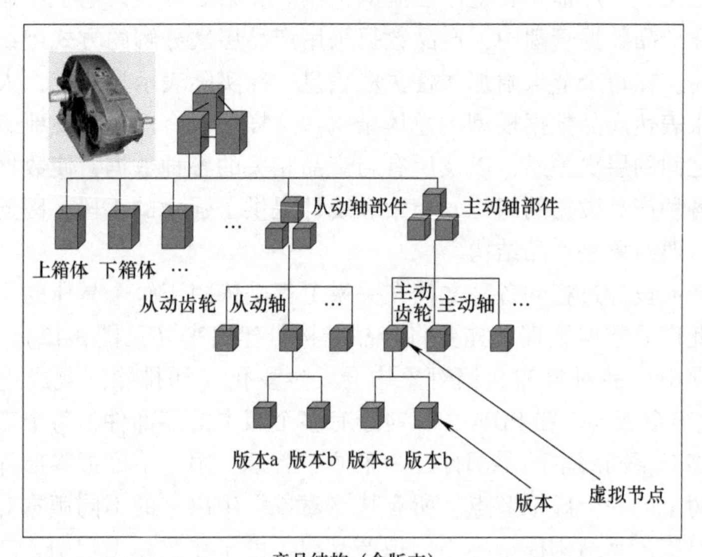

产品结构（含版本）

图 3-12　产品结构树

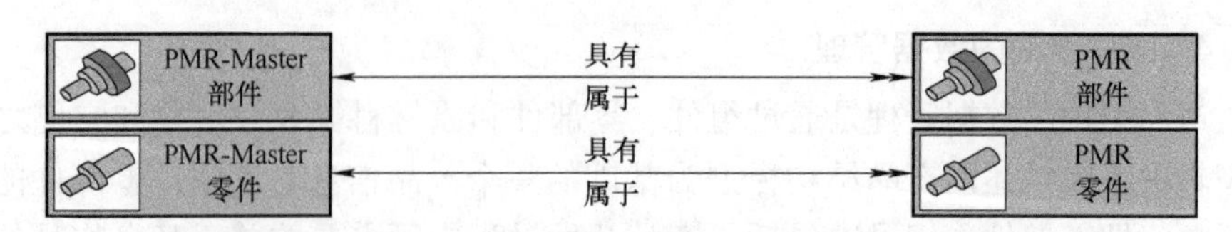

图 3-13　零部件的 PMR-Master 与零部件的 PMR 之间的联系

根据面向对象的思想，零件或部件的PMR对象分别是从其PMR-Master中派生出来的。

同时，PMR-Master和与版本有关的PMR对象之间存在一个n∶m的联系。一个部件可以包括n个零件和/或子部件，同时，一个零件或部件也可以属于m个父部件（见图3-14）。实际上，这是组成一个层次式产品结构的前提条件。

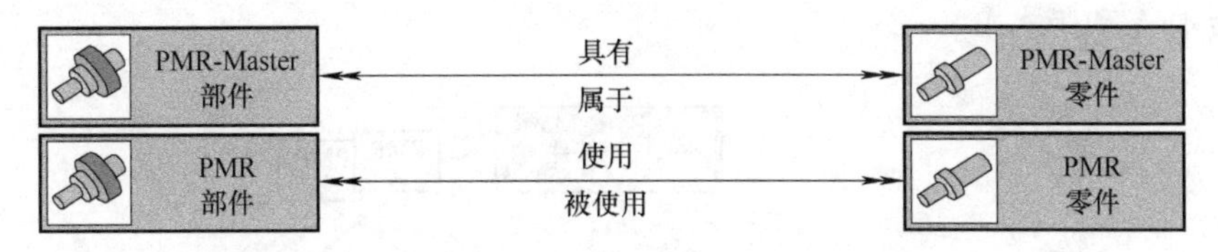

图3-14 部件的PMR-Master与零件PMR-Master之间的联系

层次式的产品结构划分方法指出了一台仪器、机器或一套装置的零部件在设计方面和功能方面的联系；部件的结构指出了它是由哪些零件和子部件组成的；零件的结构表示了该零件所使用的原材料。作为虚拟产品模型基础的产品结构必须包括这些信息，只有这样，虚拟产品模型才能完整地描述产品各方面的信息。在PDM系统中，原材料或者半成品也具有与其相对应的主记录对象。因为原材料同样也存在着版本的问题，所以就像处理零件主记录一样，将原材料或者半成品的主记录也分成与版本无关和与版本有关两种形式（见图3-15）。一种原材料PMR-Master可以包括n种不同版本的原材料。特别是对于铸件和锻件，有时偶尔需要改变部分形状以满足对产品的新的需求，从而产生了新的版本。一种零件可以用n种原材料加工而成，一种原材料也可以用来加工成m种零件。这种情况主要适用于半成品，尤其适用于特殊尺寸的钣金件。此时，需要利用半成品编号来对所有的半成品进行管理，因为在这种情况下只能通过下料长度（棒料）或者下料宽度和长度（板料）来区分各种钣金件的半成品。

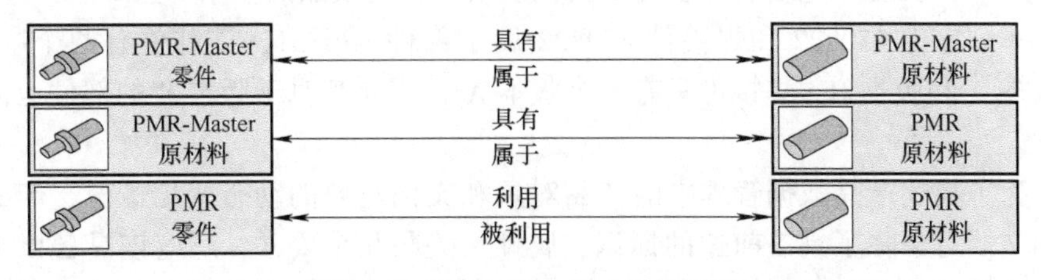

图3-15 零件与原材料之间的联系

利用原材料和半成品的PMR对象，可以将工艺过程规划和采购方面的信息加入产品结构中，从而使产品结构更加完整。第一阶段，随着产品开发过程的深化，在设计部门形成了产品结构。第二阶段，在工艺过程规划部门，产品结构中又增加了原材料和半成品方面的信息。这样，PDM 系统就以虚拟产品模型的形式提供了面向产品开发过程的产品信息。

图 3-16 所示是一个部件的原材料和半成品 PMR-Master 的应用示例。物品编号为 470827 的车削零件是用原材料编号为 118029 的锻件毛坯加工而成的，该毛坯有两个版本，即版本 A 和版本 B。因此，车削零件的成品也有两个版本，即版本 A 和版本 B。

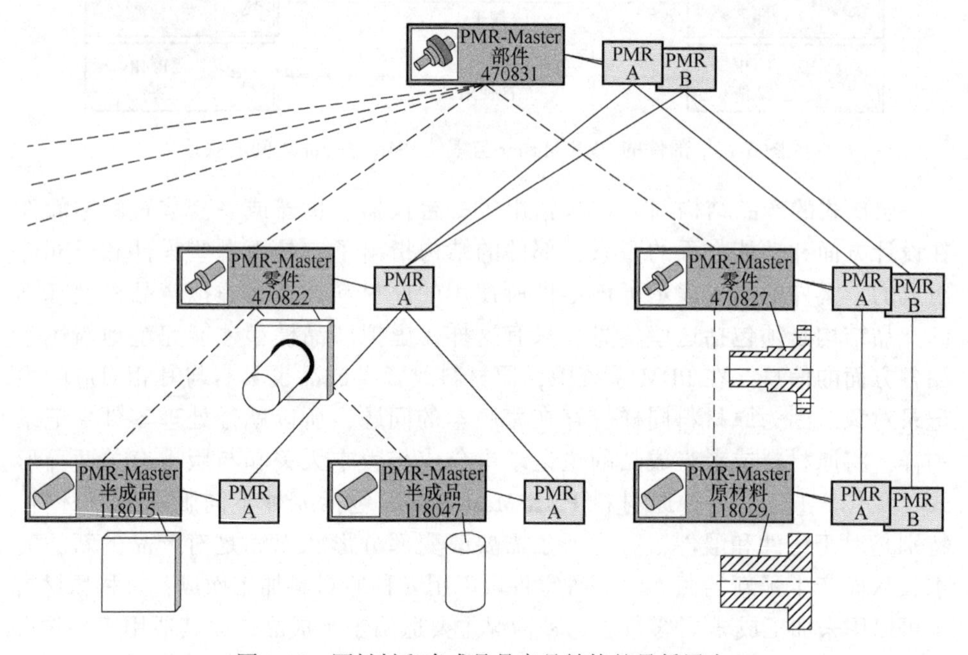

图 3-16　原材料和半成品是产品结构的最低层次

物品编号为 470822 的焊接件包括了两个半成品，即一块板料和一根棒料。板料的下料长度和宽度及棒料的下料长度表示在与成品的联系对象中。

车削零件 470827 和焊接件 470822 属于部件 470831，该部件有两个版本，即版本 A 和版本 B。焊接件只有一个版本 A，因此其对于版本 B 的部件也同样有效。

为了描述产品数据管理中的产品对象和文档对象的动态变化情况，产品对象和文档对象除了具备前述的标识、属性、关联几个要素，还应该具备以下要素，才能反映产品和文档之间复杂的关系和追溯产品与文档的变化。产品对象和文档对象应具有以下五个要素：

- 标识：唯一标识该对象的代码。
- 属性：对象的分类、查询和统计的特征参数，是用来识别一个对象的辅助特性。

- 关联：一个文档可以关联到一个产品对象，可能也能关联到多个产品对象。
- 阶段：区分预研、样机、小批、定型等研制阶段中的对象。
- 状态：描述对象处于一个流程的一个状态，如工作状态、审核状态、发布状态、归档状态等。不同企业的流程状态可能有不同的定义。

下面用一个例子来说明产品数据管理中产品对象与文档对象之间的关系是如何建立的，以及阶段、状态、版本等要素是如何在产品数据管理中发挥有效的管理作用的。

如图 3-17 所示，在产品设计过程中，根据概念设计结果，首先将产品的结构搭建出来。系统中首先构建一个产品对象。产品对象由若干分系统组成，以分系统 2 为例，假设分系统 2 下有一个零件 1，为了便于管理与该零件相关联的所有文档，建立一个产品对象零件 00210（PMR-Master），这是一个虚拟的对象。同样，分系统 2 下零件 2 也建立了一个虚拟的产品对象零件 00220。假设零件 1 下有两个产品实例 PMR（两个版本），00210/A 是进口件，00210/B 是国产件。00210/B 节点下有版本的产品属性表（元数据），同时还有文档，由于该文档对象下可能有多个版本，同样为了管理这些不同的版本，建立一个虚拟的文

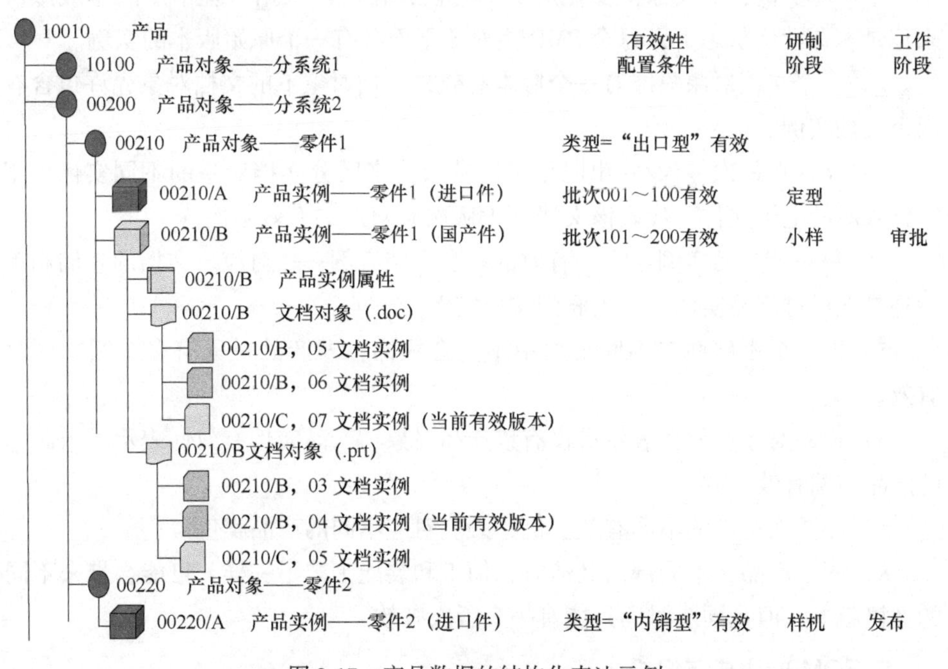

图 3-17　产品数据的结构化表达示例

档对象的业务对象，该业务对象与创建过程中的文档实例建立关联。图 3-17 中文档对象有三个版次，其中最后一个版次是当前有效版次。同时，产品文档还包括一个模型文件，该模型文件下同样有三个版次（03、04、05），因为提交审批时选择的是 04 版次，因此 04 版次是默认有效的。

在此结构中，除了零部件和文档的基本属性，还提供了其他一些基本要素，这些要素构成了该产品结构的有效规则等信息。图 3-17 中有效性配置条件就描述了产品的配置规则：如果产品是进口的，选用零件 1；如果产品是内销的，选用零件 2。此外，从阶段属性还可以看出，使用进口零件的产品已是定型状态，使用国产零件的产品还是小样状态（即还在研制）。

从上例可看出，增加了版本属性后，产品结构关系的复杂性明显增加。零部件在设计过程中有不同的研制阶段、不同的变形、不同的借用情况，采用不同的设计文件，产品对象有版次和版本的区别；设计文档在设计过程中由于改错、改进、改变等原因会有不同的版次（未提交前的变动）和版本（提交后的修改）。为了避免产品数据在应用时混乱，在产品数据管理中，要注意以下要点：

1）由于产品生命周期中产品对象和文档对象都会发生变化，每一个变化属于一个产品实例，需要保留变化历史的时候，在产品数据管理中用版本或版次来记录。在默认状态下，每个 PMR 主对象下面都有一个原始版本的实例。

2）一个文档对象只能有一个版本有效，文档对象下的文档对象允许包含有限个文档实例。

3）文件在每次签入/签出时用不同的版次来区分文档对象的不同实例，用审批入库的电子文件，代表该文档（大版次）对应的有效版次。

4）每一个产品实例与唯一有效的一套文档实例一一对应。文档的查询和审批都是先经过产品实例然后关联到文档实例。

5）同一个零部件在不同批次中不完全相同，即产品对象有多个版本同时有效。

6）产品对象有效性表示有没有该产品对象，产品实例有效性表示哪个版本的产品实例有效。

7）相同文档中的不同有效实例，必然对应不同的产品实例。

8）同一产品在不同部门制造时，加工和装配工艺不一样，可能会带来不同的文档版本，但是同一时间只能有一个版次有效。

5. BOM 的生成与组织

BOM（物料清单）是产品信息的基础和制造企业中最重要的信息之一。在通常情况下，BOM 是在产品设计阶段生成的，然后并行或先后由其他部门（如销售、工艺过程规划、成本核算、采购、生产和维修等部门）使用。在设计阶段配置得到的产品结构信息就是 EBOM。在产品数据管理的理论中，物料清单不是业务对象，所以也没有与其相对应的对象类。对于 PLM 系统而言，只有产品结构才是重要的。产品结构用图形的方式表示了从最低层次一直到产品层的各个层次的零部件结构。只要产品的结构化管理过程完成，根据 PLM 产品结构中零部件主记录之间的联系就可以清楚地知道零部件的组成情况。因此，用户可以根据不同的需要生成各种不同的物料清单，例如，可以生成一个部件或几个部件甚至整个产品的物料清单（见图 3-18）。

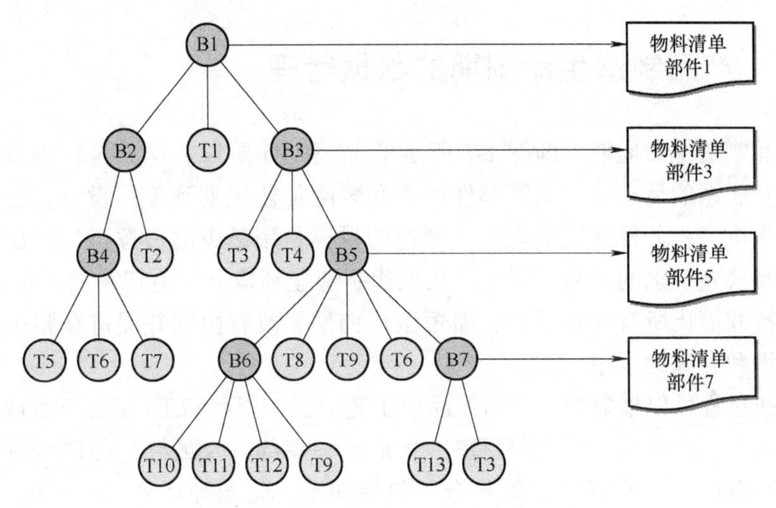

图 3-18 产品结构是物料清单的信息载体

物料清单中，EBOM 是产品工程设计管理中使用的数据结构，它通常精确地描述了产品的设计指标和零件与零件之间的设计关系。EBOM 是在设计阶段形成的，主要是指一个面向功能的产品结构。通常情况下，该结构具有较浅的划分深度和较大的划分宽度。对于产品的制造，特别是对于产品的装配，这种结构通常是不适用的。面向装配的产品结构有较深的划分深度，其中还包括了一些可以预先装配的、小型的子部件。这样，就可以很经济地使用企业中的专用设备，并大幅度缩短订单完成时间和降低生产成本。

工艺过程规划人员根据面向功能的物料清单编制面向制造或装配的物料清单（见图 3-19）。PLM 系统提供了工具，可以在一个图形浏览器中进行产品结构的建模，将面向功能的物料清单转换成面向制造或装配的物料清单，而不是从零开始进行构造。

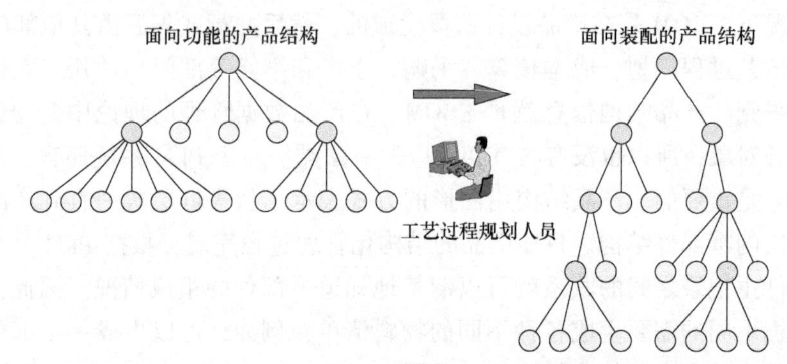

图 3-19　物料清单之间的转换：从面向功能的产品结构到面向装配的产品结构

3.3　产品制造生命周期的数据管理

产品制造生命周期，即图 1-7 所示的 P4 和 P5 阶段。这一过程涉及各种复杂而相互联系的活动——从零部件加工和装配工艺规划到工厂设计、工作单元布局、人机工程分析和质量规划。制造的目标是用最少的资源，生产出满足设计规范和公差要求的产品。因此，在现代制造业环境下，迫切需要使用 PLM 信息来支持并简化所有这些活动，缩短工作周期，改善协同并促进在整个制造过程中知识和资源的重用。

制造过程可以抽象为一个由产品、工艺流程、资源和工厂/设备组成的流程模型。其中，产品是毛坯、原材料、半成品、零部件及最终产品的统称；工艺流程是制造产品的全部工序的集合，包括加工、装配等环节；资源包括人员、工具和夹具等工艺装备，是工艺流程得以进行的条件。随着制造过程的进行，经过一道道工序，产品形态逐渐由最初的原材料、毛坯向能满足使用要求的最终产品变化。

与传统的制造过程和技术不同，基于 PLM 的制造过程融入了人、过程/实践和技术，使用 PLM 的信息来规划、设计制造试件产品，进行生产调整以便批量生产，实现利用尽可能少的资源去生产、监控批量生产，并捕获产品制造信息为产品生命周期其他阶段使用。因此，制造过程这一阶段现在也称数字化制造阶段。在设计阶段主要解决企业做什么的这一问题，而制造阶段则解决企业如何做的问题。

数字化制造环节下产品制造生命周期管理内容如图 3-20 所示。

数字化制造环节从设计数据接收开始，经过工艺分工、工艺 BOM 构建，然后进行工艺工装设计和工艺仿真验证；工艺数据发放后进入实物制造环节，包括产品定义管理、生成并下达生产计划、计划排程、质量和文档管理、生产调度执行、生产统计、数据采集、生产效能分析、生产过程监控，以及物料管理及追溯、人员管理、设备运维管理、生产数据反馈等，最后形成制造物料清单并确认生产完工。

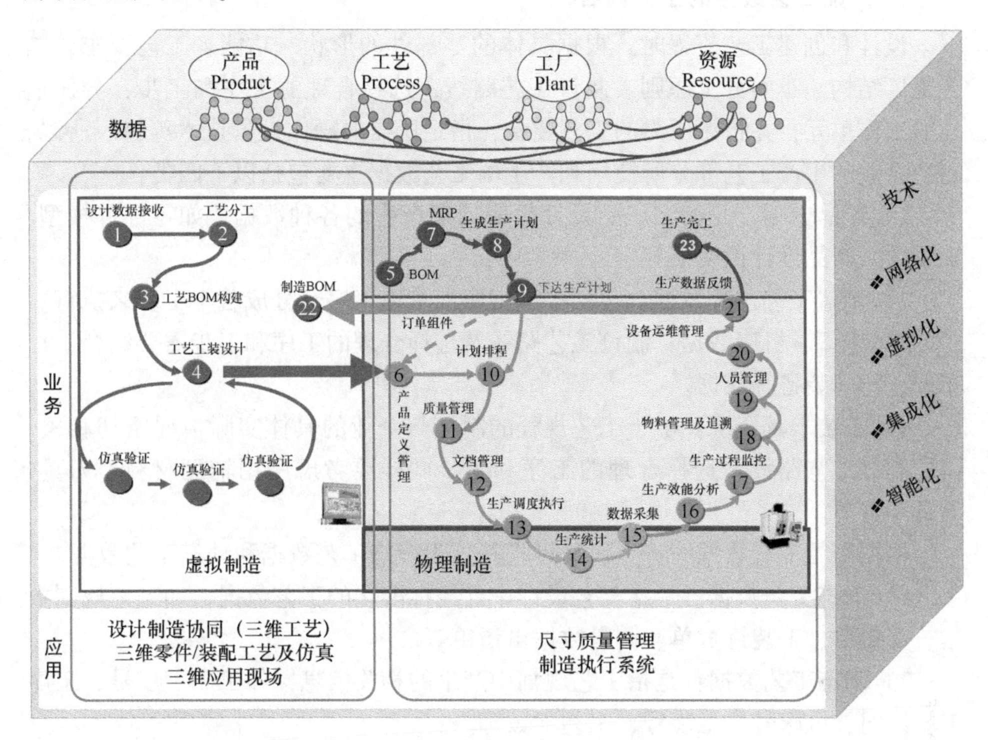

图 3-20　数字化制造环节下产品制造生命周期管理内容

3.3.1　产品工艺数据管理

工艺是连接设计与制造的桥梁，在产品开发过程中，工艺部门一方面要接收设计阶段的产品信息，另一方面，要利用企业的工艺数据和工艺知识进行工艺设计。在工艺设计过程中会产生大量的工艺数据。这些数据分散在企业相关职能部门，而且这些数据也是后续生产制造的重要依据。工艺数据是产品生命周期中最重要的数据之一，同时也是企业编排生产计划、制订采购计划、执行生产调度的重要基础数据，在企业的整个产品开发及生产中起到重要的作用，如工艺部门通过 PDM 系统获取产品设计信息和 EBOM，利用工艺知识将 EBOM 转换为 MBOM，然后将信息传递给企业的 ERP 系统，ERP 系统根据 MBOM，安排产品的生产计划、制订采购计划，并将生产计划下达到各生产制造部门。

当设计数据正式发布后，工艺人员基于设计结构（EBOM），创建和编制工艺结构（PBOM），编制的主要工作是在 PBOM 上增加工艺路线、材料定额、备件、工艺件和试验件等。编制完成后将产生工艺物料清单，供生产计划部门制订生产计划使用。同时，PBOM 提供车间编制装配工艺和零部件工艺。

1. 产品工艺数据的主要内容

设计和创建工艺流程时，根据具体的零部件的形状、功能、工艺要求，结合工厂结构、车间分工原则，制订工艺路线，选择合理的工序和工步，分派适当的工作单元，并指派所需的工艺装备，指定所需的操作人员技术等级。所以，制造企业的生产工艺部分所使用和产生的工艺数据主要包括以下四类：

1）产品数据：是指在产品设计生命周期产生的各种数据，如零部件模型、工程图、产品设计说明书等。

2）制造工艺过程数据：包括多道工序，一道工序会分成若干工步来执行。

3）工厂、机床数据：制订工艺路线及选择合理的工序和工步需要结合工厂布局、车间装备等数据。

4）工装卡具资源：由于工艺规程的制订与企业的具体实际情况密切相关，因此制订工艺路线、选择合理的工序和工步同样要考虑所用辅助材料、刀具、卡具等资源。

根据产品工艺数据的特点，又可将其分为静态工艺数据和动态工艺数据。

1）静态工艺数据：是指工艺设计中已经标准化的工艺数据，如工艺规则数据、交接单、工装订货单、测量数据申请单等。

2）动态工艺数据：是指工艺规划中产生的相关信息，如工序工步号、工序工步说明、机床号、工装号、工艺参数等。

2. 结构化工艺数据组织思想

在当前的制造企业信息化过程中，CAPP（Computer Aided Process Planning，计算机辅助工艺过程规划）系统主要作为工艺设计平台，负责生成产品的工艺数据；而 PLM 系统作为产品生命周期数据管理平台，不仅管理产品的设计数据，也管理产品的工艺数据和制造资源等整个产品开发过程中产生的所有数据，实现数据集成和信息共享。该数据组织与系统集成模式如图 3-21 所示。在该数据组织模式中，CAPP 系统生成的产品装配指令或加工指令以工艺文件形式与 PLM 系统中相应的装配部件或加工零部件对象关联，形成了基于 BOM（EBOM 或 MBOM）、以 AO（Assemble Order）或 FO（Fabrication Order）工艺文件作为基本组织管理单位的产品数据集成管理模式。

这种基于 BOM、以工艺文件作为基本组织单位的工艺数据组织和集成管理模式的管理粒度大，不能完整反映复杂产品零部件制造过程中的所有工艺活动，且由于相关产品、BOM、工艺、工序和制造资源（设备、工装）之间缺少结构化的逻辑关联，因此当设计模型发生变更或现场工况条件产生变化后很难第一时间做出应对，从而导致生产效率低下，满足不了现代制造企业信息化过程中对工艺管理的需求。

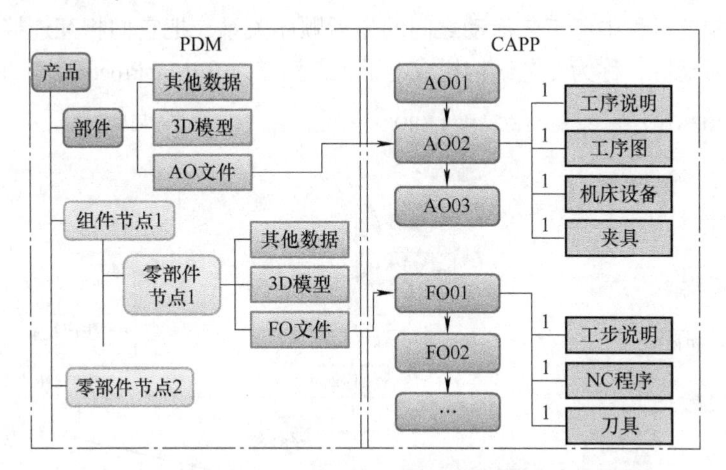

图 3-21　基于 BOM 的工艺数据管理

数字化制造要管理的数据包括产品（Product）数据、工艺（Process）数据、工厂（Plant）数据和资源（Resource）数据。为了保证从产品设计到工艺规划再到产品制造过程的密切相关性及数据流、信息流的传承和统一，保证数据的一致、有效和重用，通过把产品制造数据模型（原材料、成品）信息、资源数据描述模型（人力、生产设备、工艺装备）信息及相关的工艺数据（工艺参数）信息集成到工艺活动中，得到制造工艺数据组织模型。该数据组织模型通过建立和管理产品、工艺、工厂及资源 3PR 数据之间的关联关系，支持从设计、工艺到生产的整个生命周期数字化过程（见图 3-22）。基于产品、工艺、工厂和资源的关联数据模型，保证了快速、准确、安全地存取制造信息，同时可对产品结构、制造工艺进行可视化分析和优化，使生产企业各部门和工作岗位之间的信息流动得以实现，满足不同使用者对产品、工艺信息和数据的共享共用。

在 3PR 关联模型中，以产品工艺活动对象为中心，关联所有该工艺活动涉及的产品设计对象数据（如产品零部件、毛坯等）、相关工艺数据（如操作说明、操作动画、工艺图解等）和制造资源数据（如工装、设备、工具等），同时，将该工艺活动操作过程中需要的执行数据（如数控加工代码、数字化车削参数等）和质量控制数据等生产数据也关联在此模型中。

3. 工艺数据结构树

（1）工艺结构树　在制造企业的产品形成过程中，需要通过一系列工艺活动把原材料转化成毛坯，由毛坯加工成零部件，再由零部件装配成完整的产品。这些工艺活动按产品形成过程中的功能可分为三大类，分别为下料工艺、零部件加工工艺和装配工艺。各类工艺又可划分成多道工序，工序又可细化为工步。依据产品生产制造过程中各工艺活动之间的先后顺序关系，把它们相互连接起来形成产品工艺活动链，称为工艺结构树或电子工艺清单（Bill of Process，BOP）。

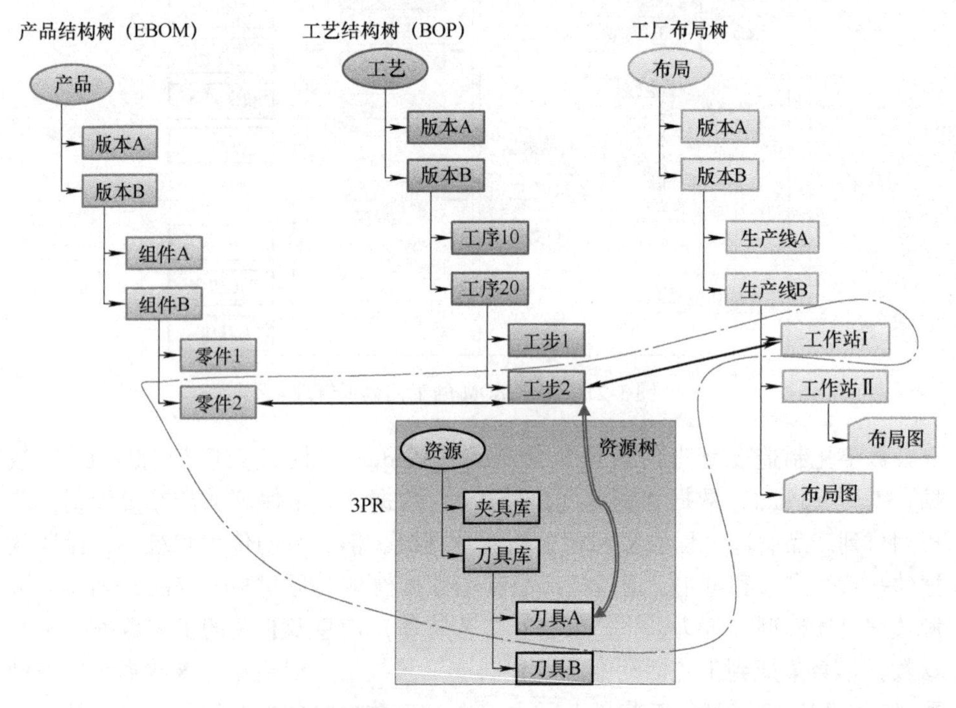

图 3-22　数据信息统一的 3PR 关联模型

在 BOP 中，每个工艺活动都包含设计对象数据、工艺数据、资源数据等完整信息，其中涉及的产品设计对象数据分为操作对象（输入产品数据）与结果对象（输出产品数据），前继工艺活动的结果对象成为后续工艺活动的操作对象，形成从毛坯到产品的完整制造工艺过程（见图 3-23）。

这种以工艺活动为中心并按工艺顺序关系组织形成的基于 BOP 的 3PR 数据组织模型，不仅反映了工艺活动顺序与物料流动关系，而且真正体现了工艺工作的本质。它可以真实、形象、直观地反映整个复杂产品的装配工艺流程。基于 BOP 的工艺数据组织形式，把工艺过程所涉及的产品设计数据、工艺装配数据及相关工艺数据，通过装配工艺活动有效地集成在一起。这种以工艺活动为中心、基于 BOP 的数据组织模型，实现了工艺过程的数据组织和管理，体现了工艺工作面向生产制造过程的思想。

（2）EBOM 与 BOP 的集成　在以工艺活动为中心、按各工艺活动先后顺序关系形成的 BOP 数据组织模式下，EBOM 仅以产品零部件对象为核心关联各零部件设计数据。BOP 通过各工艺活动关联的产品设计对象数据与 EBOM 中的零部件对象数据形成一一对应关系，实现工艺数据与设计数据之间的关联集成，在 PLM 系统中对产品相关的数据、过程、资源进行一体化集成管理，如图 3-24 所示。

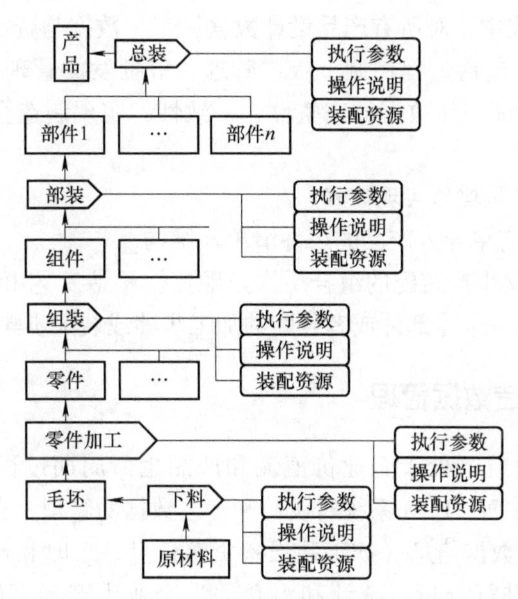

图 3-23　工艺结构树（BOP）

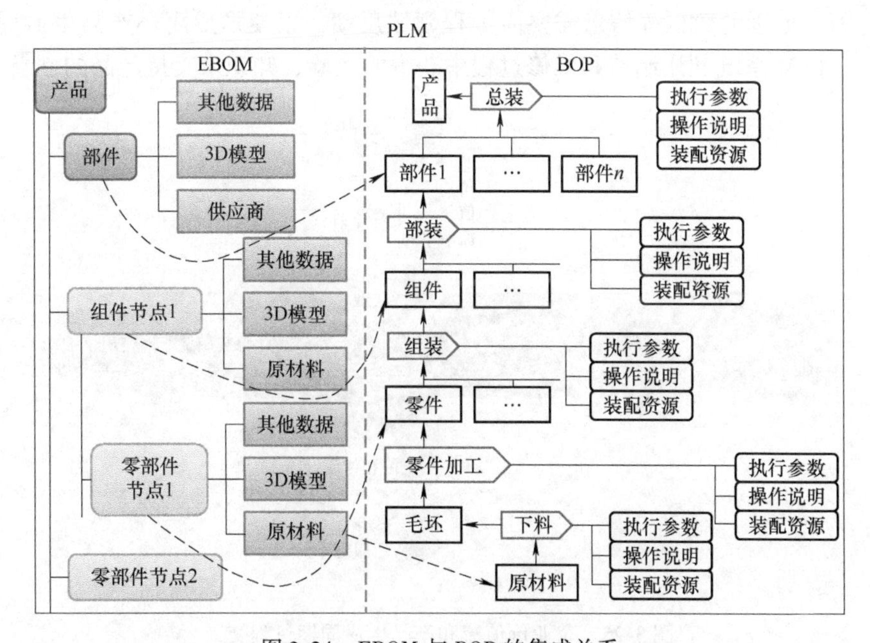

图 3-24　EBOM 与 BOP 的集成关系

在 BOP、EBOM 产品数据集成模式下，CAPP 系统只作为工艺设计工具，通过 PLM 系统的工作流程管理机制，负责生成或更改产品的所有工艺数据。CAPP 系统以工步或工序为基本单位进行各类工艺设计，其中的工艺数据信息与 PLM 系统中的 BOP 工艺信息进行双向交换，实现 CAPP 系统与 PLM 系统的数据集成。在 PLM 系统中，对所有产品设计数据、工艺数据与资源数据进行全生命周期管理和控制，包括过程控制、版本管理、审批发放管理、历史数据管理、工程更改管理，保证产品数据的完整性、一致性，实现制造企业对所有产品数据的集成与共享。

(3) 工艺数据管理的实现过程

1）从 EBOM 清单导入产品的组件清单及结构。

2）工艺师定义生产装配的组合层次及顺序，构造工艺 BOM（PBOM），通过 PBOM 来描述每一个零部件或者装配的加工步骤或装配步骤。

3.3.2 产品制造数据管理

实质上，“制造”处于企业价值流和产品生命周期过程交叉的十字路口（见图 3-25）。一方面，PLM 系统对设计和工艺数据的管理，实现对后续制造过程中所需要的各种数据信息（如工装设备资源信息、工时和材料定额信息、工艺路线信息等）进行分析、统计和汇总，为企业生产经营管理系统（ERP、MES）提供完整的生产数据信息；另一方面，制造过程所发生的故障、例外事件分析、处理的数据等信息需要向工程领域反馈，以便形成闭环产品生命周期过程。PLM 系统利用制造和维修过程中获得的经验、知识来支持产品的创新。

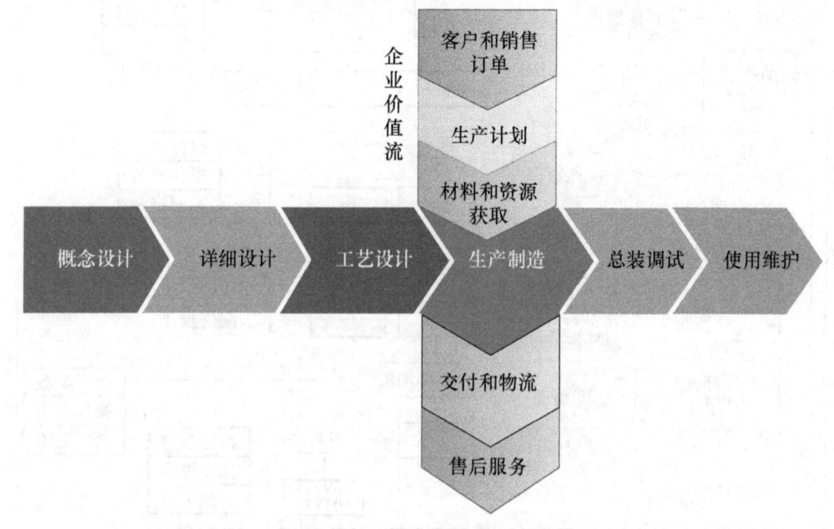

图 3-25 企业价值流和产品生命周期过程交叉

制造过程中产生的数据主要由 MES 系统进行管理。MES 系统实现生产管理与控制，以及数据采集与追溯。PLM 系统的设计数据与 MES 系统的相应管理模块同步，如 MES 系统的工艺管理、物料管理等功能模块会分别存储 PLM 系统中的设计数据，供生产执行过程使用。PLM 系统将完整的产品数据包通过内部通道传递给 MES 系统，MES 系统内部的各个模块分别负责接收和存储不同类型的产品设计数据。

在生产制造阶段，MBOM 为制造时的产品结构，从制造角度描述实际产品装配结构层次和加工制造流程，表明零部件的制造方法、制造部门、制造材料等内容，是生产制造管理中重要的基础数据。BOP 反映了各工艺活动的先后顺序，通过遍历各个工艺活动，把关联的产品对象按顺序提取出来形成 MBOM，它完整地表达出实际装配过程中产品零部件之间的制造状态、先后顺序关系和时间与用量，为生产计划编制提供了准确的制造物料需求和精确的提前期信息，为制造企业减少库存积压和资金占用，确保生产活动正常进行提供了数据保障（见图 3-26）。

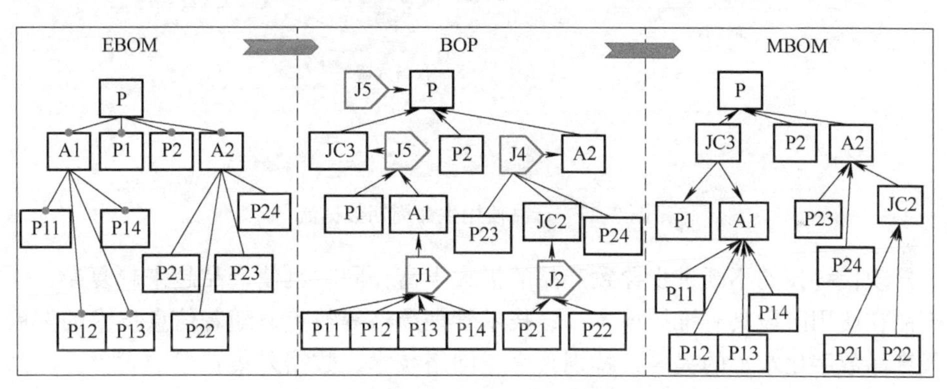

图 3-26　BOP 作为桥梁的 EBOM—MBOM 转换

3.4　产品使用生命周期的数据管理

尽管从逻辑上讲 PLM 起始于生命周期前端，但产品生命周期管理的真正价值是在产品生命周期的中期阶段，即产品使用生命周期，同时它还影响后续的产品回收和重用。在产品离开工厂以后，如果没有 PLM 系统支持，有关产品使用过程中的性能及其实际质量信息就会丢失。

产品使用生命周期阶段包含了产品的安装、调试、维护、维修，以及用户培训、备件供应、用户关系维护等众多业务，而这其中又涉及了物料管理、产品设计信息管理、故障管理等众多外延的业务。其中，维修与维护关系着产品的正常安全运行，关系着用户最为切身的利益，在此阶段占有非常重要的地位（见图 3-27）。

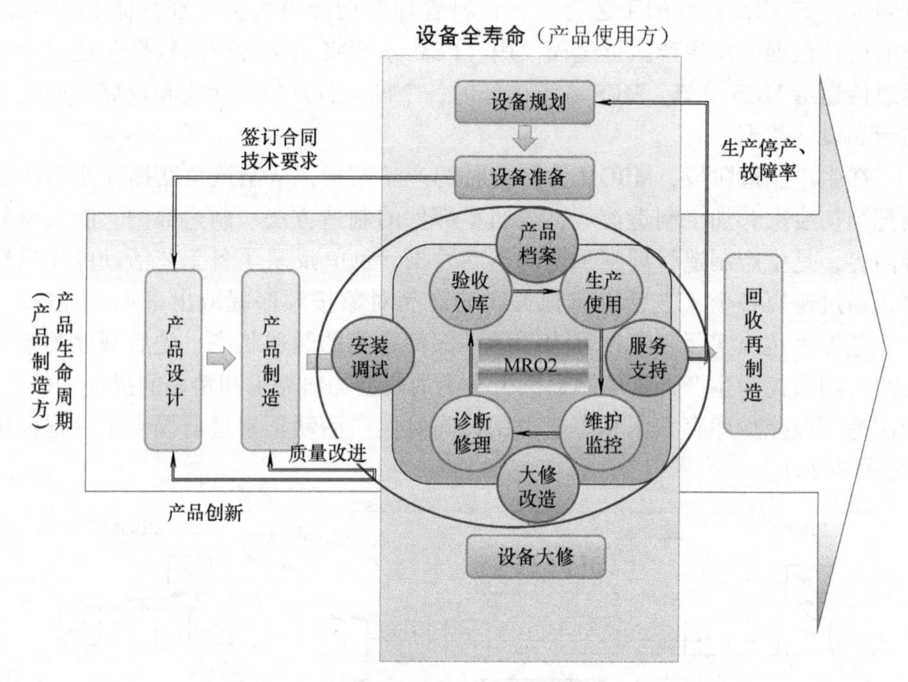

图 3-27　产品使用生命周期数据流

现代科技的不断进步导致产品的极大丰富，同时也使产品越来越复杂，使产品在使用阶段具有维护成本高、技术管理严格等特点。随着信息技术的发展及产品数字化水平的提高，特别是无线网络技术、数据采集技术的发展，产品运行状态可以通过网络以很低的成本随时发送到需要的地方。这些信息对现有的产品运行、日常维护和大修等业务带来前所未有的益处。

1）低成本地获得各类工况信息和产品运行参数，通过采集和分析这些关键参数可以有效地识别产品的运行状况并预测可能发生的故障。同时，使企业能够采用精益思想开展设备的维护与维修，按照实际运行状况进行维修，改变过去维修过程中维修响应迟钝、过度维护及事后维修的状况，真正实现该修的修，不该修的不修的现代设备维修理念。

2）产品的运行、维护和维修使企业发现用户需求及产品设计、制造过程中存在的缺陷，从而改进产品设计。对这部分知识的捕获、收集和反馈，有利于企业产品技术升级和性能改善。

在产品使用过程中，维修是一项非常重要的工作，随着信息技术的发展，维修理论也由过去的被动式维修（修复性维修）转变为主动式维修（预测性维修)，预测性维修成为未来维修管理的发展方向。为了支持新的维修模式，对产品使用生命周期的数据管理也提出了新的技术要求和技术支持。

3.4.1　产品使用生命周期阶段数据的主要内容

为了保证产品使用生命周期的维修与维护业务，要求 PLM 系统支持产品制造商、用户和维修服务商在整个产品生命周期中共享产品相关信息。按照业务与数据的关系，服务支持阶段涉及的数据可分为以下两类。

(1) *服务支持阶段需要的数据*　在对产品进行维修与维护及维修创建过程中需要有诸如产品设计信息、产品结构信息等的支持，通过这些数据，维修工程师可以清楚地了解相关零部件的功能、构造，以便快速、准确地判断产品故障，进行相关的维修与维护或零部件更换工作。这些数据包括：

1）进行维修与维护等业务需要的支持信息。维修工程师在对产品进行相关的维修工作时，需要查看相关零部件的设计文档、工程图、模型，甚至工艺信息，以了解其功能，判断故障发生的位置，确定对故障零部件的处理措施；同样，在对产品进行维护时也需要查看相关的维修保养说明、维修保养计划、维护需求及产品操作手册等信息。如果在故障处理或维护过程中涉及零部件的更换或第三方维修公司的参与，维修工程师就需要了解相关设备的供应商信息及第三方维修公司的信息，以联系采购或维修事宜。

2）构建维修 BOM 需要的支持信息。维修 BOM 作为面向服务支持阶段的产品结构，对产品的维修与维护及故障信息的管理具有重要作用。虽说维修的过程与设计和制造不同，但在结构上却有着众多的相似，因此维修的构建离不开 EBOM、MBOM 的支持。另外，维修 BOM 中的有关物理零部件涉及的物料信息，比如序列号、批次号等对维修 BOM 中物理结构的创建具有重要作用。

3）产品安全运营等需要的相关支持信息。对于涉及人民生命财产安全的产品或设备，国家或相关行业都有对其进行强制性安全检查或检验的规定，如船舶，国家就出台有强制性的船舶检验制度，再如日常使用的汽车也有年审的强制性要求。

(2) *服务支持阶段产生的数据*　产品在服务支持阶段涉及众多业务，同时也会产生相应的数据。首先，在产品维修与维护过程中会产生诸如维护计划、维修与维护记录、产品故障记录、备件使用情况等。其次，产品所有者在委托生产厂家或第三方维修公司对产品进行维修与维护时，一般会签署相关的协议，来明确双方的权利和义务。再次，产品所有者在使用产品的过程中就产品的使用情况甚至对产品的不满都会反馈给生产厂家，这也是服务阶段维护客户关系所产生的产品数据之一。最后，也是最重要的，就是在服务支持阶段产生的面向维修与维护的产品结构视图，常称之为维修 BOM。

服务支持阶段产生的故障信息、顾客反馈信息等对设计、生产等的改进具有重要意义。比如各级零部件供应商在向用户提供维修零配件的同时，也接受用户对各个零部件使用情况（零部件的使用效果、性能、质量状况）的反馈。在产品设计阶段，用户对产品的功能配置、性能参数是否满足实际应用的反馈将被用于设计的改进和创新。在产品质量控制过程中，除了需要对制造过程的数据进行分析，以对影响质量的各种因素进行严格控制，还需要来自产品使用过程的各种质量信息（各种故障现象和故障数据）的反馈。

按照数据的特点，服务支持阶段的数据又可以分为共性数据、个性数据和管理数据三类（见图 3-28）。

1）**共性数据**：由产品生命前期提供的有关产品使用和维修的数据，以及在产品生命周期的使用后维护过程中形成的普遍使用的数据。

2）**个性数据**：每个产品的基础数据、使用数据、检测数据和维修项在使用和维修过程中涉及的全部数据。

3）**管理数据**：对各项维修服务活动进行管理的数据。

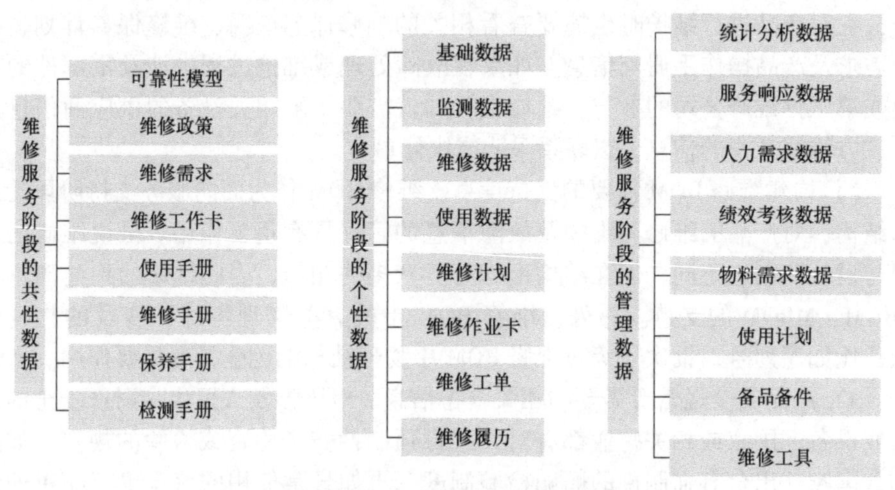

图 3-28　服务支持阶段数据的分类

3.4.2　产品使用生命周期数据组织结构模型

根据产品使用生命周期阶段数据的特点，GB/T 32236—2015《以 BOM 结构为核心的产品生命中期数据集成管理框架》中定义了产品中期数据组织结构模型（见图 3-29）。

1）**业务项**：是指产品、零部件、软件模块、生产资源、制造设备、人员组织，以及功能、设计、工艺、维修等业务对象，用来管理与该对象相关的业务项实例。

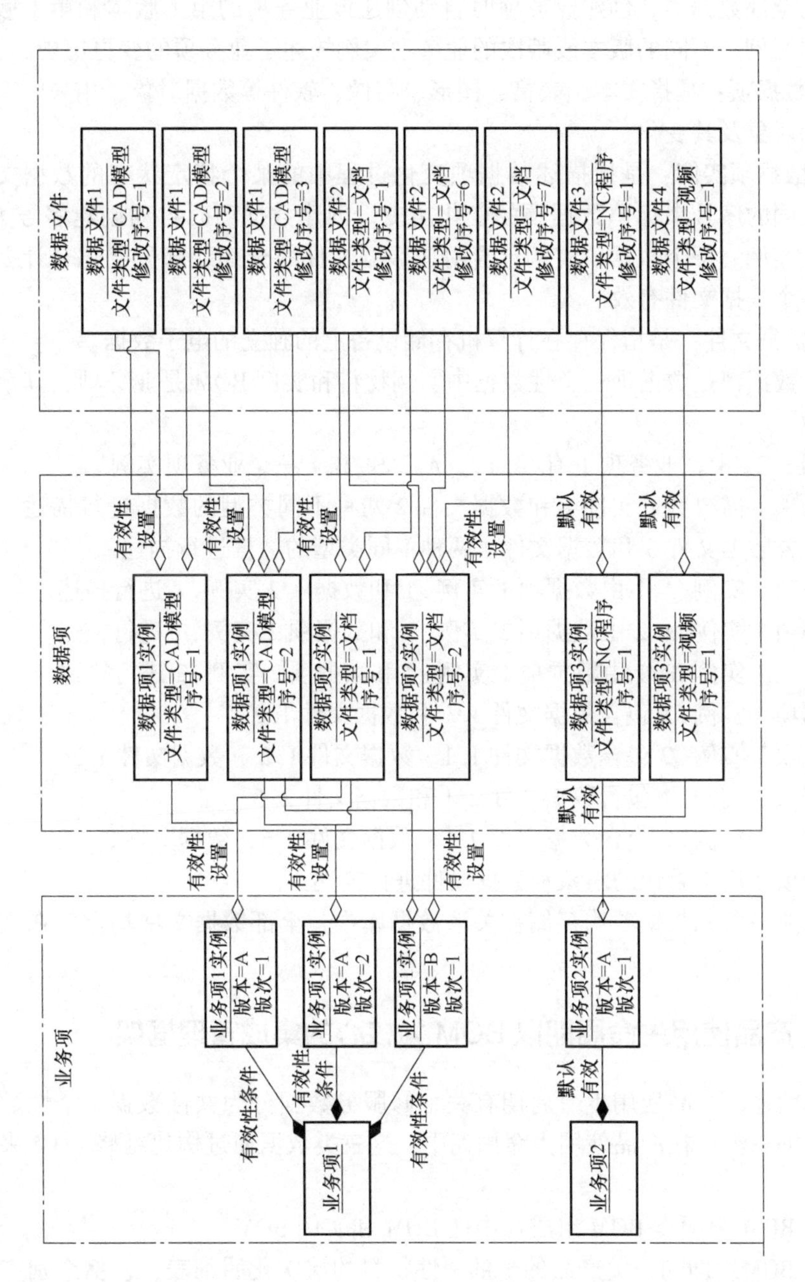

图3-29　产品使用生命周期数据组织结构模型

2）**业务项实例：**是指特定版本和版次的业务项，用来管理该状态下业务项所对应的全部数据项。创建业务项时自动创建该业务项的第 1 版本和第 1 版次的业务项实例。不同的版本或版次的业务项实例描述了业务项的变更历史。

3）**数据项：**是指文本、表格、图形、图像、软件等数据对象，用来管理同一个数据对象及其变化。

4）**数据项实例：**是指描述数据项变化过程中的某个特定状态的数据文件集，用不同的序号来标识数据项的变化历史。创建数据项时自动创建序号为 1 的数据项实例。每个数据项实例包含对应数据文件的全部或部分变化合计，其中只有一个数据文件有效。

5）**数据文件：**是指保存在计算机存储设备上的独立的电子数据。

共性数据都是数据项，个性数据中实例物料和实例 BOM 是业务项，其余都是数据项。

在图 3-29 中，业务项 1 有/A. 1、/A. 2 和/B. 1 三个业务项实例。

业务项 1 需要数据文件 1 和数据文件 2 两种不同类型的数据进行描述。业务项 2 需要数据文件 3 和数据文件 4 两种不同类型的数据进行描述。

业务项 1 实例/A. 1 由数据项 1 实例 . 1 和数据项 2 实例 . 1 进行描述。

业务项 1 实例/A. 2 由数据项 1 实例 . 2 和数据项 2 实例 . 1 进行描述。

业务项 1 实例/B. 1 由数据项 1 实例 . 2 和数据项 2 实例 . 2 进行描述。

数据项 1 实例 . 1 包含数据文件 1. 1 和数据文件 1. 2。

数据项 1 实例 . 2 包含数据文件 1. 1、数据文件 1. 2 和数据文件 1. 3。

数据项 2 实例 . 1 包含数据文件 2. 1 和数据文件 2. 6。

数据项 2 实例 . 2 包含数据文件 2. 1、数据文件 2. 6，数据文件 2. 7。

业务项 2 均由默认的对象和数据文件进行描述。

全部业务项和数据项均存储在关系数据库中，全部数据文件均存储在文件系统中。

3. 4. 3　产品使用生命周期以 BOM 为核心的集成管理框架

根据前述，产品使用生命周期有关维修服务数据分为共性数据、个性数据和管理数据三类。在产品使用生命周期中，这三类数据通过构建维修 BOM 来进行管理。

维修 BOM 由两类 BOM 组成：中性 BOM 和实例 BOM。

中性 BOM：即同一类产品的全部中性物料的层次化明细表，包括个别产品增添的个性化中性物料。中性 BOM 属于业务项。

中性物料：是指具有相同维修服务要求的维修项。中性物料包含了该维修项的使用手册、保养手册、检测手册、维修报告、物料需求单等。中性物料属于业务项。

实例 BOM：即每个产品全部实例物料的层次化明细表。实例 BOM 属于业务项。

实例物料：是指产品中每个具有唯一标识的维修项。实例物料由中性物料通过实例化派生得到，具有相同的维修要求。实例物料记录产品使用和维修过程中该物料的运行状态和位置信息，以及保养和维修等数据。实例物料属于业务项。

中性 BOM 内的中性物料管理共性数据，实例 BOM 内的实例物料管理个性数据。每个中性物料通过关系项与全部对应的实例物料之间建立关联，从而建立共性数据和个性数据之间的对应关系。

产品生命使用周期的集成管理框架如图 3-30 所示。从该框架中可看出，中性 BOM 是实现产品生命前期和生命中期（使用生命周期）的产品数据集成管理的桥梁。

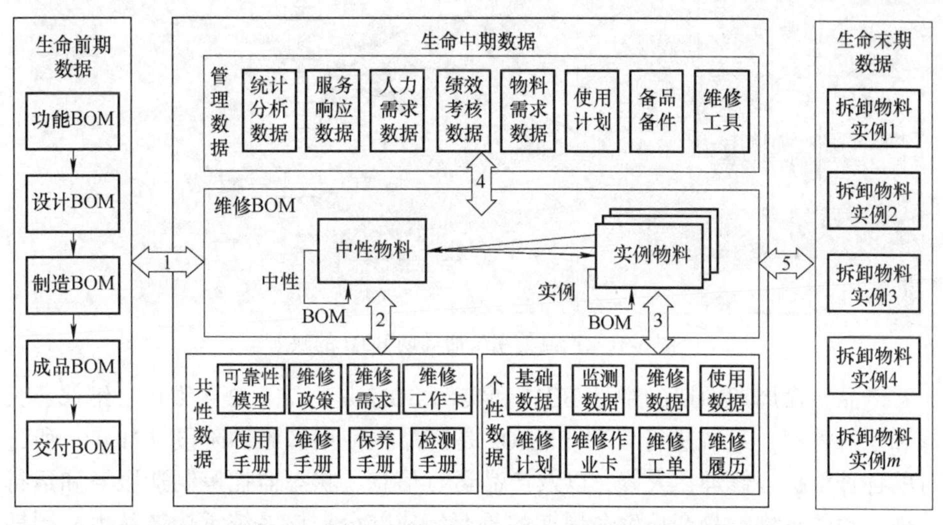

图 3-30　产品生命使用周期以 BOM 为核心的数据集成管理框架

在前期设计制造阶段，产品的功能说明、使用操作流程等概念性设计数据分别关联到功能 BOM 中对应的节点对象上。产品的结构模型和图样、电气与电子的原理图和仿真结果、软件的设计流程和源代码等分别关联到设计 BOM 的对应节点上。在重要的节点上还关联各种故障判别标准和相应的处理方法。产品制造的工艺关联到制造 BOM 上。针对每一个或每一批次的产品实际制造 BOM 关联上实际制造的质量数据（见图 3-31）。

在产品生命中期，首先根据实际制造 BOM 构建统一批次产品的中性 BOM（见图 3-31），每个需要进行维修管理的对象上关联各类故障相关的预测、预防和排除的知识，建立和功能 BOM、设计 BOM、制造 BOM 等前期所有 BOM 的关联关系。然后依据每一个产品的实际配置情况，从中性 BOM 上派生出实例 BOM。每一个产品的运行数据、故障记录、维修过程和变更历史均关联到实例 BOM 对应的节点对象上，形成单个零部件或整个产品的全寿命履历表。在对运行数据和故障处理进行分析时，通过中性 BOM 的关联关系，迅速找到前期相关设计、制造的有关资料，保证数据的一致性。中性 BOM 通过与全部实例 BOM 的关联关系，随时可以统计同一型号、同一批次每一个零部件或整个产品的运行状态和质量，发现规律性的事故和维修经验，反馈到前期，改进产品设计或制造，或总结成新的维修知识固化到中性 BOM 的对应节点上（见图 3-32）。

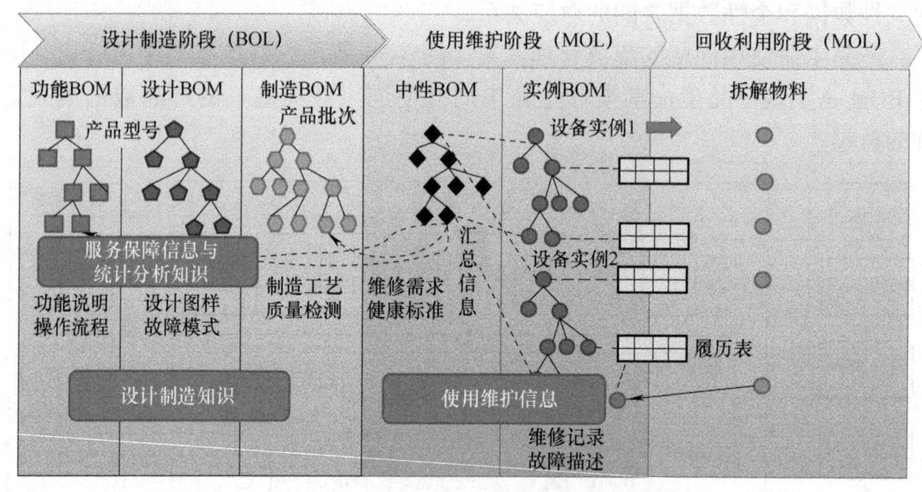

图 3-31　产品使用生命周期 BOM 的映射

产品生命周期中期的中性 BOM 和实例 BOM 是由 MRO2（维护、维修、大修和运行管理）系统进行管理。MRO2 是产品在使用和维护阶段（MOL）所进行的各种维护、修理、大修，以及产品运行信息、状态监控等制造服务和运行管理活动的总称，是产品生命周期的重要组成部分。该系统承接产品生命周期中期设计与制造的信息；利用智能传感和网络传输技术采集和管理产品运行过程中的实时信息；利用人工智能技术，结合计算机仿真和数字化制造技术，按照设计和制造时指定的标准，分析产品各部分实际运行的状况，开展精益化的维护和维修，保证产品以最低的故障代价达到最高的使用价值，同时大幅度提高备品/备件的利用率和总体维修成本。更重要的是，通过 PLM 系统将 MRO2 子系统中产品实际运行和维修的信息反馈到前期，加速产品的更新换代。MRO2 子系统在生命周期末期根据产品各个零部件实际履历表来衡量可回收再利用的可能性，通过拆解和翻新，制造出性能不亚于全新零部件组成的产品，实现有限资源重复利用的绿色制造。

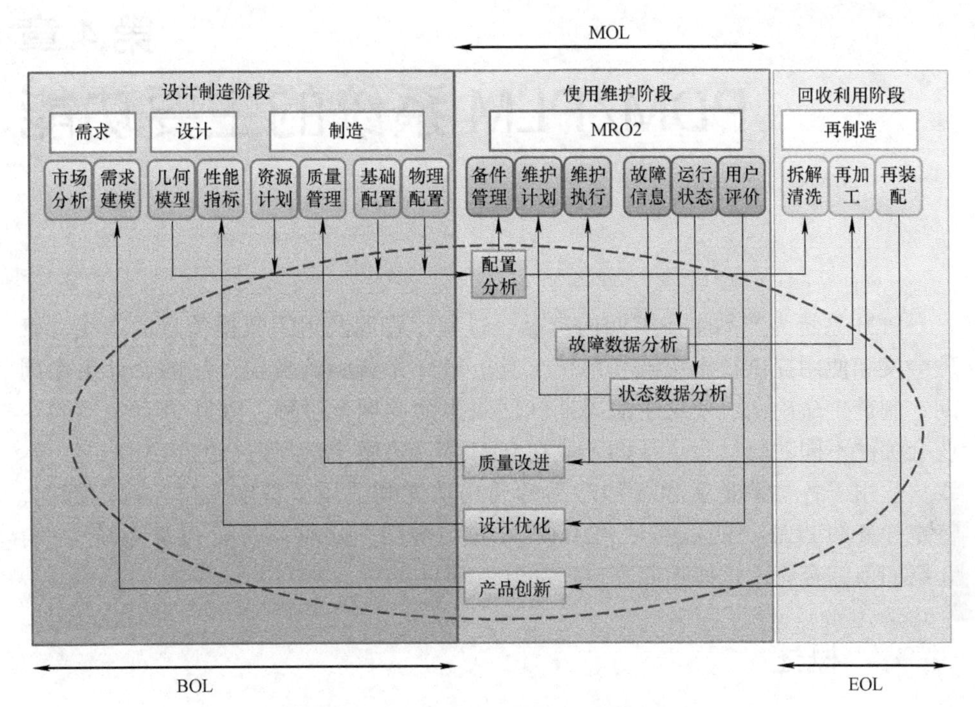

图 3-32　产品使用生命周期在整个生命周期中的桥梁作用

第4章 PDM/PLM系统的主要功能

PLM系统为产品生命周期内产品、过程、资源及组织数据信息的产生、管理分发和使用提供技术手段和系统工具。PLM系统强调覆盖产品的设计生命周期、制造生命周期、使用生命周期和回收生命周期全过程。PLM方案中不同企业会关注不同功能，为了帮助企业在PLM实施方案中选择适合的PLM功能，本章从适用于各类型企业和各种产品的通用功能和适用于特定人员、特定部门、特定任务的PLM功能角度对PDM/PLM进行介绍。同时，以某PLM系统为例，介绍如何综合应用这些功能完成产品开发项目。

4.1 概述

从软件的角度看，PDM/PLM系统是以产品数据为核心，集成并管理所有与产品相关的信息、过程、人与组织的软件。PDM/PLM系统为企业提供了一种宏观管理和控制所有与产品相关的机制，涵盖了产品生命周期的全部信息。与产品相关的信息包括任何属于产品的信息，如CAD和CAM文件、材料清单、产品配置、事务文件、产品订单、电子表格和供应商清单等；与产品相关的过程包括加工工序、加工指南、相关标准、工作流程和机构关系等处理程序。从管理的范围看，PDM主要侧重于产品开发阶段的管理，PLM涵盖产品生命周期全过程。

由于产品生命周期中涉及多个过程、多类产品数据，也存在许多应用系统，因此PLM系统的功能应该按照不同的方式和不同的目的进行分类和描述，以便不同的企业根据业务关注点选择不同的功能。PLM系统的功能可分为通用功能和特定功能。通用功能适用于各类企业、各种产品，以及企业中的所有使用者，从事产品相关活动的大多数人员都需要该应用功能（应用系统）。通用功能主要包括：

1）文档管理功能。这是PLM最基本的功能，是PLM实现管理的基础。文档管理需要实现文档分类管理，支持对文档的导入、导出管理，支持文档的版本管理与文档的生命周期相关联。

2）零部件管理功能。零部件是产品开发和设计工作的核心，对零部件的描述和结构化是产品数据的基础。PLM 系统中的零部件管理功能包括零部件基本特性管理、零部件编码、零部件分类等功能，并实现其相关的文档，如零件模型、二维图样、技术说明的关联。

3）产品结构与配置管理功能。产品结构与配置管理提供了可以进行数据管理的结构，建立必须控制的数据关系，使得 PLM 要素的变化及其影响可访问。产品结构与配置管理的主要功能有：BOM 创建、版本生成与修订控制管理、多视图 BOM 建模与管理、规则推动的配置管理等。

4）项目管理功能。项目管理模块实现在确定时间范围内，通过一定的方式合理地组织有关人员，并有效地管理项目中的所有资源与数据，控制项目进度，完成一个既定的项目。

5）产品开发过程管理功能。产品开发过程管理在于控制数据变化的过程和数据的流动，帮助改进和优化产品的开发过程。其主要功能有：面向任务的工作流管理；基于规则的结构化任务流；触发、警告、提醒机制；提供电子邮件接口；具有图形化工作流设计工具。

由于 PDM 主要关注产品开发过程的数据和过程管理，因此 PLM 的通用功能实际上也基本涵盖了 PDM 的基本功能。

有特定任务的 PLM 系统除具备以上通用功能外，还可能包括：

1）系统工程与需求管理功能。系统工程功能指将"系统工程"融合，将研发过程中不同部门产生的模型系统数据集中在一个单一的环境下进行管理，对产品进行设计综合和系统验证。需求管理是以客户需求为中心，实现企业产品需求信息的结构化管理，并集成产品生命周期全过程的需求目标，与产品数据关联。需求管理为用户提供一个单一环境，保证产品生命周期各个阶段对产品需求的定义、考虑和评估需求、设计和功能表现的整体一致性。需求管理通过需求的可追溯实现及时响应需求变化。

2）制造管理功能。制造管理完成制造过程模拟、优化和定义，了解产品、工厂及制造过程之间的关系，实现工艺数据管理，完成机加仿真、装配仿真、车间布局、工厂仿真等功能，实现基于模型的生产制造。

3）维护管理功能。维护管理包含维护保障规划、维护 BOM 管理、维护保障执行、维护保障知识库管理等功能。客户支持和维护团队可以优化过程，能更好地获得客户反馈，更好地管理零部件和设备资产。

4）设计质量管理功能。设计质量是产品质量最关键、最核心的部分。设计质量是指所设计的产品是否能够满足用户需求、是否易于维护和制造、经济性是否合理等。PLM 设计质量管理模块集成了质量功能配置工具，可以将从 PLM 需求管理模块中取得的质量需求信息转化为产品的具体设计和制造指标，以指导产品生产。PLM 设计质量管理模块能够对企业设计质量控制技术所产生的数据进行管理。

5）健康及安全管理功能。该功能有助于在产品开发、生产、使用和生命结束过程中的业务过程部署和管理符合 ISO 等组织的相关规定。

对于特定功能，本书后面（第 4.3 节）主要针对前三项进行详细介绍。

4.2 PLM 系统的通用功能

4.2.1 文档管理功能

企业在生产经营过程中依靠产品信息流动来运转。PLM 系统的文档管理功能把作为产品信息载体的所有文件管理起来，确保数据的一致性、完整性和安全性。

1. 文档管理的主要对象

PLM 管理的是产品生命周期中所有与产品相关的信息和过程。产品相关信息包括 CAD/CAM/CAPP 的文档、材料清单（BOM）、产品配置、技术资料、产品订单、工艺表格、生产成本、供应商状态等；产品相关过程包括任何有关的加工工序、加工指南和有关批准、使用周期、安全、工作的标准和方法、工作流程、机构关系等所有过程处理的程序。文档管理需要管理产品生命周期的所有各类文档。这些文档各有特点，不同类型的文档在 PLM 系统管理中的文档模型也不一样。为了便于管理，在 PLM 系统中各企业可根据企业的管理习惯进行文档类型的分类定制。

萧塔纳在《制造企业产品数据管理》一书中，把要管理的文档，按照文档类型（内容）和文档的存储格式两种方式进行分类。

（1）*按文档类型分* 根据文档内容（逻辑类型）的特点，一般把产品相关文档分为：

1）一般文档。一般文档指除 CAD 文档或纸质工程图以外的所有文档。这些文档包含了企业产品生产研发和管理中生成的各种文档，如市场调查报告、市场分析、生产调度指令、生产计划、产品设计说明书，以及各种报告单、审批单、通知单和过程记录等。

2）工程图。工程图主要指各种种类和格式的 CAD 工程图。

3）模型。模型主要指各种种类和格式的 CAD 几何模型。

与一般文档相比，工程图和模型有很多特殊的地方，其主记录中包括了一些特殊的描述属性，如材料或重量，而这些属性在其他文档中通常是不存在的。

（2）*按文档存储格式分* 按照文档存储的格式进行划分，可分为文本文件、数据文件、图形文件、表格文件和多媒体文件五种类型，见表4-1。

表4-1 按文档存储格式划分的文件类型

文本文件	数据文件	图形文件	表格文件	多媒体文件
用于描述产品性能的，主要以文字叙述为主的文件。例如，产品说明书、任务说明书等	用于描述产品性能的，主要以数据为主的文件。例如，产品性能测试报告、有限元分析文件等	描述产品及其零部件的二维/三维图。一般由Auto CAD、UG等计算机辅助软件生成	用于描述具有相似或类似属性的零部件和组织结构关系。例如，按照一定结构组织的材料明细表	作用是更直观、更形象地描述产品。一般是为了特殊意图而制作的。例如，为指导客户操作而制作的多媒体文件

文本文件：描述产品或零部件性能的文件。

数据文件：为了优化零部件设计进行的各种有限元分析、机构运动模拟、试验测试的报告文件。

图形文件：由不同的计算机辅助软件产生的图形文件。

表格文件：包含有关产品或零部件的定义信息和结构关联信息的文件。产品定义信息包括基本属性和特征参数。结构关联信息描述了零件或组件、部件、产品之间的关联信息。

多媒体文件：为了描述产品及产品各个部位的真实形象，可以在计算机上用渲染技术生成逼真的图像照片；对于复杂的装配过程，还可以用计算机进行动态模拟，并在附加的技术指导下生成音像文件。这些多媒体文件生动地反映了产品的性能指标、生产过程、维修指南等信息。如果管理信息需要多媒体的支持，那么，现行数据库管理系统的功能还要进一步扩充。

对于上述五种不同类型的文档，在PLM系统中将采用不同的管理模式。

2. PLM系统中文档管理的原理

图4-1描述了PLM系统中文档管理的原理。在PLM系统中，一个文档由一个主记录（业务对象），以及一个或多个CAx文档（数据对象）组成。数据对象与具体的物理文件是一一对应的关系。

（1）一般文档的管理　在PLM系统中，一般文档都与业务对象模型的文档主记录（DoMR）相关联。文档主记录（某些文献中称为文档基本信息/记录）和物理文档之间是1∶n的关系。一般文档的业务对象文档主记录与数据对象文档组成了一个逻辑单元（见图4-2）。业务对象文档主记录（DoMR）描述了名称、标记、创建日期、创建者、版本号等基本信息。而数据对象文档（元数据）则描述了文档的文件/索引表名、相对路径、数据格式等，它的主要目的是从物理上区分各个不同的文件。

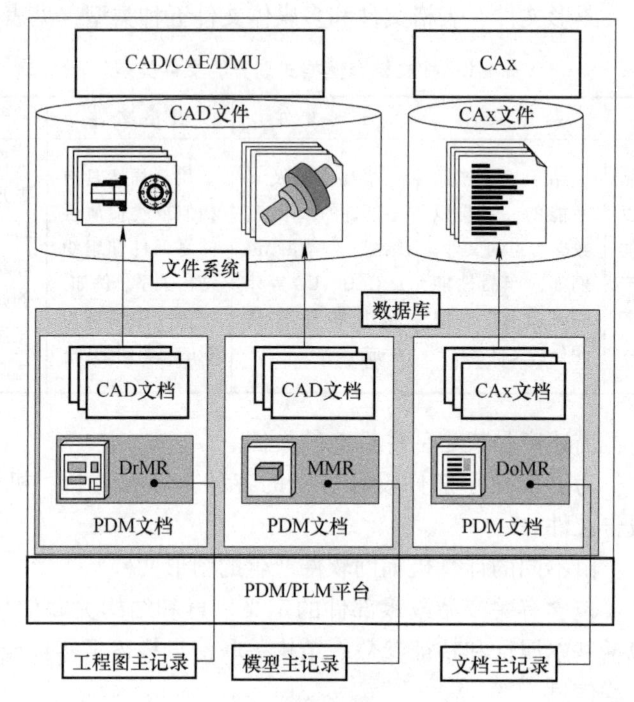

图 4-1　文档管理的原理

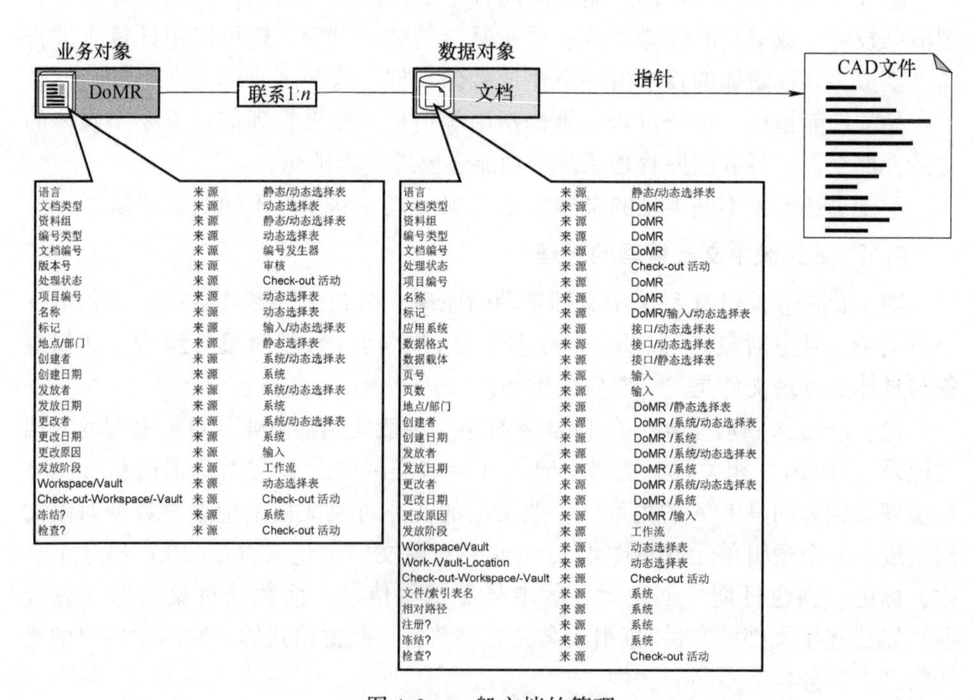

图 4-2　一般文档的管理

(2) *工程图的管理*　目前，工程图是大多数企业重要的技术文档之一。根据企业不同部门的使用需求，在企业文件系统中，同一份工程图可能生成不同的数据交互格式。因此，需要对这些工程图进行统一管理。

在 PLM 系统中，工程图的管理由业务对象工程图主记录（DrMR）与数据对象工程图组成一个逻辑单元，如图 4-3 所示。

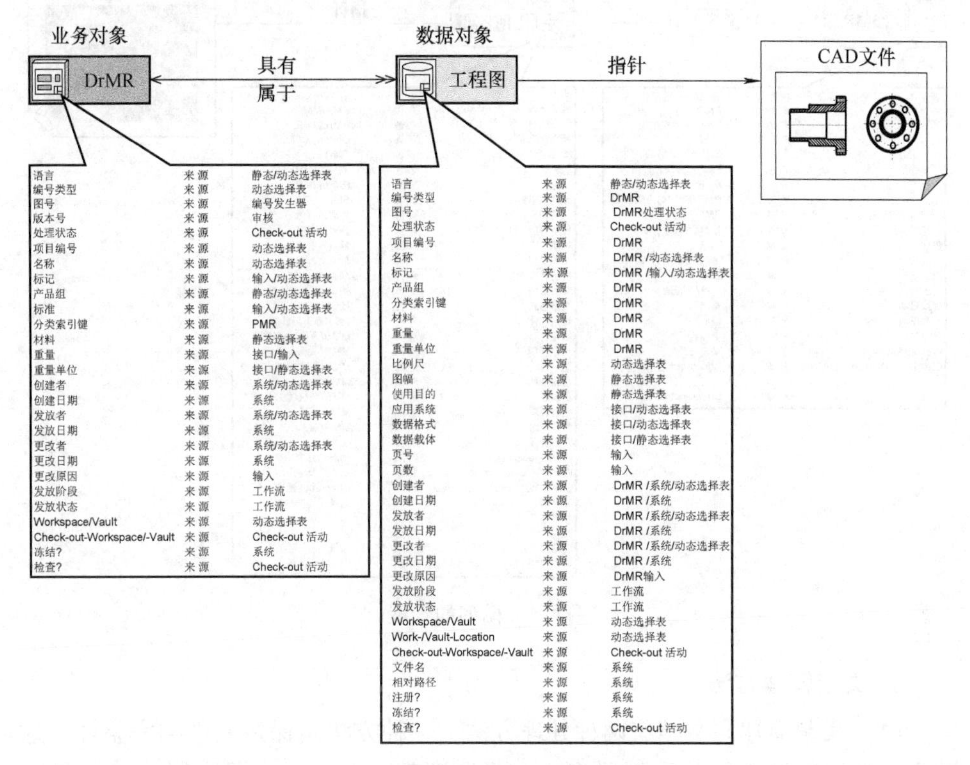

图 4-3　工程图的管理

与一般文档的管理相比，工程图的管理有一些特殊的要求。工程图主记录（DrMR）中需要包含一些特殊的描述属性，如分类索引键、材料、重量、标准等。在数据对象工程图中，还需要包含页号、比例尺、图幅和数据格式等属性，用以对物理文件进行描述。

同时，工程图主记录中也包含了文档主记录中的一些重要属性，如版本号、创建日期、发放日期、更改日期等。

(3) *模型的管理*　与一般文档的管理相比，模型的管理有其特殊要求。在 PLM 系统中，模型的管理由业务对象模型主记录（MMR）与数据对象几何模型组成一个逻辑单元，如图 4-4 所示。

模型主记录（MMR）中一般包含模型编号、版本号、名称等属性。同时，数据对象几何模型中，还包含了分类索引键、几何图形种类、显示等级、视图、视图变型和安装状态变型等属性，用以进一步描述具体的模型文件。这些信息是为了更好地支持模型分类检索，提高企业模型或零部件的重用效率而设置的。

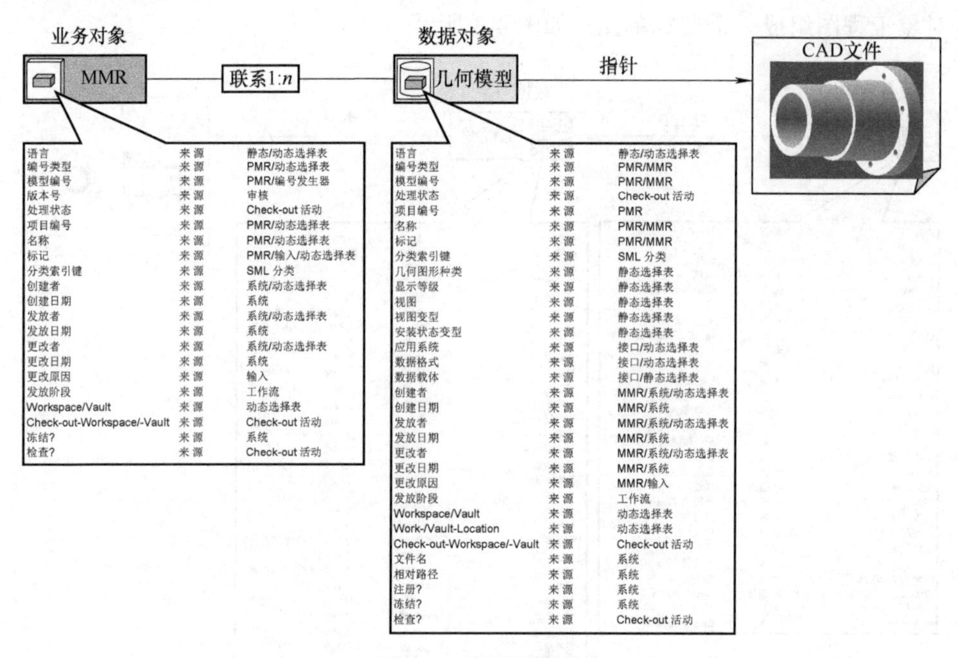

图 4-4 模型的管理

3. 文档管理方法

（1）*文档管理* 文档有两种处理方法：一种方法是保持文件的完整性，这些文档中的数据不能与文档脱离，一旦脱离就失去意义，即所谓的“打包”；另一种方法是文档中的数据可以从文档中提取出来，这些数据都具有独立的意义，然后将这些数据分门别类地放在关系数据库中，以便对文档内容进行检索和统计，即所谓的“打散”。下面介绍各种产品文档的管理方法。

1）对图形文档的管理。对于不同的 CAD 系统产生的图形文档，其内部都有相应的数据管理机制，PLM 系统不能也没有必要对图形文档中的各个元素分别进行管理，而只需要将文档的整体、名称代号，以及标题栏中的基本属性和特征参数放到关系数据库中进行管理即可。

2）对数据文档的管理。有限元分析等应用程序所产生的数据文档往往具有数据量大、可读性差等特点，只有在该数据的生成环境下才会获得清晰的结果。因此，对于这样的数据文档，除了一些特殊的特征参数外，文档也只能作为一个整体进行管理。在数据文档中，产品定义信息中的数据可以作为一种属性，当查询时，这些属性就像关键字一样，便于用户快速查询到相应的文档。通过这些关键字可以对同类型的数据进行分类和统计。

3）对文本文档的管理。在文本文档记录的各种技术要求、更改说明、使用方法中，除了个别特殊信息需要进行分类检索和统计外，一般都按整体进行文档管理。

4）对多媒体文档的管理。多媒体文档都是和其相应的生成环境紧密相关的，文档中的数据若脱离原来的环境就没有任何意义了，所以只能被作为一个整体进行文档管理。

（2）文件集或文件夹　在产品生命周期内，为了完整地描述产品、部件和零件，将有关的产品、部件或零件的所有文档集中起来，建立一个完整的描述对象的文档目录，称为文件集或文件夹。然后，把它们放在文件柜中，既可查询文件集，也可查询其中的文档。一个文件集中可以包含各种不同类型的文档。

4. PLM 系统中工程文档管理的主要功能

PLM 系统中的文档管理包括了文档管理的基本功能，如文档的创建、查询、编辑，外来文档的注册、注销，文档的复制、删除、移动、签入、签出，以及文档的版本控制等。本书重点介绍以下几个文档管理的重要功能：文档分类与查询管理、文档对象的浏览与圈阅、文档版本及生命周期管理。

（1）文档分类与查询

1）文档分类。PLM 系统借助文档主记录、工程图主记录和模型主记录，可以将不同种类的文档分门别类地存放。对文档进行分类，不仅有利于计算机进行数据组织和管理，同时也便于用户的查询和使用。

在工程应用中，为了完整地描述产品、部件和零件信息，往往将它们各自有关的文件集中起来，建立一个完整产品描述对象的文件目录，称为文件夹。一个文件夹可以包含同种类型的文档，也可以包含不同类型的文档。与现实中的文件夹不同，PLM 系统中的文件夹并不是用来保存文档的，而是对文档进行分类的，称为虚拟文件夹。在虚拟文件夹中没有物理文档，只有与物理文档相关联的引用指针。经过分类的文档分别被“夹入”不同的虚拟文件夹，这样，就可以实现按主题对文档进行结构化分类。每一个虚拟文件夹还可以包括其他的虚拟文件夹，一个虚拟文件夹同样也可以属于多个其他虚拟文件夹，即虚拟文件夹与虚拟文件夹之间存在 n：m 的联系。在实际应用中，多个虚拟文件夹还可以有相同的、指向同一文档的指针。

在 PLM 实际应用中，产品、部件、零件等对象与文档并不直接发生联系，而是把文件夹作为连接零部件对象与文档的桥梁。图 4-5 描述了虚拟文件夹之间的关系，以及虚拟文件夹与文档之间的关系。

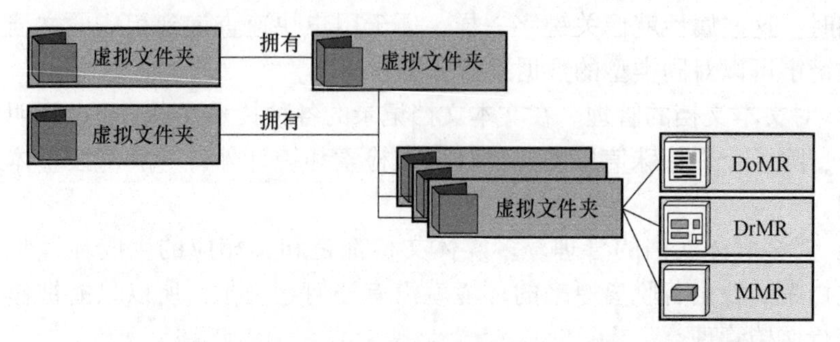

图 4-5　PLM 系统中的虚拟文件夹之间及其与文档之间的关系

为了便于对虚拟文件夹进行检索，在 PLM 系统中同样将其按照文档的管理定义，所以虚拟文件夹被定义为一个业务对象（见图 4-6）。虚拟文件夹的属性按其使用的目的而定。

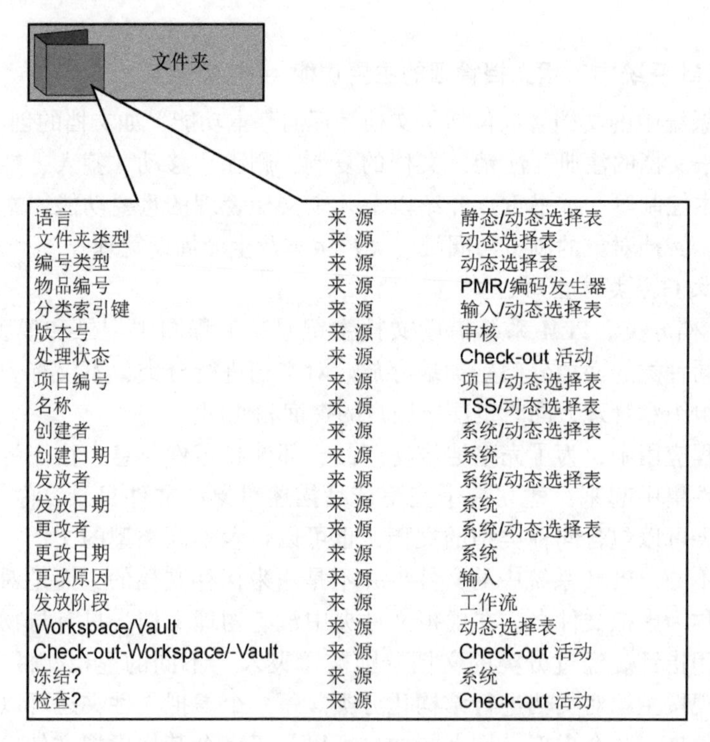

语言	来 源	静态/动态选择表
文件夹类型	来 源	动态选择表
编号类型	来 源	动态选择表
物品编号	来 源	PMR/编码发生器
分类索引键	来 源	输入/动态选择表
版本号	来 源	审核
处理状态	来 源	Check-out 活动
项目编号	来 源	项目/动态选择表
名称	来 源	TSS/动态选择表
创建者	来 源	系统/动态选择表
创建日期	来 源	系统
发放者	来 源	系统/动态选择表
发放日期	来 源	系统
更改者	来 源	系统/动态选择表
更改日期	来 源	系统
更改原因	来 源	输入
发放阶段	来 源	工作流
Workspace/Vault	来 源	动态选择表
Check-out-Workspace/-Vault	来 源	Check-out 活动
冻结?	来 源	系统
检查?	来 源	Check-out 活动

图 4-6　虚拟文件夹对象的定义

为了对虚拟文件夹进行检索，属性中包含了有关结构层次的信息。如果用虚拟文件夹对象来构建一个面向文档的产品结构，则一般用物品编号作为虚拟文件夹的关键属性。这样，虚拟文件夹可以描述用于整个产品的所有零部件。虚拟文件夹不仅可以成为一种文档管理的分类手段，同时可基于虚拟文件夹建立产品结构。

在企业中，常根据各种标准任务建立不同的工作文件夹，如用于报价或订单处理的文档可以存放在同一个虚拟文件夹中并加以结构化，实现将复杂业务流程规范化。

2）文档查询。文档查询分为对象模糊查询和自定义查询两大类。

① 对象模糊查询：模糊查询功能为查找文档、零件、部件等对象提供了强有力的手段。用户能在文档、图样和客户等对象类型中加入查询准则。文档的分类与查询管理功能应该能够提供查询与特定的对象相关的任何属性，用户可以用布尔运算建立复杂的联合查询方式。这些查询方式可以存储起来以便将来应用，既可以公开给所有用户，也可以仅登录者自己使用。

② 自定义查询：PLM 系统一般还提供自定义查询功能，解决按类查询的问题，自定义查询的灵活应用，可以帮助设计人员快速地查询到关心的目标。例如进行企业现有产品的汇总及分类查询，或实现组成各产品的零部件的汇总及分类查询。

(2) *文档对象的浏览与圈阅* 通过文档对象的浏览功能，PLM 用户能方便、快捷地查询并获取所需要的当前和过去的技术资料，减少甚至杜绝重复设计，从而大大缩短系列产品及新产品设计的时间。该功能可以按对象属性进行文档查询，按文档与零部件的关联指针查询该文档描述的零部件情况。用户既可以查看文档的所有属性情况，也可以利用 PLM 系统的文本编辑器打开该文档，以浏览该文档的具体内容，并在权限许可的情况下直接进行修改，还可以通过其他接口浏览图形文档、多媒体文档等。

(3) *文档版本及生命周期管理* 产品的设计过程是一个动态变化的过程，它是分阶段、反复迭代进行的。在整个设计过程中，每个阶段的同一个设计对象都要经过多次修改和状态改变。同时，设计人员有时需要访问设计对象的历史版本数据。因此，设计过程的一些中间结果有必要保留下来，以便对历史数据进行回溯。文档版本既可以是一个单独存在的文档，也可以仅是与前一版本相比有差异的部分。

文档的版本管理是一项重要的工作，它不但能够记录文档版本的变迁，便于对文档进行分类归档保存，还可容易地追溯和快速检索文档版本的变化。在 PLM 系统中采用电子仓库进行文档的版本管理。当更改文档的版本、版次时，PLM 系统就会把文档的属性，如版本、版次、正式版本、冻结等描述写入数据库相应的记录中（见图 4-7）。

设计对象的版本及版本状态反映了设计过程的变迁。设计过程是设计对象由一个状态向另一个状态迁移的过程。在 PLM 系统中，版本具有四种状态，即工作状态、提交状态、发放状态和冻结状态，对应的版本称为工作版本、提交版本、发放版本和冻结版本。在产品开发过程中，每一个产品对象至少有一个版本。

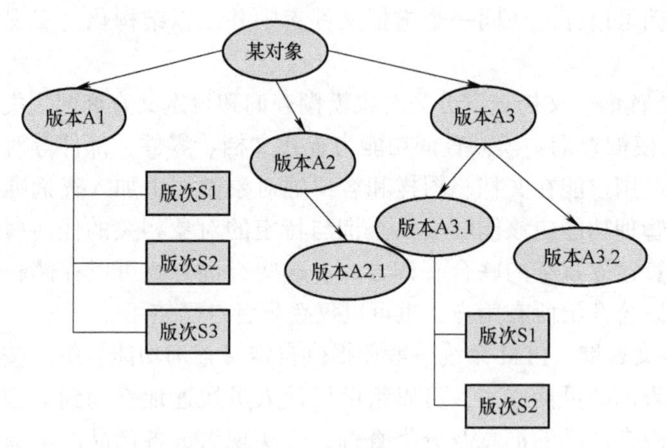

图 4-7　对象的版本

工作版本是指处于设计阶段的版本。工作版本驻留在设计人员私有的电子仓库中，被设计人员修改，其他用户不能访问，也不能引用。工作版本通常由用户的初始设计产生，也可以由其他版本导出，例如从冻结版本、提交版本或其他工作版本均可以导出新的工作版本。

提交版本是指已经完成设计、提交到公共电子仓库待审批的版本，此时该版本还未生效。提交版本不允许被删除和更新，只能供设计和审批人员共享，其他人员可以查看，但不能引用。提交版本通过所有的校对和审核人员在线审核、批准后，变为发放版本。在校对和审核过程中，任何校对和审核人员都可否定，从而使校对或审核过程挂起，提交版本重新回到工作状态，设计人员修改设计后可以再次申请校对和审核，直到完成校对和审核，才能进行发放处理。所有用户只能对发放版本进行查询，但不能修改。

在设计的某阶段时间内，若需要版本保持不变的状态，则可以将它冻结起来，称为冻结版本。提交版本是审批过程中的一种冻结版本；在生产完成后发放版本转入归档，这时该版本也可看作是一种冻结版本。不再改变的版本都需要归档保存，版本归档后称为归档版本。在工作流程运行的过程中，任何授权的用户均能看到流程执行的情况、流程中文档的确切位置、浏览历史，以及执行的结果注释等。

设计者有权从项目库和公共库中提取冻结版本和提交版本，并由它们导出工作版本，但不影响原来的冻结版本和提交版本。必须具有相应权限的人员才能将工作版本提升为冻结版本或提交版本。若要对提交版本和发放版本进行修改，必须启动工程变更流程。上述几种版本的转换如图 4-8 所示，其中字符 v

表示版本，字符 s 表示版次。

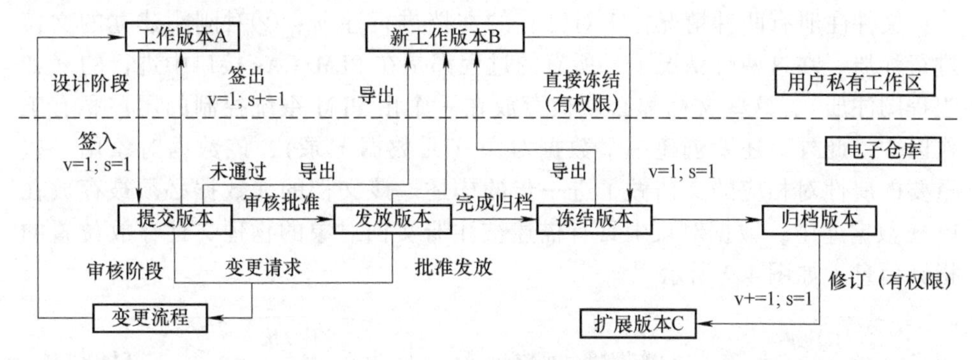

图 4-8　版本管理流程图

PLM 系统为实现版本管理，保证数据的一致性，采用工作空间机制，即定义不同类型的工作空间。系统为每名用户定义一个用户私有工作区，用来存放用户私有的数据对象。相对的就是共享空间的电子仓库，用来存放共享的数据对象，该空间的访问需要授权。

当 PLM 用户从电子仓库中签出文档对象到用户私有工作区时，文档对象的时间版本标志中的工作版本号将递增一次。每个工作版本是否保存，是在执行文档对象输入操作时由用户自己选择的。如果文档对象已经被发布，PLM 用户又要对此对象进行更改时，必须从电子仓库中签出该文档对象到用户私有工作区中进行更改。此时，文档对象的发布版本就会自动升级，生成一个新的版本。

在产品设计过程中，装配图是零件图信息的综合，从严格意义上讲，零件图的任何更改都将引起装配图的图面或信息的变化，但这样会产生大量的装配图版本，不利于管理。因此，需要合理解决装配图的版本问题。从装配图与零件图关联的角度考虑，更改分为两类情况：一类是零件图上更改的信息不影响装配图图形，仅是技术要求方面或非装配结构图形的更改；另一类是零件图本身的结构更改，这种更改直接导致装配图的更改。为了避免产生大量无使用价值的装配图版本，对于前一种不影响装配图的零件图更改，装配图不需要随着零件图的升版而升版，只有当装配图随零件图更改而更改的时候，装配图才随零件图的升版而升版。对于后一种情况，如果同时几个零件图更改，而且这些零件图更改都会导致装配图更改，可以在所有零件图更改升版之后，一次性更改装配图，使装配图只升版一次。

5. 文档的操作

（1）文档的注册　注册可以将任何文件登记到 PLM 数据库中。当文档对象在 PLM 数据库中注册以后，就可以利用 PLM 系统提供的各种功能，在规定的权限范围内处理该文件。

文件注册有两种情况：①对已有的文档进行注册；②对刚刚建立的文档进行注册。在这两种情况下，所有的过程都是在 PLM/CAx 接口中进行的（如工程图注册），这些文档都必须被存放在一个由 PLM 系统控制的用户私有工作区中。此外，还要创建一个数据对象（元数据记录），该数据对象用一些重要的属性对相应的文档做了进一步的描述。该文档的元数据必须被存放在 PLM 数据库中，数据对象中具有描述被注册文档对象的物理文件存放位置的指针信息，如图 4-9 所示。

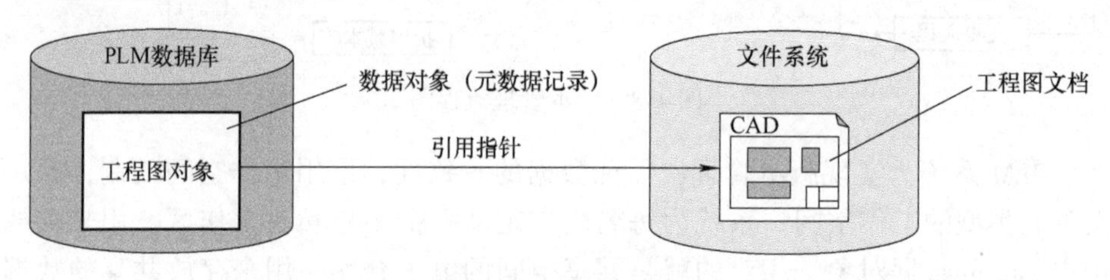

图 4-9　文档的注册

（2）**文档的复制**　在产品设计中经常会用到文档复制操作，即复制某个已有的产品，在此基础上进行变型设计，以满足客户订单的需求，同时快速生成相应的产品数据。PLM 系统支持复制某个单独的对象或复制整个对象结构。

在对业务对象（如 PMR、DrMR 或文件夹等）进行复制时，用户必须确定是否需要对对象之间的联系也进行复制。如果需要，则 PLM 系统复制整个联系链。用户还可以进一步确定，是否需要在被复制的对象与原对象之间建立一个联系。文档对象被复制后，在电子仓库的相应区域就会存在两个同样的文档对象。电子仓库的控制机制确保所复制的文档对象与原文档对象在名称、路径上不发生冲突，同时复制文档对象的数据对象，数据对象的文件指针指向所生成的文档对象（见图 4-10）。

需要注意的是，复制对象与原对象相比，有关文档工作状态的属性重新定义到初始状态。如图 4-10 所示，复制对象的更改标记和处理状态分别为初始值 A 和 1。

（3）**文档的签出/签入**　PLM 系统的签出（Check-out）和签入（Check-in）机制可以确保在一个项目组中无冲突地使用产品数据。所谓无冲突，是指同时只允许一个用户对元数据和文档对象进行写操作。

签出操作可以将对象从电子仓库复制到用户私有工作区，同时将数据对象的状态设置为已签出。在执行签出操作以后，原始版本只允许读访问。

签入操作是将文档对象从用户私有工作区转移到电子仓库。通过签入操作，可以将被签出的文档对象重新保存至电子仓库中原来的存储区域，或者将已注册的文档对象从用户私有工作区转移至电子仓库。被签入的文档对象的状态被设置为已签入，有权限的用户可以对其进行访问、签出、发布等操作。

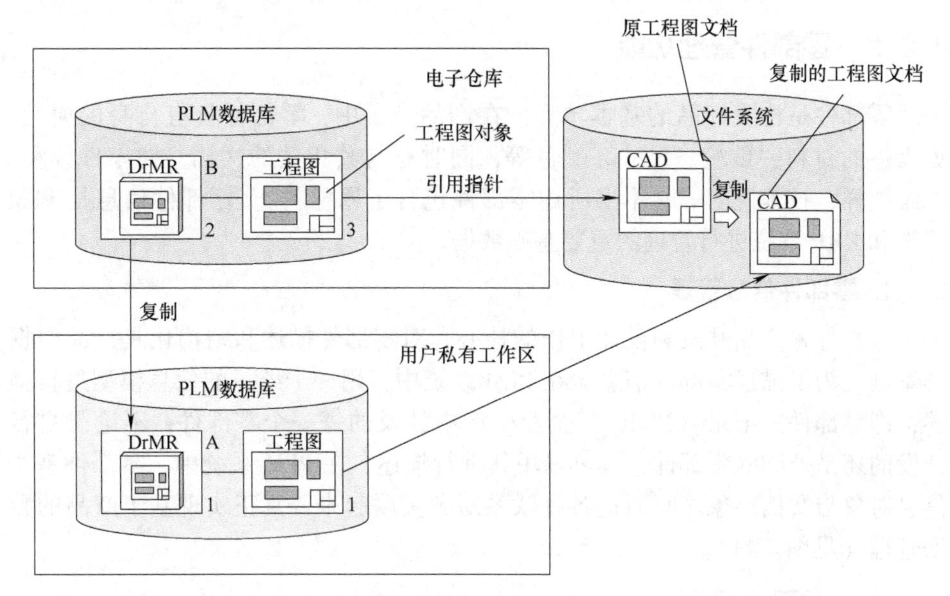

图4-10　文档的复制

当一个已签出的文档对象被重新签入时，用户可选择对原始版本进行替代，也可以选择生成文档对象的一个新版本。当选择生成新版本时，PLM系统在原版与新版文档对象之间建立一个联系对象，使文档对象不同版本之间保持联系。对于已发布的文档对象，当其被签出后再次签入时，PLM系统自动生成新版本，并在新版本文档对象与其他版本文档对象之间建立联系对象，使彼此之间保持联系。

（4）文档的发布　各种产品信息是在交互式的产品开发过程中形成的，各种各样的数据和文档需要经历很多不同的处理过程才能达到满足总体设计要求的状态。此时，才能向生产部门发放这些数据，以供生产部门进行产品的制造。在这一过程中，不允许再对数据和文档进行无控制的更改。PLM系统提供发布（Release）功能。此时，业务对象和数据对象将获得一个已发布标记（Released），然后被存放到电子仓库的发布区。这样的机制保证了PLM系统用户不能随意从电子仓库中签出一个已发布的对象。

（5）文档的冻结　在PLM系统中，业务对象和数据对象获得一个冻结标记，然后被存放到档案库中。在向生产部门发放有关的产品数据以后，不允许再对这些数据和文档进行无控制的更改，就将其设置为冻结状态。

对于已发放的对象，可以采取个别冻结或分组冻结的方法。一个联系链中的所有对象可以被冻结成一个过程，此前提条件是，所有相关联的对象被存放在同一个存储区中。

4.2.2 零部件管理功能

零部件是构成产品的基本单元。在产品开发中，零部件具有自身的属性，如零件的材料、重量、尺寸、颜色等，同时有与其相关的文档，如零件模型、二维图样、技术说明等（本书所述零部件包含了原材料）。零部件信息是 PLM 系统和 ERP 系统进行管理的重要基础数据。

1. 零部件信息管理

零部件是产品开发和设计工作的核心，对零部件描述和结构化是产品数据的基础。为了描述零部件信息，在 PLM 系统中，用一个统一的信息模型进行描述，即零部件主记录（PMR），企业生产中涉及的每一个零部件，不论是自行开发的还是外购的零部件，都可以用其进行描述。在 PLM 系统中，零部件基本信息对象与文档对象之间通过各种联系对象关联起来，真正实现基于产品的数据管理（见图 4-11）。

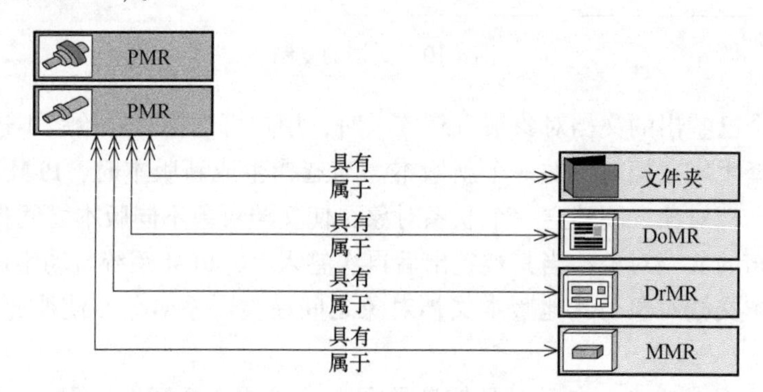

图 4-11　零部件主记录与文档的关联

零部件主记录是一种描述产品开发过程中零部件基本管理特性的数据记录，因此它是生产计划系统中物料基本信息对象的基础。零部件的基本信息对象也是产品设计工作中的基础数据，零部件直接构成产品，与产品功能的实现有直接关系。

零部件主记录包括了所有描述该零件的元数据，某些特殊的元数据与零件的种类有关。零部件主记录的属性根据企业的具体情况进行定义（见图 4-12）。

2. 零部件编码

在 PLM 系统或 ERP 系统中，每一种零部件都需要有一个唯一的零部件编号，也称为物号（Part Number，PN）。根据 PN 可以检索该零部件的厂家、型号、类别、功能和性能参数等信息。各种装配件、制造中间件都要分配 PN。不同的 PN 表示两种零部件的外形、接口或连接方式、功能不同。两个零部件是否应该采用两个不同的 PN，主要看这两个零件的外形、接口及功能是否有差别。

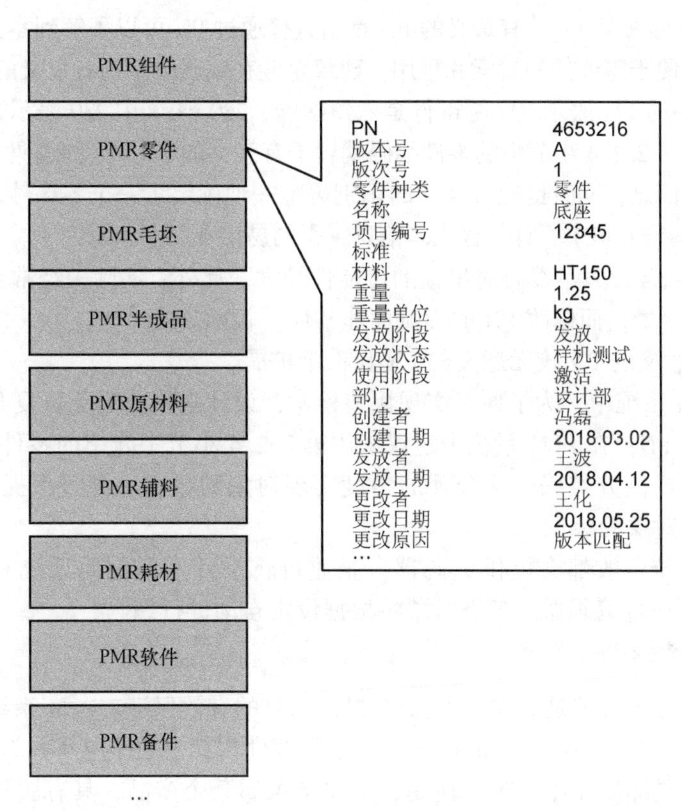

图 4-12　零部件主记录的种类及内容示例

在企业中，所有的 PN 都应遵循相同的编码规则，以方便使用。PN 编码规则应仔细考虑本企业零部件的品种数量、应用特点、相关信息系统需求等，还要尽可能简单易用，并具有可扩展性，以适应企业未来发展的需要。在对企业的产品、零部件、标准件等资源进行编码时，应注意尽可能与国家或行业相关标准吻合，同时编码还应该能支持编码对象生命周期中涉及的各个环节中的使用需求。

PN 一般由多位字母和数字构成。一般分为有意义的 PN 和无意义的 PN。

(1) 无意义的 PN　无意义的 PN 仅能作为识别零部件的识别码，不含有其他意义。采用无意义的 PN 时，一般都主要在对应的零部件属性中单独设立零部件的“类别”属性，实现对零部件的分类管理。无意义的 PN 的优点是：

1）便于计算机处理，在管理 PN 的计算机系统中根据零部件分类信息检索和查询方便。

2）便于扩展。

3）不会出现需要修改 PN 的情况。

（2）有意义的 PN　有意义的 PN 是指直接通过 PN 可以了解到零部件的一些基本信息，便于零部件的检索和重用。建议企业在编码时采用有意义的 PN。例如 221 ***** 中的 221 表示这个零部件是六角螺栓，230 **** 中 230 表示这个零件是轴承零件。第 2.2.4 小节中的零件编码就属于有意义的 PN，这种编码既记录了零部件的分类信息，同时也通过唯一的识别码唯一地确定了一个零部件。需要注意的是，PN 编码方案中不宜包含太多信息，否则易出现以下问题：

1）信息含量大，编码时出错的可能性较大。此外，实际中经常会遇到需要修改 PN 的情景，而修改 PN 的影响面非常广，很困难。

2）有意义的 PN 较无意义的 PN 长，难扩展。

在 PLM 系统中，为了便于实现快速检索，设计重用，避免重复开发和重复申请通用的 PN，在 PLM 系统中建议采用第 2.2.4 小节中介绍的零件编码方法。该方法既能提供分类码，从合理的角度实现对象的分类，同时也提供标识码，实现对编码对象的标识。

PLM 系统一般都会提供编码器，企业可将设计好的编码系统和规则输入 PLM 系统，通过编码器，各类对象将根据设定自动进行编码。

3. 零部件分类

零部件分类管理是 PLM 系统快速提供信息的有效保证。PLM 系统中产品结构管理是从某个产品或部件的构成中考察零部件在其中的作用及其具有的属性。而一个零件或部件往往在多处使用，不完全隶属某个产品，具有脱离产品独立存在的特点。如何以零部件为中心组织有关产品信息，达到便于检索、便于借用、信息重用的目的，这正是零部件分类管理的目标。

零部件分类管理就是将零部件按照相似性（如结构形状相似或制造工艺相似等）原则划分成若干类，分别加以管理。零部件的分类方法有很多，其中典型的方法为成组技术。成组的核心就是识别和利用事物的相似性，按照一定的原则，将具有相似性的事物分为一类，从中找出该类中的典型事物加以研究，总结出该类事物存在的内在规律，或自动处理它们的一般原则和方法，以便在以后遇到该类事物时避免不必要的重复劳动。成组技术的应用使得零部件的管理有了一种科学、合理的方法。成组技术的思想在机械方面的应用，产生了零部件族等一系列新概念。

零部件分类管理是指在成组技术和零部件族管理的基础上，借助类的管理模式，对零部件、产品等对象进行有效管理的一种方式。它打破了过去仅以隶属关系管理产品及零部件的纵向管理方式，引入以材料、功能、用途、结构等特征因素进行分类的横向管理方式，优化了企业对零部件、产品等信息的管理。

4. 零部件分类方法

零部件分类管理的主要目的是对已有设计信息（包括产品及其相关的文档信息）进行归档管理，为最大限度地重用现有设计成果开发新的产品提供支持。完善的零部件分类可以向开发设计人员提供有效的检索手段。

现代制造业中，大部分产品从其特征上看存在着大量的相似性。具体表现为几何相似性、结构相似性、功能相似性和过程相似性。通过归纳方法，可以**按照不同的相似性原理对零部件进行分类，这些具有相似性的零部件就形成了零部件族**。按照零部件族的思想对零部件进行管理，便于产品的模块化、标准化和系列化，可以减少产品内部的多样化，提高零部件和生产过程的可重用性。因此，零部件分类是面向零部件族的。

需要指出的是，零部件分类并不是我们的最终目标，最终目标是：通过零部件分类，实现对企业零部件的有效管理，使其成为企业的共享资源；使设计人员进行产品开发（无论是新产品开发还是在原有产品上的变型设计）时能快速检索到相同或相似零部件进行重用或修改，有效简化设计过程，提高设计效率，显著地加快产品形成过程中各个阶段的速度。因此，PLM 系统需要提供灵活的分类功能，使用户能方便、快捷地找到有关标准件和外购件。

从分类学原理上来看，通常可以采用两种零部件分类方法，即层次式分类法和非层次式分类法。

（1）*层次式分类法*　层次式零部件分类的基础是一个树状的结构。从处于某个层次的分类元素出发，可以向下划分任意多个层次，每个层次可以包括任意多个分类元素。分类结构中的每一条路径是指向被检索对象的路标。分类树上所有的分类元素都可以被定义任意多个与形状和功能相关的特性。按照这种原理，就可以进行多重分类。这是 PLM 系统普遍采用的方法。

（2）*非层次式分类法*　非层次式分类法是指没有显式的分类层或者分类元素的分类方法。这时，可利用零部件信息中的分类属性隐式地划分层次结构。如零部件编码中的无意义 PN，通过设定零件“类别”属性而隐式地划分类别。但这种分类层次往往是单层的。

企业在零部件分类中，可以采用多种分类方法，其中一种作为主分类法。主分类法应能对企业所有零部件进行分类；而其他分类法只能对某些零部件进行分类，用于特定业务领域，称为辅助分类法。

5. 零部件分类管理的基本功能

根据需求，PLM 系统的零部件分类管理应该能够提供以下基本功能：

1）基于属性的相似零部件和文档对象，以及基于属性的标准零部件和文档对象检索功能。这一功能提供按照零部件族所有特征参数（属性）检索或查询的方法，同时也可以按照单个特定参数或几个属性进行检索。此外，分类管理功能还可以直接显示零部件族中所有的零部件，并查到零部件的分类特征属性外，还能由零部件检索到相关的文档。

2）建立零部件、文档对象与零部件族的关系。对已有零部件或新设计的零部件，PLM 系统应提供建立零部件、文档对象与零部件族的关系的功能。一旦发现零部件被错误地划分到某零部件族时，还应有对零部件、零部件族关系进行修改编辑的处理方法。

3）定义与维护分类模式（如分类码、分类结构、标准接口等）的基本机制。由于企业的零部件分类模式不尽相同，PLM 系统并不能提供满足所有企业需求的零部件分类模型，但是应提供标准接口，允许用户应用该接口开发符合企业情况的零部件分类模型。

4）定义与维护默认的或用户自定义的属性关系。对零部件族的属性的处理也应提供接口，允许用户修改已有属性或自定义新的属性。

4.2.3 产品结构与配置管理功能

1. 产品结构与配置管理

在面向客户定制的生产模式影响下，企业一般情况下都会提供多种产品或产品族，对产品族建立统一产品结构描述成为产品结构管理必须考虑的问题。产品结构管理是以产品为核心，建立产品生命周期中各种功能和应用系统直接联系的重要工具。PLM 系统提供的产品结构管理功能应该实现有效、直观地描述所有产品的相关信息。

产品配置管理是对产品结构管理的扩展，它能够很好地满足对产品多样化管理的要求。产品配置管理的目的是为了提供一种能够根据客户提出的需求，从产品组中选配出完全或部分满足客户需求的零部件及其产品结构的能力。产品配置管理的主要功能是在产品结构管理的基础上，对单一产品定义的不同方面进行管理，对各种不同工作阶段产生的与产品结构有关的数据进行管理，以使相关人员了解组成产品零部件间的相互关系、零部件基本数据之间的关系、产品文档数据与产品工作流之间的关系等重要信息。对产品构成随时间变化的情况进行管理是对 PLM 技术提出的最重要的需求之一。

因此，PLM 系统的产品结构及配置管理应该具备以下功能：

1）产品管理：支持定义及维护产品分类模型，管理产品的基本属性及关联关系，管理产品结构、相关报表文档等。

2）产品结构导入：提供多种产品结构导入方式，在 PLM 系统中快速创建、修改、更新组件/部件/产品的结构。

3）产品结构编辑：PLM 系统应支持在同一界面下进行产品结构的单、多层编辑，可以快速方便地增加、修改产品结构的组成及数量等关系属性。

4）产品技术状态管理：PLM 系统应对已发布的数据提供有效管理，让正确的人在正确的时间使用到正确的产品数据。如车间工作人员可以将通过分发流程收到的某个批次的图样及零部件存放到技术状态管理区，系统记录当时的数据版本状态，实现对产品数据的历史追溯，同时还可以通过文件夹的方式组织最新版本数据。

5）BOM 结构视图管理：能够创建和编辑 BOM 结构。因为同一产品结构在企业组织生产活动的不同阶段及不同部门（如设计、工艺、生产、售后等）对 BOM 关注角度存在差异，PLM 系统应提供产品结构视图定制能力，确保业务部门方便使用和再利用 BOM 数据（如为设计部门定制设计视图，为工艺部门定制工艺视图，为采购部门定制采购视图等）。

6）产品配置管理：PLM 系统的产品配置管理要求能够管理产品生命周期不同阶段的产品的不同配置，以及不同时间的产品结构；提供产品结构配置规则定义，通过变量配置条件，配置满足客户需求的产品 BOM；按照不同规则显示不同开发状态的数据；支持“零部件使用情况”查询。

7）产品快照管理：根据用户当前的产品结构选项（视图、有效性、配置状态）对指定零部件产生产品快照。支持按产品基线的产品结构的数据维护能力，特别对于订单型企业的售后服务，为企业和客户对设计、工艺制造数据的追溯提供便利。

8）有效性管理：PLM 系统通过有效性管理追溯产品演变过程。系统的有效性分为两种：时间有效性和批次有效性。通过有效性规则的选择确定产品结构的有效性及零部件版本的有效性。

9）BOM 差异分析：PLM 系统应支持 BOM 差异分析功能，可比较不同产品之间的零部件的结构差异，也可比较产品或零部件不同版本的结构差异，同时提供将差异结果输出。

2. 产品配置方法

产品配置方法主要有以下两种情况。

（1）*单一产品配置方法*　单一产品配置是产品配置管理中较简单的一种情况，它是指对非系列化的产品中涉及的不同版本的零部件、结构可选项、互换件、替换件，按照产品配置的思想进行有效管理。其中，互换件和替换件虽然都有更换的含义，但两者在应用范围上是有区别的。替换件仅适用于特定的产品范围，超出该范围即无效。而互换件则不受产品范围限制，可用于多种不同产品中。标准件即属于互换件的范畴。

例如，将圆珠笔分为三部分：笔帽、笔杆和笔芯。为了研究方便，仅考虑颜色这一可变因素。笔帽、笔杆、笔芯可能具有多种颜色，由此形成产品结构树，如图 4-13 所示。按照笔帽、笔杆、笔芯三部分颜色均同、两种颜色相同、三种颜色均不同等条件进行编排可以得到多种特定的圆珠笔。产品配置管理使得对同类产品的管理从无序变为有序，按照不同的配置条件，可以沿着不同的分支快速组成新产品，还可迅速查找到特定的产品代号与特定的零部件。

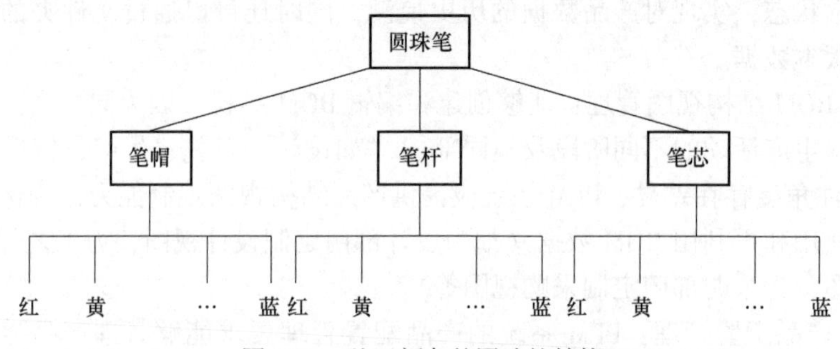

图 4-13　基于颜色的圆珠笔结构

(2) *系列化产品配置方法*　在 PLM 系统中，系列化产品配置从另一种意义上说就是产品结构的变型配置，即通过改变产品结构与型号进行配置。企业生产出一种产品进入市场以后，如果用户非常欢迎，而且存在很大的市场潜力，那么企业就应该马上做出反应，根据已经进入市场的产品进行产品的变型设计，设计出满足用户多方面要求、具有不同功能的系列化产品。在变型设计中，首先要针对本企业的常用零部件进行分析和研究，然后标准化，再按照参数化设计的要求，把它们的某些特征参数化。这样，只要根据客户订单的要求给出若干参数，就可以自动产生这些零部件的设计资料。有了支持变型设计的零部件，利用 PLM 系统就可以方便地把适合客户要求的零部件加到产品的完整结构中去，然后，按照变量配置的方法，把变型设计中的设计参数作为变量进行配置，产生适合不同客户不同要求的系列产品，从而提高企业的竞争力。

3. 产品配置规则

在实施 PLM 系统时，必须根据实际情况，确定产品配置对象、配置条件、配置规则和产品对象的选取范围，建立一套完整的产品配置系统。配置规则是产品结构配置时选择零部件的准则。产品结构配置方式一般可分为三类：版本配置、有效性配置和变量配置。

(1) *版本配置*　一个零部件可能有多个不同的版本，这些版本可处于不同的状态，如工作状态、发布状态、冻结状态等。修改设计阶段的零部件版本处于工作状态。零部件工作版本通过审核和批准即进入发布状态。发布状态还可分为设计发布和制造发布等状态。设计发布是指该零部件的结构合理性已经得到审核和批准。制造发布是指该零部件的工艺合理性和制造合理性已经得到审核和批准。在这两种发布状态之间还可设定其他中间状态，以满足各种工艺规划设计的需要。按照版本所处的状态可以形成不同的配置，即符合版本配置状态的零部件入选具体的产品结构。一般情况下，企业往往按照已发布的版本来进行配置。

（2）有效性配置　完整产品结构中的零部件可能会有多个版本，而且各个版本的有效时间不同。一个产品结构树可能采用了一个零部件的不同版本，而另一方面，同一版本的零部件也可能分布在产品结构树的不同位置上。这种情况下要配置具体的产品结构就需要按照有效性规则来进行配置，由此来确定在产品结构的某一层应选择哪个零部件版本，即只有符合有效性约束的零部件版本才可入选。有效性规则主要有结构有效性和时间有效性。结构有效性是指零部件在某个具体的装配关系中是否存在。时间有效性则指根据零部件各版本的有效时间来确定在某个具体产品结构中是否选择该零部件。

（3）变量配置　当形成系列化产品时，不同型号的产品中存在着许多具有相同用途、相同名称，但不同规格、不同型号的零部件。这些零部件的某些属性具有多个可选的属性值，以适应不同型号的产品。这时可将这些属性视为变量，根据这些变量的取值来决定哪个型号的零部件入选具体产品结构。这种按照属性变量取不同的值来确定具体的产品结构的配置，称为变量配置。

在按照变量进行配置时，必须确定几个基本数据对象：选项变量、变量条件和变量规则。

1）选项变量是进行配置的关键参数。

2）变量条件指定配置条件，满足该条件的版本对象或者装配关系对象才能入选该配置。没有配置变量的数据对象（包括版本对象或者装配关系对象）则不受其限制。

3）变量规则将多个配置选项变量的限制条件采用与、或、非逻辑运算符连接起来，构成复合条件规则。可将版本配置、有效性配置和变量配置三者结合起来，并将多个配置条件进行逻辑组合，以此进行产品配置。这样就可以在同一个完整产品结构上配置出满足各种条件、符合各种要求的具体产品结构。

在图4-14所示的最完整产品结构中，包括了规则对象R1和R2，以及选择对象A1。借助于规则对象R1，可以从六个选择方案中选择一个部件，而具体的选择准则和选择逻辑已被存放在决策表R1中。例如，如果规则R03的两个条件B01和B02（即介质为气体，以及流量小于或等于5个单位）满足时，就将部件$B3_3$选入产品结构。规则对象R2的选择准则是产品的最高介质温度。决策表R1已经将气体选作介质之一。如果对应于条件B02的取值范围小于或等于400个单位，则满足规则 R02 的要求，此时选择部件 $B8_2$ 作为产品配置中的一个构件。选择对象 A1 是对附加设备的选择，可供选择的是构件Ⅰ或构件Ⅱ。如果满足决策表 A1 中的规则 R01 的条件 B01 和 B03，则选择构件Ⅰ和可选的部件 $B6_1$。

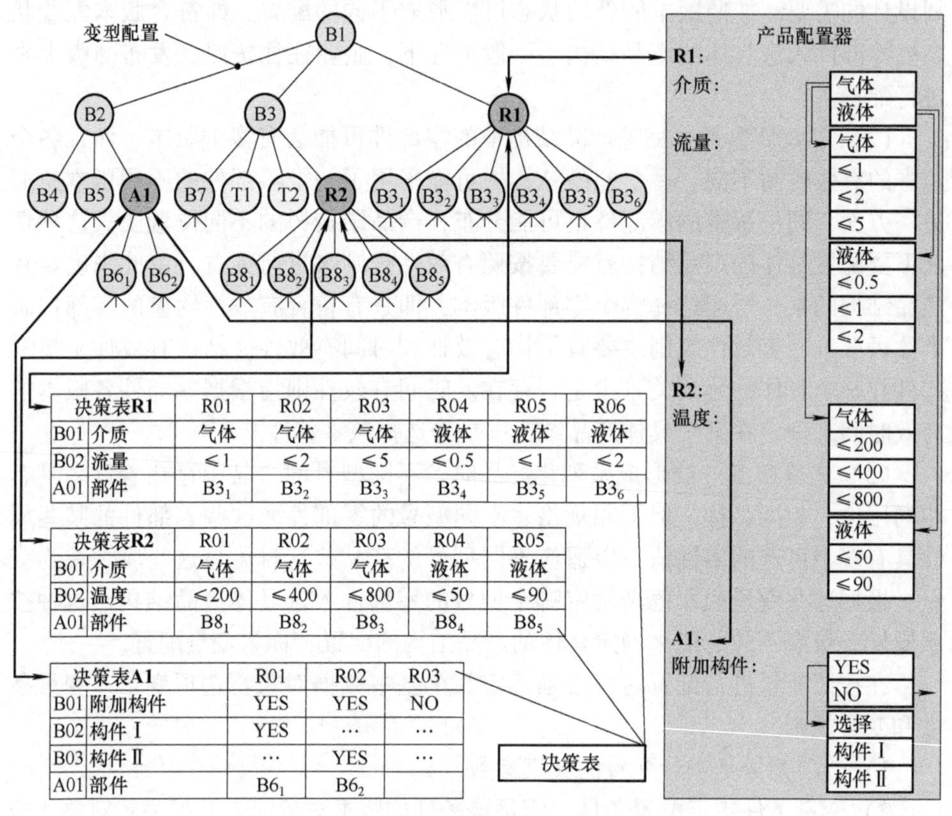

决策表R1		R01	R02	R03	R04	R05	R06
B01	介质	气体	气体	气体	液体	液体	液体
B02	流量	≤1	≤2	≤5	≤0.5	≤1	≤2
A01	部件	$B3_1$	$B3_2$	$B3_3$	$B3_4$	$B3_5$	$B3_6$

决策表R2		R01	R02	R03	R04	R05
B01	介质	气体	气体	气体	液体	液体
B02	温度	≤200	≤400	≤800	≤50	≤90
A01	部件	$B8_1$	$B8_2$	$B8_3$	$B8_4$	$B8_5$

决策表A1		R01	R02	R03
B01	附加构件	YES	YES	NO
B02	构件Ⅰ	YES	…	…
B03	构件Ⅱ	…	YES	…
A01	部件	$B6_1$	$B6_2$	

图 4-14　变量配置示例

4.2.4 项目管理功能

项目管理是在项目的实施过程中对其计划、组织、人员及相关的数据进行管理与配置，对项目的运行状态进行监控，并对完成结果进行反馈。

项目管理的任务有两个：

(1) 项目组织　根据项目任务的特点指定项目计划、配置资源、安排时间、组织人员、分解并分配任务，以及进行项目费用成本核算等，保证项目按计划顺利完成。

(2) 项目控制　在项目的实施过程中对其计划、组织、人员、资源及相关的数据进行管理与调度，对项目的运行过程和状态进行监控，及时发现项目实施中出现的问题并做出反应，同时对其加以记录。

随着大多数企业的生产经营活动出现“项目化”特征之后，企业为了适应激烈的市场竞争，要求 PLM 系统提供项目管理的有力支持。PLM 系统与 PM（Project Management，项目管理）系统相比较有它自身的特点：①项目通常是面向企业产品开发的；②要求为项目的顺利进行而组成集成产品开发团队；③系统支持协同产品开发。因此 PLM 系统中的项目管理需要集成产品结构管理模块、工作流管理模块、用户管理模块等完成项目管理。

1. PLM 项目模型

（1）项目模型的作用　在 PLM 系统中，为了对项目进行管理，需要建立与设定项目模型，在项目模型中对项目的任务、人员和时间安排进行描述。

1）利用用户管理功能组织项目组，安排项目组成员在项目中的角色。

2）利用流程管理功能，把分解后的项目子任务分配到各个流程中，设定完成任务的人员、角色和计划时间。

项目管理模块通过运行流程来完成项目任务，并通过对流程的控制管理实现对项目实施过程的控制管理。在项目实施过程中，通过流程监控得到项目运行状态的反馈。

（2）项目模型的内容　项目模型一般包括项目文件夹、项目用户组和项目时间表，分别用来对项目的任务、人员和时间安排进行描述。

项目文件夹中存放各种与项目直接相关的资料。如在项目开始时，项目文件夹有项目任务书、项目说明书、产品研制说明书等；随着项目的进行，还会添加汇报报告、任务调整说明书、产品检测报告等。

项目用户组描述的是参加项目活动的所有成员，以及对用户角色规定其任务与职责、赋予相应的数据操作权限。项目用户组的设定一般由部门主管指定项目负责人，再由项目负责人指定参加项目的成员，并安排他们在项目中的授权机制，授予用户权限。

项目时间表用来描述项目的进度情况。项目完成的最后期限是根据产品的交货期和企业的整体任务来确定的。项目组成员完成任务的时间安排是按照完成这种任务的统计时间来安排的。

2. PLM 平台下的项目管理功能

项目管理的核心是将项目设计生产数据和管理数据按项目存储于数据库中，参与项目的设计和管理人员可以在权限范围内查询和使用公共信息和资料。根据前述，PLM 系统中的项目管理应该是建立在工作流程管理之上的一种管理形式，内容包括项目和任务的描述、研制阶段的状态、项目成员的组成和角色分配、研制流程、时间管理、资源管理等。项目管理帮助项目负责人方便地分配项目设计任务、配置参加人员、制定起始及结束时间，并可以随时对项目进行管理、控制，以及监测项目的运行情况。每一个项目完成的过程就是项目分解→任务提交→任务完成的过程，当所有任务都完成，项目才宣告结束。

PLM 项目管理系统的功能包括：项目创建及任务分配管理，项目活动的创建与计划管理，项目文档模板导向管理，项目变更管理，项目文件提交管理，活动查询、统计与监督管理，项目活动的通知、预警与超期提醒，项目活动审批流程管理等。

(1) *项目创建及任务分配管理* 在项目开发过程中一般实行项目管理制度，系统根据企业实际情况首先确定项目负责人，由项目负责人根据具体任务选择项目成员组建项目团队，并对各项目成员分配不同的开发任务，保证各参与人员工作任务明确、责任明确，能高效率地完成项目开发。

系统支持项目独立工作方式，即在系统中的某个项目只有项目经理及选择的项目人员可以参与该项目，其他人员不能任意浏览或使用该项目的数据。

(2) *项目活动的创建与计划管理* 系统根据企业产品开发规范，可以自动创建项目活动，由项目经理将活动分配给项目成员，根据项目开发计划配置活动的开始时间和结束时间。

系统根据主机厂的质量等管理活动要求，对开发过程中每个活动段需要做什么，以模板的方式给以明确的要求。

(3) *项目文档模板导向管理* 针对每个活动下面要完成的具体文件，工程师只需要按文件名称（系统自动创建的文件名称）选择本地文件或模板文件完成即可。这种系统化的管理模式，既缩短了产品开发周期、降低了成本，又优化了工作过程、提高了项目开发效率。

(4) *项目变更管理* 企业在项目开发过程中时常有项目变更的需求，系统应支持项目变更管理，在权限范围内能够灵活地进行活动修改、增减活动，并根据变更情况调整活动任务完成时间。

(5) *项目文件提交管理* 根据企业开发规范的需要，可将开发文件批量提交给主机厂或上级单位。

(6) *活动查询、统计与监督管理* 作为项目负责人可以在权限范围内分配各个活动负责人，制定活动开始时间、结束时间等相关信息。同时，项目负责人可以随时对项目中的活动进行查询，监督和查看项目开发进度，同时根据需要对项目完成进度进行分析和总结。

(7) *项目活动的通知、预警与超期提醒* 对于企业在开发过程中的活动通知及任务超期等消息，系统会自动提醒；同时，对开发过程中的各种开发风险进行预警管理，防范因部分工作影响整个开发的进度，尽可能地保证项目按计划完成。

(8) *项目活动审批流程管理* 系统根据企业的不同要求，由流程模板器配置不同的项目活动流程机制，如活动审批流程等，以满足不同业务的工作流程。流程中节点任务通过 TALK 界面（个人任务管理）进行消息提醒。

4.2.5　产品开发过程管理功能

1. 产品开发过程管理分析

产品数据管理是一种支持对制造企业和工程设计公司中的数据和过程进行管理的方法。PLM 系统的数据管理模块对产品开发设计的结果进行管理，而过程管理模块则对产生这些工作结果的过程进行协调和控制。

产品开发过程管理的任务是对整个产品形成过程进行控制，并使该过程在任何时候都可追溯。

在实际工作过程中，数据管理和过程管理是密不可分的，过程执行中的每一个步骤都需要使用数字化的产品模型。为了有效地使用 PLM 系统过程管理，必须建立一个包括产品形成过程中所有重要特性的过程模型（见图 4-15）。理想的过程管理是将业务流程的各个工作步骤建立成一个过程模型。此外，整个工作流执行过程的经过和状态都被准确地记录下来，以便在需要的时候加以追溯。过程的执行由系统管理员进行统一管理。与该过程有关的员工通过系统（如电子邮件）接收其工作任务。过程管理模块对用户进行权限检查。所有活动结束后产生的结果被存放在周转文件夹中。当某个活动执行完毕，PLM 系统就按照过程模型自动将周转文件夹传送给下一个活动的执行者，直至过程结束。此外，PLM 系统还可以保证，只有被授权的人员才能访问工作流中的有关信息。

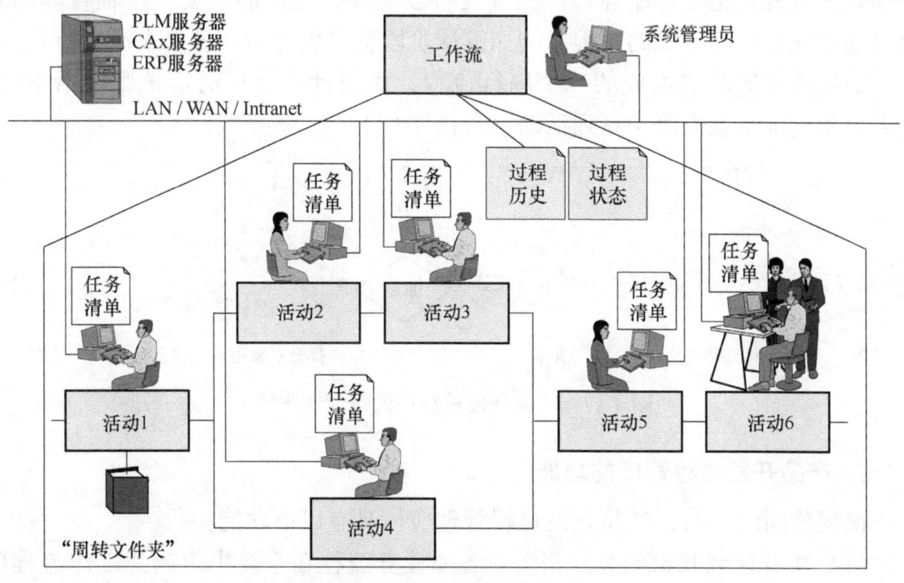

图 4-15　产品开发过程示例

除此以外，PLM 系统中的数据对象在产品开发过程的不同阶段，对应的状态也不同，运用产品开发过程管理控制数据对象时，必须为不同的数据类型定义基于状态的开发过程模板，即以控制规则和状态的形式定义数据对象在产品开发过程中的状态和状态变迁，属于该类型的数据对象遵从该产品开发过程模板的定义。图 4-16 所示是一个产品数据对象的生命周期状态简图。一个状态可有多个可供跳转的状态，跳转方向取决于状态间设定的路由条件。状态变迁描述状态间的路由关系及变迁规则，变迁规则可以是一系列条件的逻辑组合，在数据对象离开当前状态时进行变迁规则判断。状态变迁对应变迁操作，变迁操作由对数据对象的提交操作激活，在数据对象进入或离开当前状态时被自动或者手动执行。

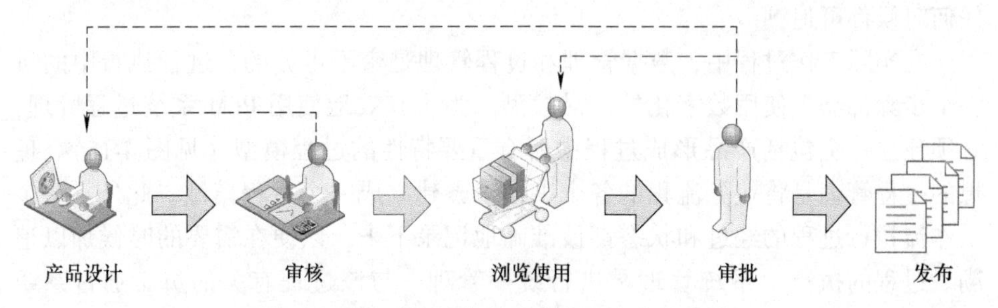

图 4-16　数据对象在产品开发过程中的状态简图

在产品开发过程各个阶段的状态图中，每个状态及状态之间的过程都不是一个活动能够完成的。每个活动对应一个操作或一个逻辑，可以对每一段制定一个处理流程，把工作流程与产品开发阶段关联，让产品开发全过程管理的对象自动完成其产品开发的历程。例如设计阶段就是由开始、设计人员进行设计、设计结果递交等步骤组成的一个串行流程，而设计完成后的审核则包括审核、提升对象到下一状态等一系列活动（见图 4-17）。

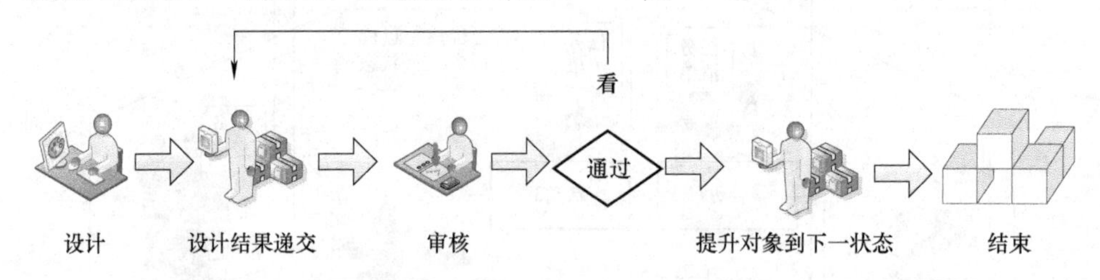

图 4-17　产品开发过程中的设计和审核

2. 产品开发过程管理的功能

根据前面的分析，产品开发过程管理应该具有以下功能：

（1）工作流程模板定义　将企业各项业务流程在系统中定制为工作流程模

板，将企业中与产品相关的工作流程加以固化和优化。

（2）*工作流动态管理权限* 系统提供动态和静态两套权限体系。动态权限是指用户在执行流程时拥有的权限，该权限只在流程中有效。脱离流程环境时则不具备动态权限，只拥有静态权限。例如，通过动态权限管理，设计员在产品设计时能编辑产品图样，不执行设计任务时无权编辑产品图样。该功能解决了在单一静态权限机制下用户可以更改同一类型的所有数据，无法有效控制数据正确性的问题。

（3）*业务对象分组管理* 支持按照流程执行人员的工作类型等规则对数据进行分组管理，通过业务对象分组管理可以在流程中有效地组织和管理数据对象。例如在设计审批流程中，可建立设计内容对象组和审批退回内容对象组，设计内容对象组中存放设计人员编制的图样和零件等业务对象，审批退回内容对象组中存放校对、审核，以及批准人员审批设计内容对象组中业务对象时发现问题需要退回给设计人员的业务对象。

（4）*工作流程的执行* 用户可以在系统工作列表中执行和监控工作流程，完成工作任务。

（5）*工作任务的自动分发* 支持企业特定数据按照预先定义的规则在业务流程中进行电子数据的自动分发与接收。

（6）*工作流程监控* 用户可以对运行中的工作流程进行监控，支持更改执行人、查看流程实例执行情况、查看活动节点属性等业务操作。

（7）*工作任务查询统计* 支持对系统中的业务流程实例进行各项查询和统计。例如，个人完成工作查询、过程实例和活动实例的汇总查询、查询流程实例的相关信息、查询流程活动及其工作项信息。

（8）*工作移交* 需要进行工作移交时，填写工作移交申请可实现基于规则的工作移交，完善对工作移交业务的支持。

3. 产品开发过程的标准过程管理

（1）*工程图的检验和发放* 检验和发放是企业质量管理的重要组成部分，只有经过检验和发放许可的产品文档才能保证在使用过程中不会发生错误。通常情况下，在产品形成过程中产生或更改的所有文档，都需要纳入发放过程。工程图是最重要的产品描述的信息载体，工程图描述了一个产品或其零部件在整个生命周期中的各种状态。对工程图的检验和发放进行管理，具有特别重要的意义。

产品开发过程中的设计审核如图 4-18 所示。发放过程是与企业的需求和企业的业务流程有关的，发放过程可以是一个多层的结构。

通常，采用发放阶段、发放状态和使用阶段等属性来描述产品或其零部件在整个生命周期中的各种状态。其中，属性**发放阶段**描述了过程的状态，包括正在工作、正在检验和发放等状态。属性**发放状态**包括设计发放、标准化发放或制造发放等，它们分别对应样品发放、试制发放或系列生产发放。按照不同的发放状态，零部件在其生命周期中有各种不同的**使用阶段**，如激活、非激活、冻结或失效等。根据产品形成过程，工作流程管理模块将工程图存入规定的存放地点并对访问进行控制，同时，记录有关的状态标记和阶段标记。

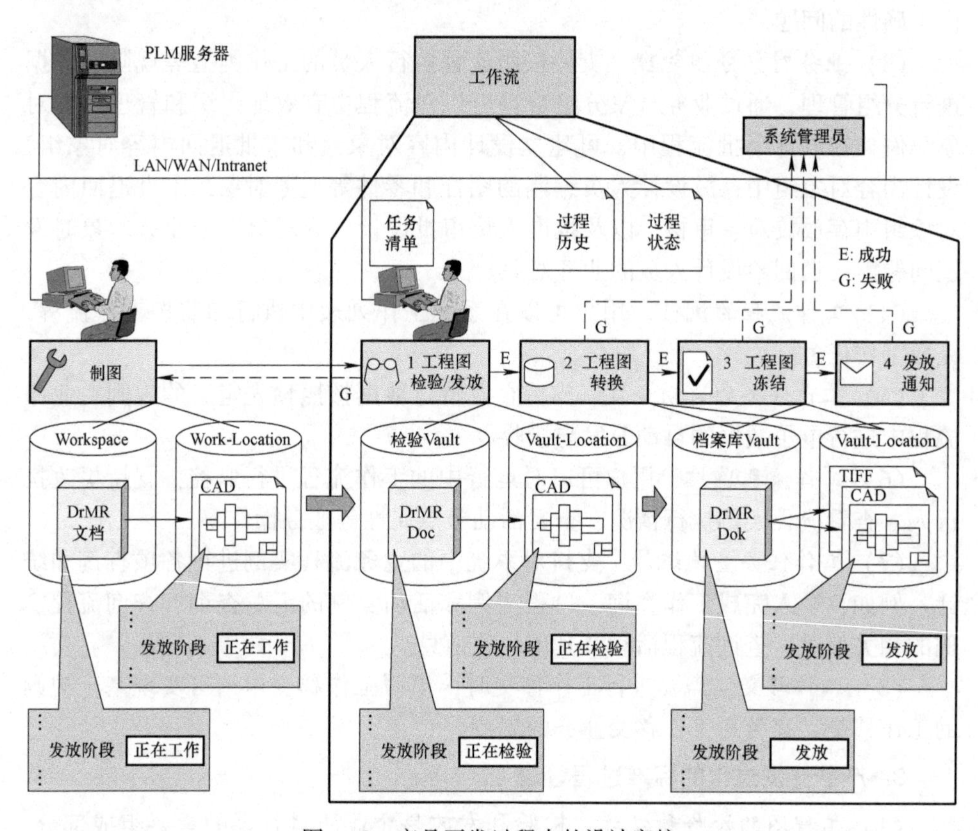

图 4-18　产品开发过程中的设计审核

（2）*工程变更管理*　在制造企业中，产品更改几乎是一种每天都要执行的过程。一个技术方案不可能完美到不能再进一步改进的程度。在企业的实际运作过程中，有很多对产品进行更改的原因，例如为了符合新的法律规定和满足新的顾客需求而对产品进行更改；通过价值分析简化产品结构，以降低生产成本或者减少废品；通过对产品的更改提高产品的技术含量和创新性，以使其具有优于竞争对手的特色；等等。所谓工程变更管理，是通过流程方式将变更申请经过各部门的同意，作为变更的依据；通过变更流程对变更文件进行发布，系统可自动检测变更文件的彻底性；自动增加变更记录。

工程变更管理结合工作流的管理，能够提供一套规范、严谨的机制以保证企业变更的完整性和正确性。结合问题管理，在有效管理更改申请（Engineering Change Request，ECR）和更改单（Engineering Change Order，ECO）的同时，将需要更改的相关文档，如产品图、过程流程图、控制计划、作业指导书等文档进行完整管理，系统将会自动检测所有文档是否均被更改，如有遗漏，系统会自动提示，以保证更改的彻底性。同时，通过在“在哪儿引用”功能，系统会自动列出被更改零部件已被哪些别的部件或产品借用，这样可以让更改人员全面考虑更改方案，以满足其他借用部件在该零部件更改后的正常使用。从而科学、直观、安全、快捷地实现工程变更。工程变更过程如图 4-19 所示。

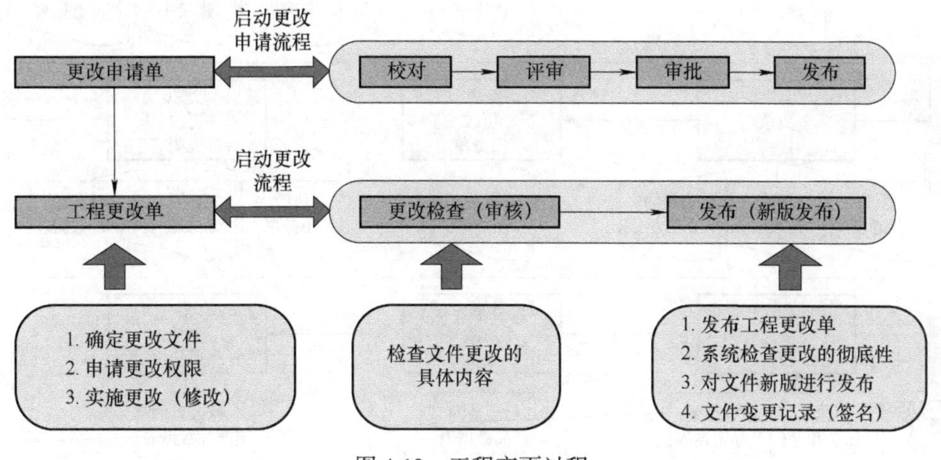

图 4-19　工程变更过程

工程变更的类型可以根据实际的情况分类，如产品设计变更、过程变更、供应链变更等。变更编号由系统编码功能自动完成，对变更后的文件不但在版本中体现，同时在文件属性中有变更记录，通过查询也可以很方便地查询变更的过程信息，完全实现无纸化管理。系统中的工程变更管理功能，一方面具有变更过程的记录，同时针对变更的文档（包括更改单及被更改文件夹下的所有文档）都有变更记录，方便后期的变更查询。

图 4-20 所示为一个产品数据变更管理工作流的例子。第一个步骤通常是描述更改建议。更改过程的发起者可以是某个员工、某个小组或某个部门。此时，已经开始应用 PLM 系统。首先，需要编制一份更改建议书，在更改建议书中，对建议的更改内容或更改原因进行详细说明。利用更改建议书和信息分配表，更改过程的发起者便可以启动产品更改的过程。工作流管理模块将更改建议书按照信息分配表发送给有关的 PLM 系统用户。如果该更改建议得到了更改委员会的确认，更改过程的发起者就要提出一份正式的更改申请表（ECR）。此时，

更改过程的发起者在 PLM 系统中填写一份电子更改申请表，并将与该更改申请表有关的产品数据（业务对象和数据对象）填写在另一张表中。通过工作流管理模块，更改过程的发起者将更改申请表、产品数据表和更改建议书一并提交给下一个步骤，即更改许可。在该步骤中，对更改申请表的格式进行检查，并将所提交的文档资料送交有关职能部门进行检验和批准。更改申请是更改管理的一个子过程。

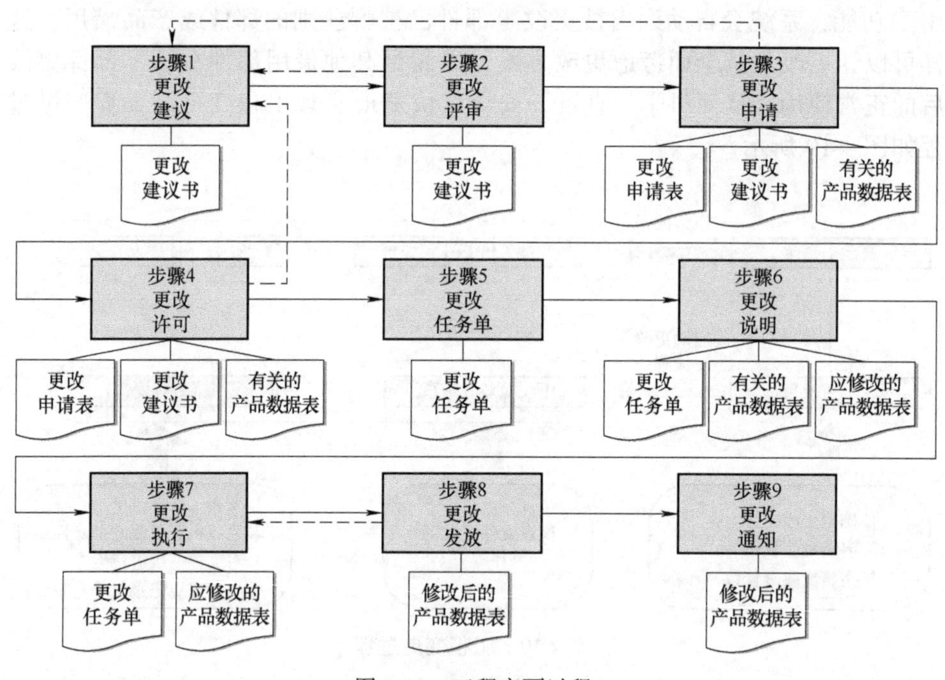

图 4-20　工程变更过程

如果一个或几个职能部门反对由更改过程发起者所提出的产品更改建议，则仲裁者便将更改申请表和反对意见一起返回给更改过程的发起者，该工作流至此结束。如果有关的各个职能部门都同意更改建议，则仲裁者同样也将更改申请表和同意的意见一起返回给更改过程的发起者。这样，就可以利用更改任务单（ECO）继续执行下一个步骤。工程变更过程是一个独立的工作流，其一个重要任务是编制更改说明。在这个过程步骤中需要进行因果分析，即研究如果对产品数据表中的某些数据进行修改以后，将会对其他的产品信息产生怎样的影响。在 PLM 系统中，所有需更改的产品数据都被表示成业务对象或数据对象，借助对象之间的联系可以快速、可靠地了解对其他产品信息所产生的影响。例如，利用产品结构，可以用可视化的形式指出，需要更改的零件被安装在哪一些部件上，有哪些 CAD 文档与该零件相关联，更改以后零件的可装配性如何等。根据上述信息可以进一步确定，被更改零件的几何图形还与哪一些产品数据有关，如计算书、仿真模型、工艺过程规划或 NC 程序等。将这些信息汇总成一张表格，以便对更改要求进行更加详细的说明。

PLM 系统将需更改对象的关键属性，如标识号、更改标记、处理状态和名称等存入更改任务单。在过程步骤更改执行启动以前，必须将更改任务单发放给有关的执行者，同时还应该对需要更改的产品数据进行检查或者审核，这样就能确保对相关的业务对象和数据对象进行并行更改时的准确性。更改任务单、有关的产品数据表和应修改的产品数据表被存放在一个电子文件夹中，工作流管理模块将这个电子文件夹保存在一个特殊的存储区中。接下来就可以执行具体的更改任务了。

各个职能部门的有关人员通过电子邮件等方式得到工作任务。找到所需更改的对象并对其进行修改。更改工作结束以后就需要执行检验和发放过程。因为此处的更改对象是已经被发放的产品信息，所以不但要进行设计发放，还需要进行制造发放。在对产品检验以后，工作流管理模块赋予被更改对象一个新的更改标记，重新将其存入档案库并打上标记冻结，同时分发更改通知书或者发放通知书。

4.3　PLM 系统的其他功能

4.3.1　系统工程与需求管理功能

1. 系统工程活动的组成

信息化时代的“产品”由机械、电子、软件等组成，是一个复杂的系统，需要采用系统工程的思想开发新产品。采用系统工程的思想开发新产品，整个过程存在六大特点：

1）产品必须由客户驱动。客户需求可以是产品使用者提出的，也可以是政府规范需求的。

2）产品设计是由功能决定的，功能要求就要在设计中体现出来。

3）开发中要把文档存档并使之可追踪，这样如果将来有问题就可以追溯来龙去脉。

4）产品开发是通过整个团队融合多学科的知识来进行的，所以需要由多种学科的人才协同开发。

5）产品开发过程是个动态过程，所有零部件、子系统和系统要在这个过程中不断验证并加以完善。

6）最优产品质量是由整个产品决定的，不是由某个子系统、零部件决定的。只有整个系统最优，产品才会最优。

因此，从系统研发开始，需要输入各种相关信息，如概念设计、市场调研、立项报告等；在开发过程中，需要对输入进行分析，确认哪些需求是需要解决的，哪些是本阶段或企业无法解决的，对环境进行详细分析，定义性能指标和约束条件。在信息化环境中，对以上数据要进行有效管理，然后把需求逐条转换为产品的功能定义及指标的分配。分解过程中需要进行需求平衡，将需求落实到某个功能，体现到产品某个部件（结构、软件等）上。通过功能的综合产生产品的初步方案，然后进一步协调方案。协调的内容会涉及经济性方面、有效性方面、风险方面、配置等，会涉及不同部门、不同设备、不同资源，所以在前期概念设计阶段，设计内容比较杂，过程中有多次循环，范围比较广。难以满足研制需求、跟踪需求、管理需求变更，是很多复杂研制项目延期、超出预算甚至失败的关键原因。图 4-21 描述了 PLM 中系统工程活动的组成。

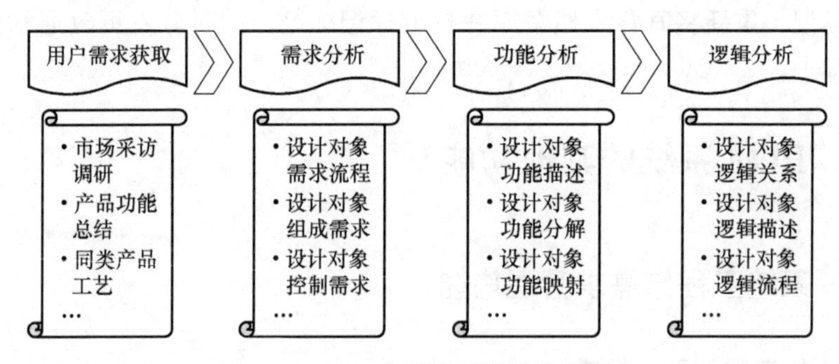

图 4-21　PLM 中系统工程活动的组成

1）需求层次。研究设计对象的任务需求，旨在明确设计对象有关工艺、任务、组成及控制等外在需求要素，这对于新产品设计过程尤其重要。需求层次包含用户需求获取和需求分析两项活动。首先通过全面细致的调研、收集和分析等手段，获取用户需求，然后通过需求分析活动，将用户需求转化为设计对象对应的系统需求，明确设计对象的各项需求，包括设计需求及对象系统组成及控制需求等，从而确定设计对象工作任务及具体需要“做什么”。

2）功能层次。功能的本质是需求的延续和映射，是能满足设计对象需求的一种属性，体现出了设计对象所能发挥的作用及承担的任务。功能设计一方面能表达出设计对象的具体要求，另一方面有利于通过功能与行为、结构的映射关系，确定对象的基本组成。功能的表达方式主要通过功能描述、分解及映射三个层面实现。在完整的功能分析基础上，利用 PLM 系统来创建功能模型，功能模型能结构化地体现出要设计或强化的系统或产品的功能、行为、活动或工艺等。

3）逻辑层次。通过逻辑与功能之间的关联，将系统分解成若干有机关联的逻辑块及连接关系，逻辑块表达了系统的组成。PLM 系统中逻辑模型可以表示系统对象的组成逻辑块，以及逻辑块之间的连接与组织关系。逻辑是对系统功能的技术实现，通过系统逻辑块之间的组织、配置及协作等实现功能表达。

2. PLM 系统中的需求管理分析

PLM 系统通过系统建模方法，支持系统要求、设计、分析、验证和确认等系统工程活动，这些活动从设计初期开始，并贯穿系统的整个生命周期。PLM 系统工程和需求管理模块在考虑生命周期、客户需求，以及设计和工程项目的流程及技术管理的基础上，能实现成功定义、捕捉、调整和使用产品的需求数据，以确保根据产品需求进行开发，使其符合企业战略意图、市场和客户需求，以及法规要求。

需求描述了客户将要购买的产品或系统。要确保完成的产品或系统符合这些规范，开发人员应在整个开发过程中遵循这些需求。如果产品符合所有需求，便可以准备交付。在系统工程和需求管理中，以下两个原则至关重要：

1）必须在项目开始时就确定并制定需求。这非常重要，因为这样才能在实际产品开发开始之前发现并掌握所有问题。

2）必须使用跟踪链将需求与产品设计相关联。必须在所有连续阶段内维护跟踪链，包括开发、测试，以及图样、零件和装配的变更。

3. 系统工程和需求管理的功能

PLM 系统中系统工程与需求管理的功能包括：

（1）需求工程管理　需求工程管理实现需求的结构化集成化管理。主要功能包括：

1）在接到需求文档的初步草稿后，需求工程师可以选择在 PLM 系统中创建这些需求条目或者选择导入需求文档。

2）在 PLM 系统中编写需求的层级关系或补充新需求。

3）需求在线审查，或者导出为 Word、Excel 进行离线审查，再导入。

4）建立需求基线，当发生需求变更时对变更进行管理。

5）建立多层级需求之间的追溯关系。

（2）系统体系结构定义　针对产品设计开发需求结构并创建功能架构和逻辑架构，在功能架构和逻辑架构中定义设计元素之间的接口，并理解彼此之间的关系，在需求和功能架构、逻辑架构之间创建可跟踪性联系，实现需求在整个生命周期内的传达。将需求与功能、逻辑物理实现相关联，将需求与项目管理、配置管理、变更管理相关联，实现需求的产品生命周期跟踪。

1）系统的功能模型由多个构建块组成，它们描述产品或系统的功能，并将顶级功能细分为较低级别的功能。例如，一辆轿车可以搭载乘客、运送行李、保护乘客、保护行人及执行许多其他功能，可将保护乘客功能细分为避免碰撞和提供碰撞保护。模型独立于域，构建块将功能映射到物理模型中的零部件或装配。

2）逻辑模型抽象地描述解决方案元素，以及元素间的交互方式。PLM 系统工程模块需要支持实现逻辑模型的构建。通过逻辑模型可进入特定域的设计。例如，对于机电产品，可以创建一个从输入端口、输出端口、接口和连接方面描述产品或系统的逻辑模型。

3）PLM 系统还要实现将物理模型映射到功能和逻辑模型。进一步还可以将它映射到物理产品结构，该产品结构随后将指导后续的详细设计，如生成 CAD 等设计文档。

通过以上功能，PLM 系统实现在产品开发的初级阶段制定需求，同时实现尽早将需求与功能、逻辑和物理模型及其各自的组件关联。

4.3.2 制造管理功能

1. 工艺信息管理

在产品开发过程中，工艺部门一方面要接收设计阶段产生的产品信息，另一方面要利用企业的工艺数据与工艺知识进行工艺设计。工艺信息管理功能实现对企业工艺数据及工艺设计过程的管理，主要功能包括：

1）工艺模型定制：工艺数据分类模型定义，根据企业业务定制机械加工卡片、装配卡、工装、设备等数据类型。

2）工艺资源绑定：工艺数据（工艺卡片、工装、设备）的属性可直接与系统中定义的术语和资源进行关联，例如，工艺人员在编制工艺卡片填写设备栏目时可以直接从关联的设备资源库中选择。

3）工艺卡片编辑：支持所见即所得的编辑模式，提供丰富的工艺资源库数据作为技术支持，可参数化定制工艺符号库、公式自动计算、工艺简图等。

4）工艺卡审批流程：结合系统的业务流程管理功能，可在系统中完成工艺卡片的编制、审核、自动分发等业务。

5）工艺资源管理：支持对各类工艺资源，如典型加工过程、加工方法、设备资源、刀具资源等进行定义和管理。

6）工艺符号和工艺图：可实现各种标准工艺符号和工艺附图管理，还可以定制企业扩展的工艺符号。

7）工艺统计汇总：可根据工艺模型统计汇总工艺数据，如材料定额汇总，工装设备、刀具、量具等汇总。

2. 生产过程规划

产品的实际制造过程有时候极其复杂，需要完善的生产过程规划。在集成的 PLM 环境中实施一体化的产品和制造过程设计，利用数字化产品开发手段有利于实现更快上市和更高的产品/生产质量。生产过程规划实现完整制造过程的设计和验证，主要功能包括：

1）制造过程建模：从分类资源库中捕捉制造资源对生产过程进行建模，实现生产线平衡，通过将工序和工步分配到生产线的各个工作站，实现最佳生产变更。

2）变更管理与规划方案甄别：无缝引入工程变更，并对工程变更实施结果进行判别，进而采取相应措施。在集成环境中，能够根据企业业务目标和制造资源约束，比较不同的规划方案，识别和采取最佳制造实践。

3）业务支持：把成本信息、资源信息及制造信息结合在一起，对过程规划进行经济分析。

3. 生产布局管理

设计出包含所有细节信息的生产布局和生产系统，包括机械、自动化、工具、资源，甚至操作员等详细信息，并与产品设计无缝关联。PLM 系统实现设计布局与生产计划的关联关系，适用于生产资源关联的参数化资源，执行准确的影响分析，促进高效的变更管理。

4. 生产过程仿真

过程仿真模拟制造过程中的真实行为，并优化生产时间和过程顺序。它能够对装配过程、人工操作，以及工具、设备和机器人的应用进行仿真，为各种工程领域提供数据和工具包，以检查详细的工艺过程，并在不同阶段从不同角度进行验证。

4.3.3　维护管理功能

新的预防性维修模式对 PLM 系统也提出了新的技术支持要求。实现新的维修服务管理，需要满足以下要求：

1）维修知识积累。对设备而言，在投入使用之前，需要建立设备台账，导入设备本身的物料清单信息，关联生命特征参数；在设备使用中，记录设备的历史记录和运行监控信息；在维修决策和执行时，提供维修基准信息支持。这些知识是在设备的使用过程中逐步积累的，是设备的基础信息。

2）维修策略的合理化。维修策略的合理化体现在策略选择和策略调整两方面。大型装备的维修策略具有多样性，包含不同程度（大修、中修、小修）、不同目标（可靠性为中心、生产保障优先、用户需求优先）和不同阶段（定期、事前和事后）的维修策略。这种多样性使维修策略的选择变得重要而困难，如不合理地定期维修会造成不必要的维修浪费，影响精益维修的目标。因此，需要以设备基础信息、运行信息、维修历史和维修知识为基础，合理地选择维修策略和模式，生成维修计划，输出维修工作单。

3）维修计划优化。设备维修计划是企业维修管理的核心，它对维修计划工作单进行合理的人员、作业时间和资源分配，并与物料库存管理相结合，调整资源配置和优化工作单。大型设备的维修要消耗很多人力、资源和物料。

4）维修执行的规范化。维修执行是根据计划和标准执行维修活动的环节。从作业下达开始，维修活动就遵循规范流程：获取作业中指定的物料资源，基于作业中的标准工序执行维修活动，检查、确认并记录维修结果。规范化的维修执行有利于提高维修质量。

5）物料追踪反馈。维修活动会影响设备的装配结构和物料的基本属性。将维修活动结果进行反馈，更新设备 BOM 信息和履历信息，形成信息闭环反馈，使物料信息具有可追溯性，这是产品生命周期知识利用的要求。

6）维修评价反馈。维修活动过后，维修人员需要对维修情况进行确认和评价。在确认和评价过程中，维修人员对维修结果进行检查，总结执行计划的结果，注重效果，找出问题。维修结果以异常报告和评价报告等形式反馈给维修策略管理环节，用以改进维修策略的制定。

基于此，PLM 系统的维护保障管理模块主要提供维护保障规划、维护 BOM 管理、维护保障执行、维护保障知识库管理等功能。

（1）服务规划　支持对维护保障过程进行规范化的规划，可以捕捉/管理维护保障请求和要求，创建、管理和利用维护保障规划信息，支持旨在预防、基于条件或基于可靠性的维护模型，定义执行特定维护保障任务所需的资源，支持直观、高效的维护保障。同时，还可以实现以下功能：

1）捕捉并管理维护需求。对于实物资产，能够捕捉来自制造商维护计划规定的需求，来自结构、老化检查等维护需求，以及其他信息源需求。

2）资产分析。分析资产的运行小时数、维护需求等，并生成维护计划表。

3）定义资源工作卡。通过工作卡定义执行每项预测需求所需要的资源。工作卡描述了执行特定维护任务所需要的步骤、工具、材料和时间。

4）定制服务计划。生成物料清单，编制服务预测，制订上门维修服务计划。

（2）*服务手册管理* 对所有维护手册的内容进行统一管理，支持多人协同工作、版本管理和权限控制、自动化审批和发布，支持更改单驱动维护手册更新，确保维护手册的准确性和有效性，方便数据检索，提高数据重用率。具体包括：

1）建立单一数据源管理系统，利用维护 BOM 组织和管理所有维护手册。

2）根据更改单驱动维护 BOM 更改，最终自动更新维护手册及更改单。

3）对维护主数据和 BOM 结构，实现版本和整个生命周期的有效管理。保证电子维护手册的所有历史版本、历史更改记录等的查阅和跟踪。

4）提供基于用户和角色的文档访问控制，手册编写、校对、审核、更改等业务过程实现自动化和跟踪。建立以维护 BOM 为核心的数据重用机制。

（3）*维护 BOM 管理* 维护 BOM 用于捕捉和管理实物资产的实际维护、实际服务、实际设计和实际制造配置，以及相关文件，将物理产品配置（如加入了系列化零部件和批量追踪的配置）与每笔资产按设计状态、规划状态、交付状态及维护状态的物料清单配置（包括性能、状态和产品数据）连接在一起，促进了全面的产品和资产可见性，同时使服务部门了解和管理操作资产的合理配置，并且可以有效地收集服务活动，即时更新实物产品状态。

维护 BOM 实现对下述方面的捕捉和管理：

1）实物配置信息，指描述处于维护/运行状态的资本资产。

2）描述每个资产及其可追溯的零部件、组件和系统。

3）对资产的每个已部署的零部件使用寿命进行一般性定义，并且定义其特定用途和位置。

4）每个运行资产符合标准和法规规定。

5）测量客户满意度，包括资产的可用性、服务周转及可重复的系统事件。

6）监控服务组织的业绩，包括库存交易、资源使用及服务计划等。

（4）*维护保障执行* 有效地管理维护保障服务请求，通过创建服务请求，建立服务请求数据组织模型，并以不同的关系定义来关联实物零部件、解决的零部件。维护保障执行包括服务请求活动、服务执行活动等。具体包括：

1）记录客户服务请求，确定要求的工作范围，管理标准服务目录、工作流程和验收标准，并完成请求的服务。

2）识别产品失败结果的工作，跟踪估计的/实际的服务时间和成本，闭环跟踪，生成状态报告。

(5) *服务调度和执行* 根据维护保障服务规划和请求，指定维护保障执行作业和任务计划，分配维护保障服务资源，估算服务工作量。基于实物资产的情况，可以标识出已经为该资产安排的并且到期了的工作，并能够定义一个工作范围来执行特定的需求。除主动定义和执行维护活动之外，还能捕捉历史或外部的维护活动和数据，从而跟踪从执行维护保障到完工确认的整个过程，记录完整的服务事件和数据。主要功能包括：创建计划工作包、工作任务排序、资源分配和负载、成本与实践的估计值和实际值、跟踪工作的执行、获取技术知识、故障跟踪/纠正措施、维护配置更新、任务衡量和利用率跟踪、维护历史等。

(6) *维护保障知识库管理* 对维护保障的各种知识进行分类管理，建立标准故障分类库、标准服务分类库、服务资源库等，便于后期查询、使用、统计和汇总。

(7) *维护保障报告和分析* 提供一套完整的维护保障数据结果分析及评估工具，通过数据绘图、计算、分析、筛选、挖掘功能，可以找出实物产品的性能/可靠性方面的发展趋势、跟踪/分析资产和组织的关键绩效指标。

(8) *维护物料管理* 对维护、修理及大修所需要的零部件、工具及设备，在“从采购到报废”的全部过程，服务组织结合 PLM 的配置管理功能把物料及其相关使用数据与现场运行的实际资产配置联系在一起，实现全面的符合性追溯和控制。主要功能包括：

1）通过追踪质量评级、交付表现、二次采购、服务报价，以及零部件、工具和设备采购报价等实现供应商管理。

2）通过把受控零部件与现场相关的资产配置及其“设计时”“建造时”和“维护时”的产品结构联系在一起实现物料分类。

3）通过管理零部件的最低/最高库存水平、存放位置及状况、为维修任务进行的发放/预留、订单、延迟交货、损耗标记、交换资源和成本提高库存可见性。

4）通过提供对库存工具的情况、位置及任务分配的可见性来实现工具库存控制。

5）通过监控零部件、工具和设备，确保供应商报价已收到并得到处理，以实现维修流程管理。

6）维护物料管理可以为用户提供关于零部件库存和状态的决策数据，包括标记（注明过期、耗尽、修理、报废、过剩及行业标准代码）、价格、交货时间及已批准的供应商。

4.4 基于 PLM 的产品开发流程

基于 PLM 系统的产品开发流程如图 4-22 所示。本小节依据该流程，以某 PLM 系统为例，说明如何基于 PLM 集成平台完成产品开发。

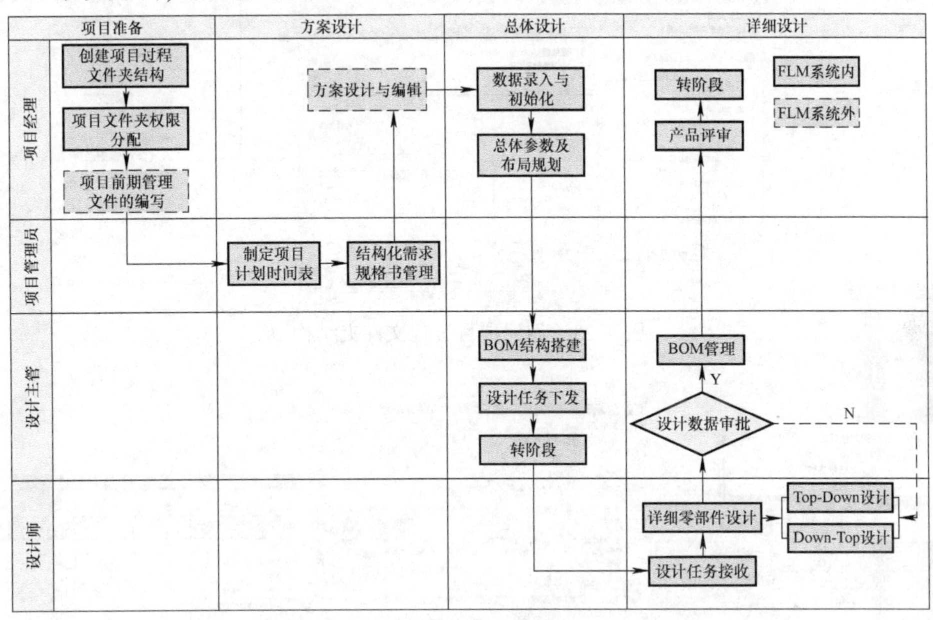

图 4-22 基于 PLM 的产品开发流程

4.4.1 项目准备

1. 创建项目过程文件夹结构

在项目初期阶段，通常会创建层级结构的文件夹，用于存放与项目相关的文件、数据模型等材料文档，统一规范管理，便于搜索和查询。

责任人：项目经理。

操作流程：项目经理登录操作系统，根据项目管理需求，创建项目过程文件夹，建立如图 4-23 所示的文件夹层级结构。

2. 项目文件夹权限分配

为各个文件夹分配对应的权限，使得对应的人员有读/写等权限（见图 4-24）。

责任人：项目经理。

输入：完善的项目文件夹结构。

操作流程：选中相应的文件夹，如“电器”，右击，选择“访问”命令，对系统的访问权进行设置，对所选择文件夹添加访问控制条目，比如给电器部门设计师赋予读/写权限。

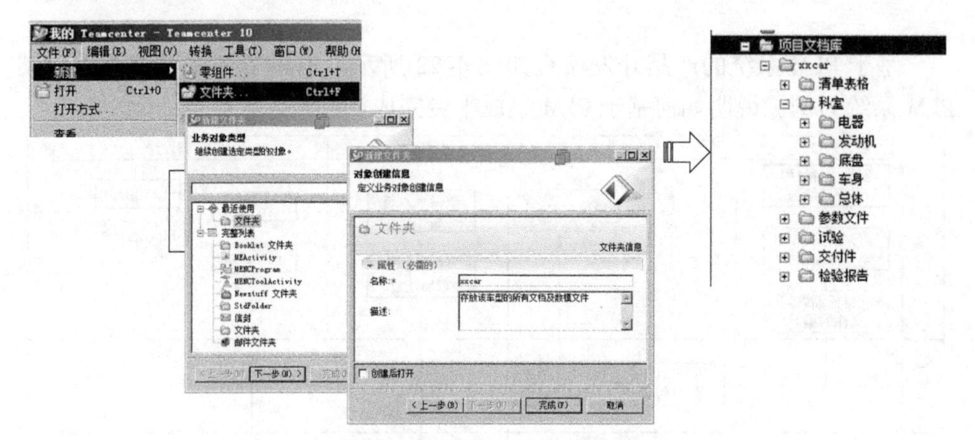

图 4-23　创建项目过程文件夹结构

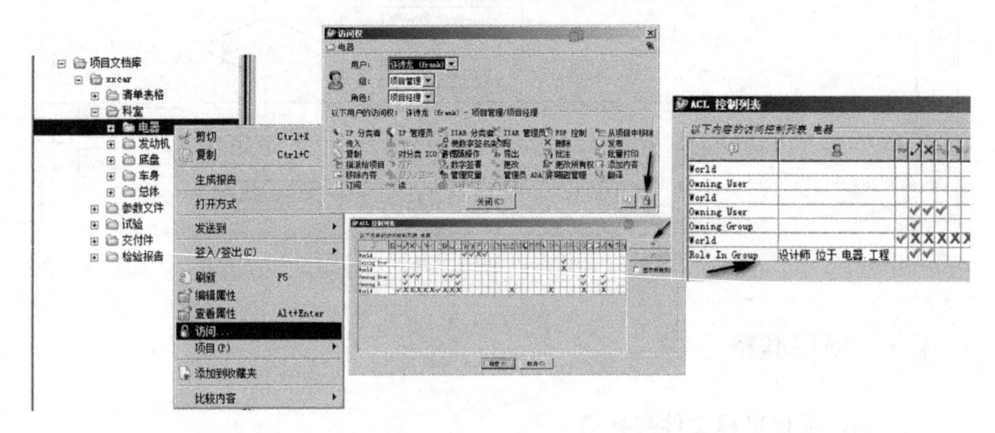

图 4-24　项目文件夹权限分配

3. 项目前期管理文件的编写

完成项目前期需要的一些文档材料的编写录入，如立项报告、法规文件等。这里以立项报告为例。

责任人：项目经理。

输入：文档材料。

1）在系统中新建一个文档对象，并建立相应的数据对象，如图 4-25 所示。

2）对该数据对象进行编辑和查看。对该文档进行“签出”操作。签出后，文档状态发生变化，此时可对文档进行属性修改，修改结束后，保存文档，再对文档执行签入操作（见图 4-26）。

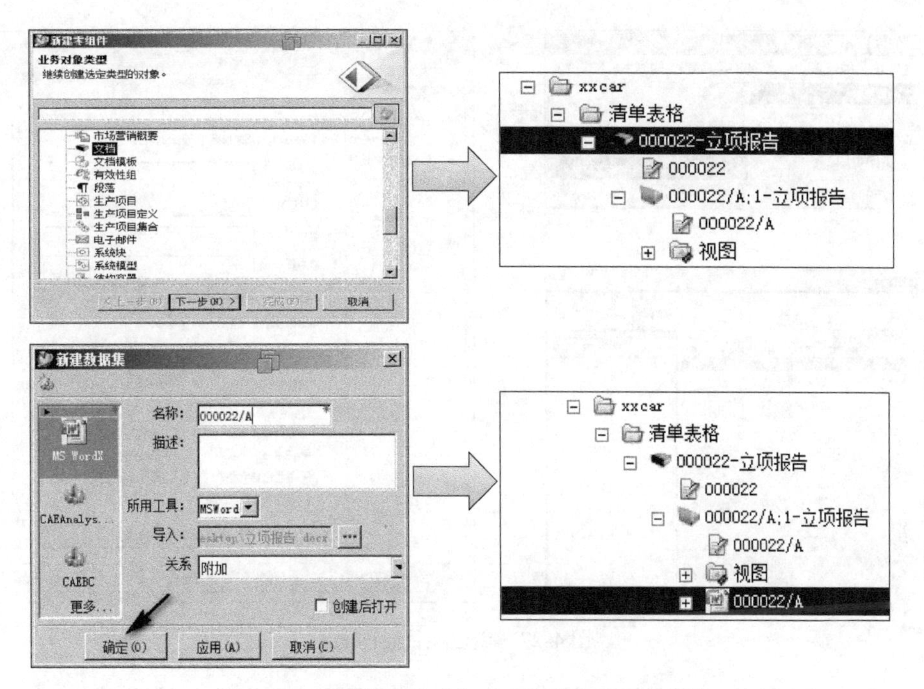

图 4-25　文档主记录对象及文档数据对象的创建

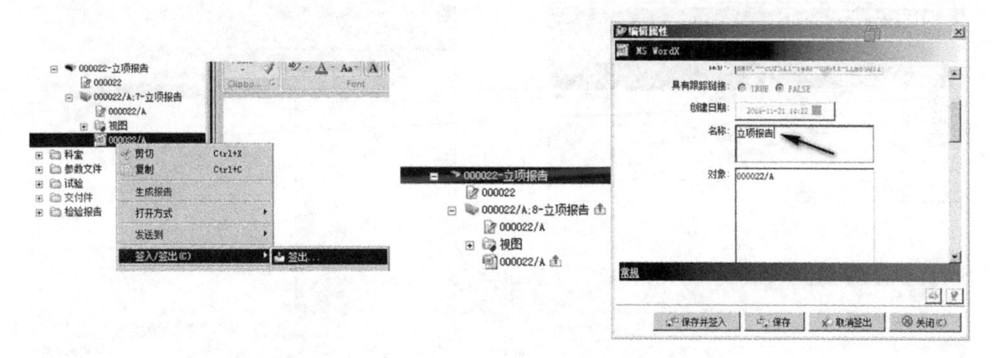

图 4-26　基于 PLM 平台的文档编辑及状态更改

4.4.2　方案设计

1. 制定项目计划时间表

制定整个项目的时间计划表，用于计划和跟踪项目活动。

责任人： 项目管理员。

1）创建项目时间表（见图 4-27）。

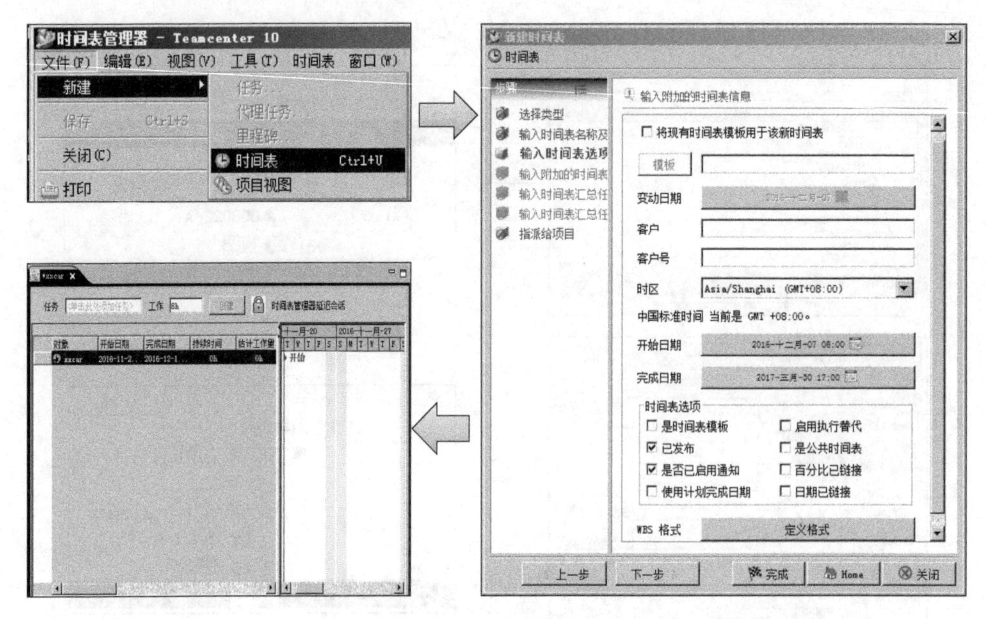

图 4-27　创建项目时间表

2）创建任务，确定任务完成的时间，估计项目的工作量（见图 4-28）。

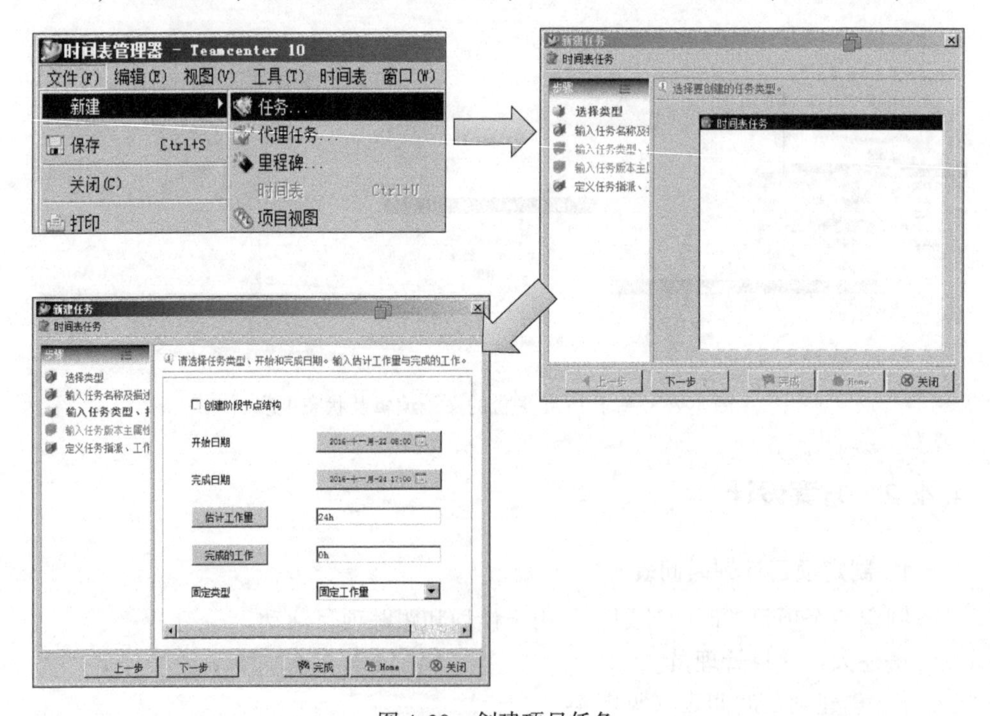

图 4-28　创建项目任务

3）创建项目里程碑。项目**里程碑**一般会建在项目的一些重要节点上，作为阶段性工作完成的一个重要标志（见图 4-29）。

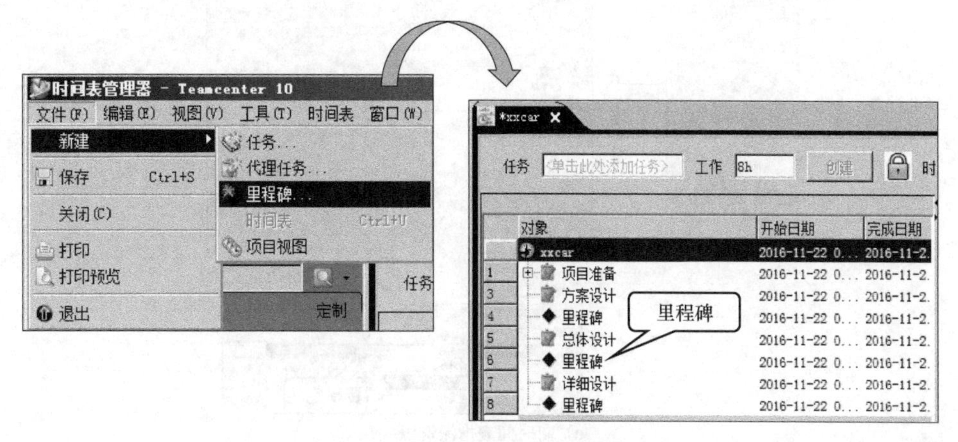

图 4-29　创建项目里程碑

4）甘特图调整。一般情况下，在创建任务的时候，不会去精确定义时间，在整个项目任务创建完成之后，多方人员具体讨论确认后，再进行精确定义（见图 4-30）。

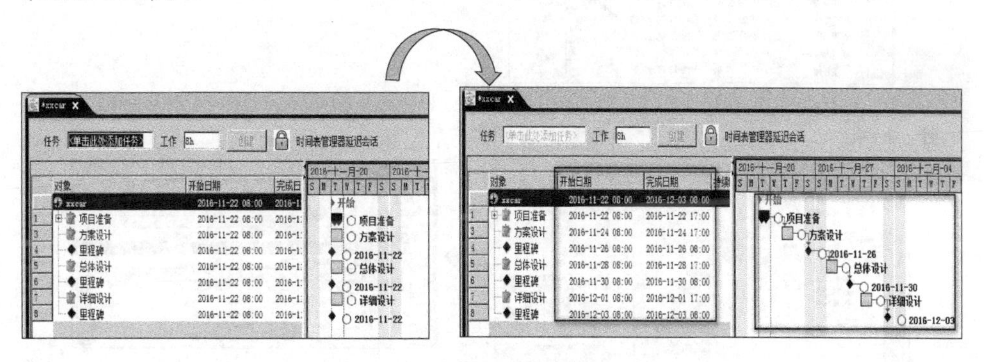

图 4-30　项目甘特图调整

5）向时间表和任务指派资源。通过指派资源，确保资源池包含完成任务所需的资源，确定每个资源指派参与级别，并提前获知资源是否可供小组调用（见图 4-31）。

2. 结构化需求规格书管理

对结构化需求规格书进行管理，允许把系统外文档直接导入 PLM 系统中，自动创建结构化需求规格书，同时允许把需求规格书导出为 Word 或 Excel进行管理。在需求与设计之间建立追踪链接，便于追踪并分析方案是否符合需求。

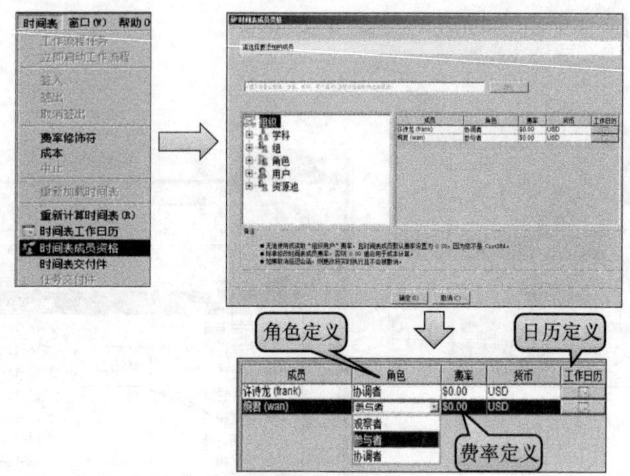

a）向时间表指派资源

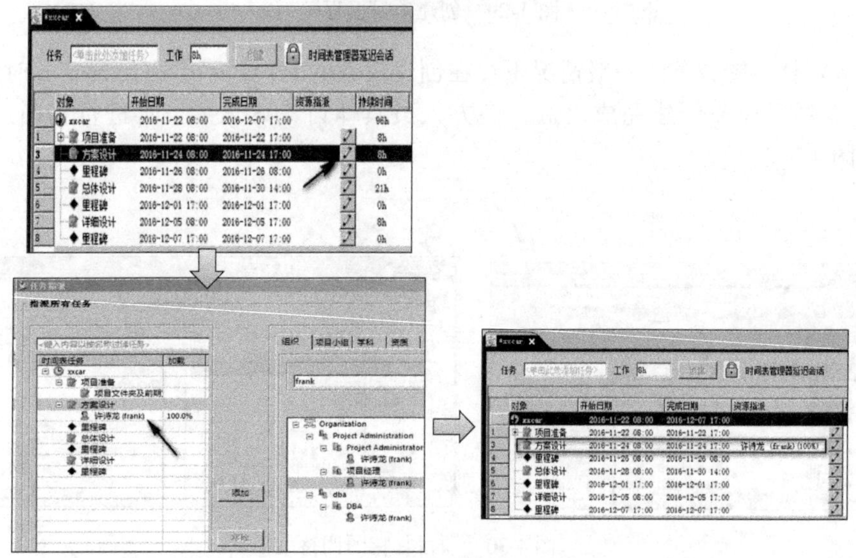

b）向任务书指派资源

图 4-31　向时间表和任务指派资源

责任人：项目管理员。

（1）创建需求规范　产品开发项目通常需要满足不同需求规范，如需要满足客户预期和规范，同时符合政府规定和行业标准，此外还要考虑当前技术和市场因素（见图 4-32）。

（2）创建需求，导入及导出规范　创建详细的需求，实现对每个需求都能描述到位（见图 4-33）。有些时候，文档已经在线下创建了，此时就无须在系统中手动去创建，可以直接通过“导入规范”功能将其导入。最终产品定型之后，可以导出需求规范形成一个标准规范的 Office 文档，用于存档。

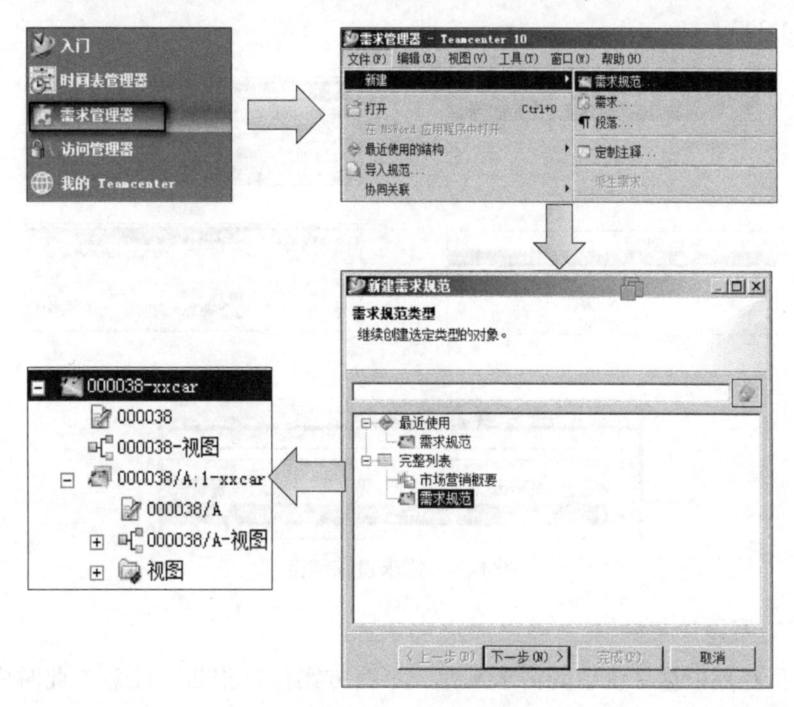

图 4-32　创建需求规范

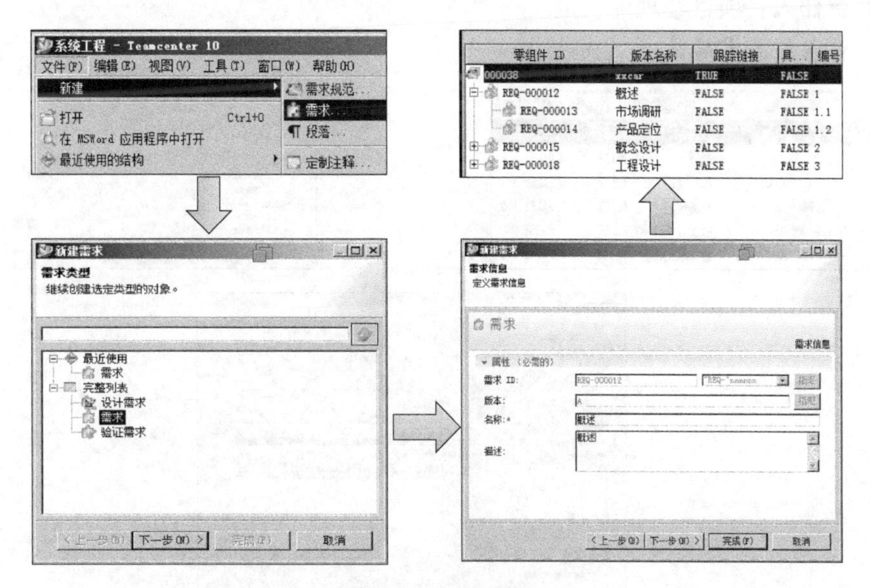

图 4-33　创建需求

(3) 需求追踪链接　建立需求与设计之间一级乃至多级关联关系，可以直接查找需求定义源和符合目标，从而快速、准确分析目标是否符合需求（见图 4-34）。

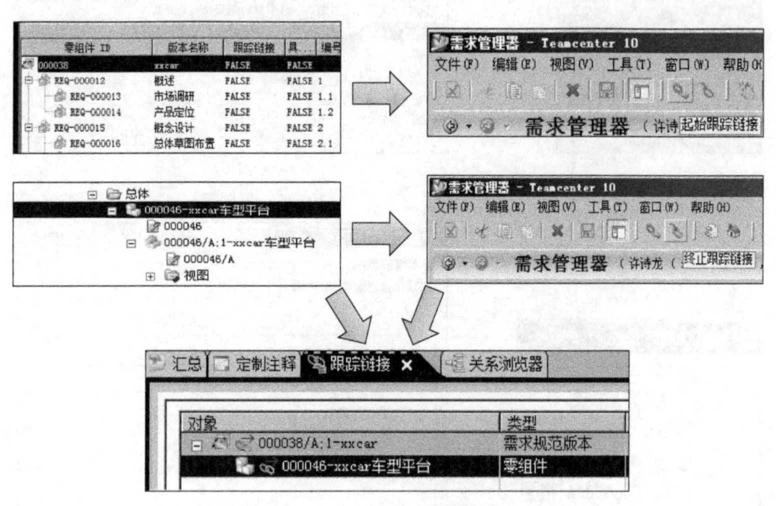

图 4-34　需求追踪链接

3. 方案设计与编辑

项目经理根据系统中的需求规范，书写方案设计报告。注意，此时应进入快速发布流程或是其他审核流程，进行文档冻结（见图 4-35）。

责任人：项目经理。

输入：需求规范。

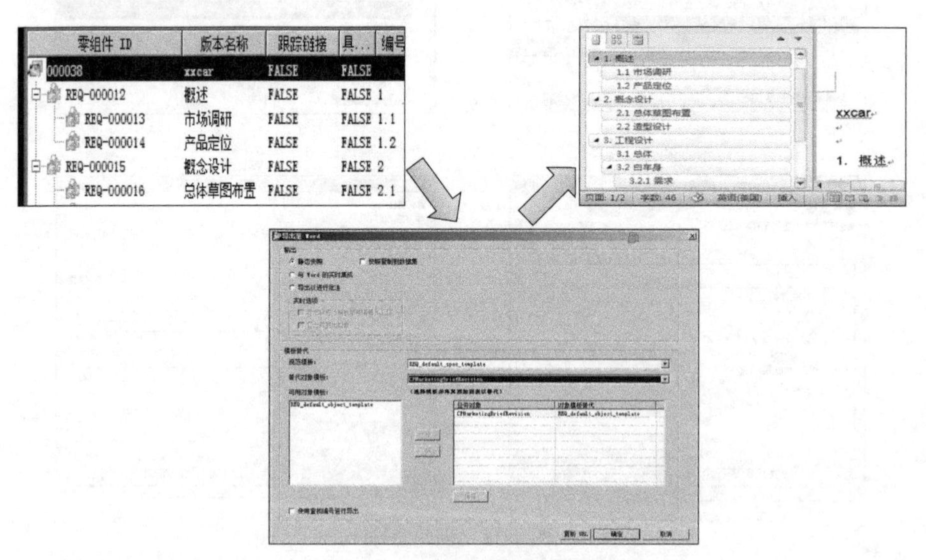

图 4-35　方案设计与编辑

4.4.3　总体设计

1. 数据录入与初始化

录入相关数据，如方案设计报告等一些文档材料（见图 4-36）。

责任人：项目经理。

输入：方案设计报告等文档材料。

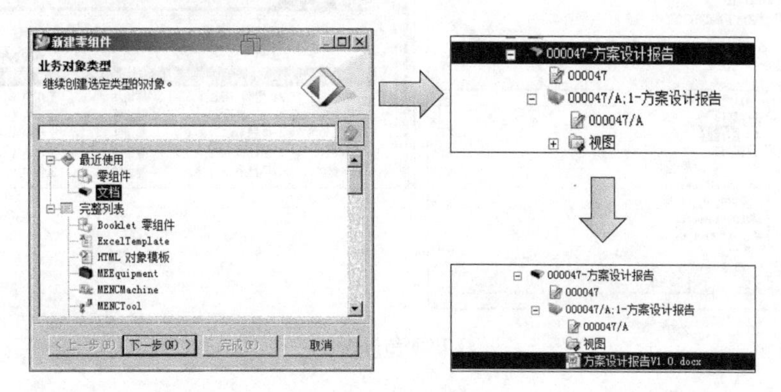

图 4-36　数据录入

2. 总体参数及布局规划

在之前规划的文件夹“总体”下，创建产品顶层结构。建立总布置图主数据记录，并在其下创建对应的数据对象，通过集成的三维软件构建总布置图（见图 4-37）。

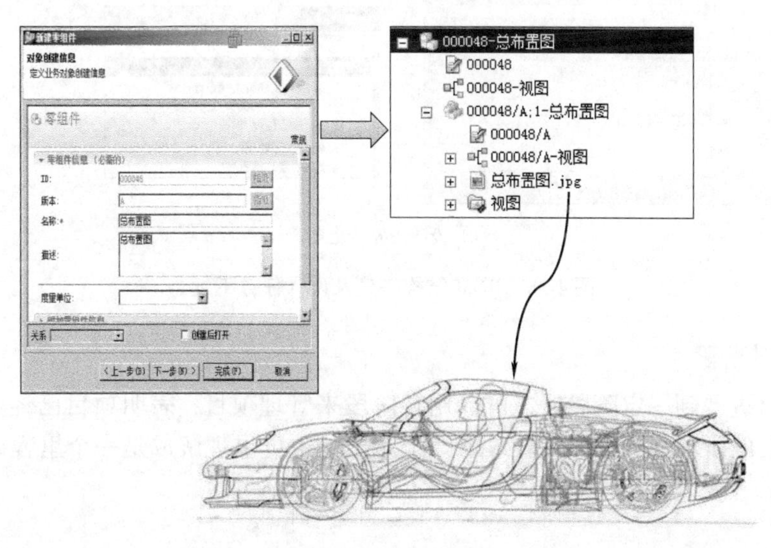

图 4-37　构建总布置图

3. BOM 结构搭建及设计任务下发

搭建产品结构，搭建完成后把对应任务以邮件或流程方式分派给各个负责人（见图 4-38）。

责任人：项目经理。

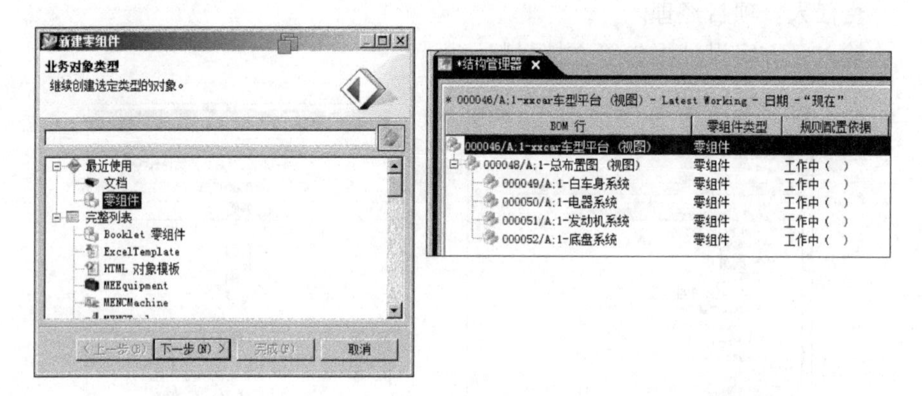

a）BOM结构搭建

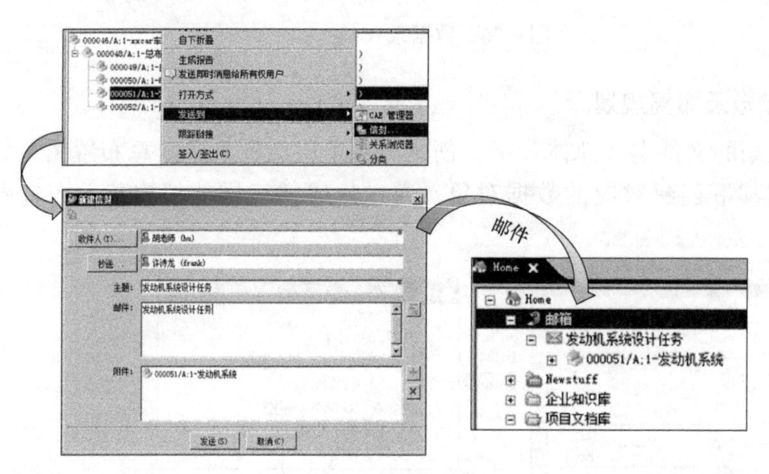

b）设计任务下发

图 4-38　BOM 结构搭建及设计任务下发

4. 转阶段

项目进展到一定阶段后，可以用转阶段来管理项目，表明项目已经完成了一个重要的阶段任务，即将转入下一个阶段，也可以理解成是一个里程碑（见图 4-39）。

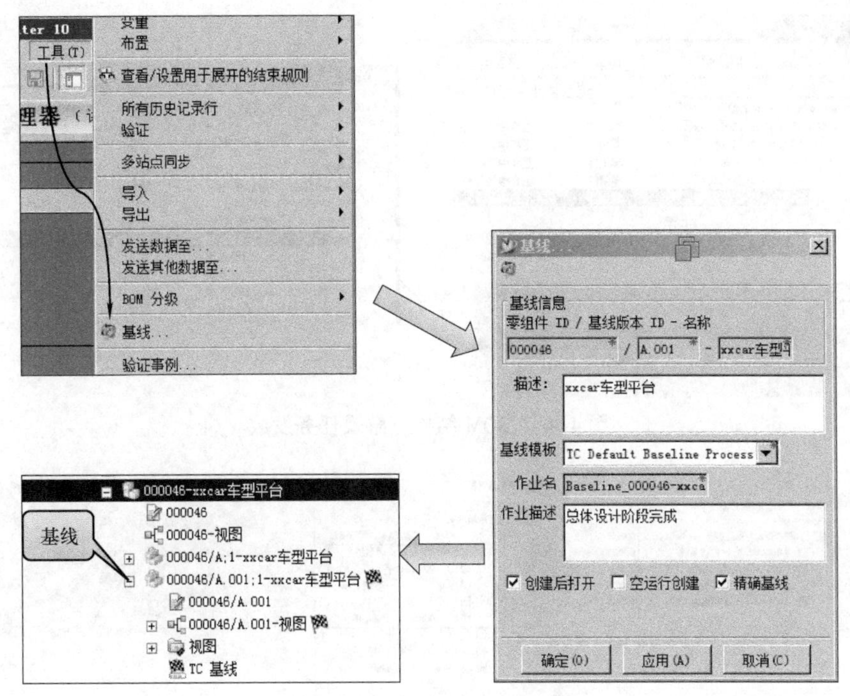

图 4-39　项目开发转阶段

4.4.4　详细设计

1. 设计任务接收及详细零部件设计

接受设计任务并在相应设计平台中完成设计，以 Top-Down 设计思路为例。

责任人：设计主管。

输入：设计任务。

1）设计主管接到任务后，可以对任务进行再分解。以底盘系统为例。

2）底盘系统又可拆分为传动系统、行驶系统、转向系统和制动系统等。

3）选中“底盘系统”，将这些子系统分派给设计师进行详细设计（见图 4-40）。

4）设计师接到设计任务后，进入设计平台开展各个部分的详细设计（见图 4-41）。

2. 设计数据审批

模型数据创建完成之后，进入审批流程进行审核。在这一步骤中，流程可以是预设的流程，也可以是新建的流程。将设计数据发送到流程中后，在流程各个节点进行审批，审批结束后冻结数据（见图 4-42）。

责任人：设计主管。

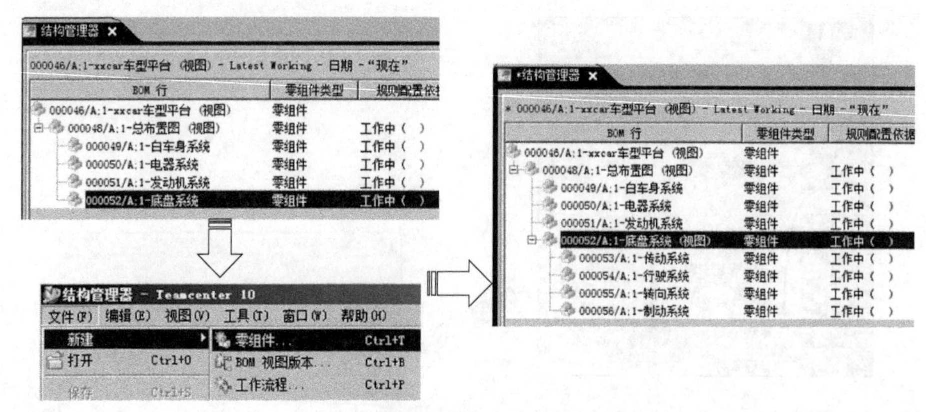

图 4-40　BOM 结构分解及任务发放

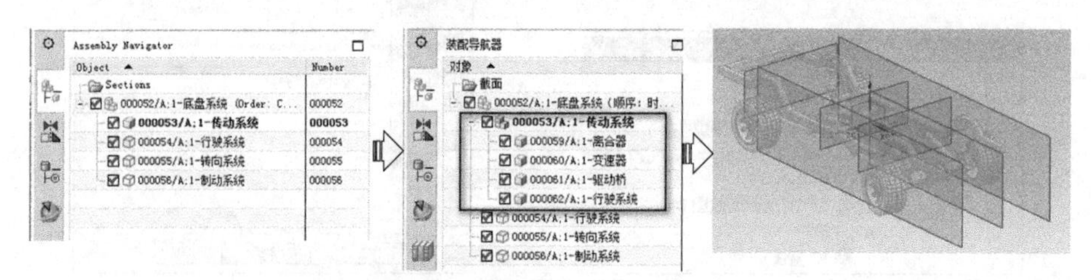

图 4-41　Top-Down 详细设计

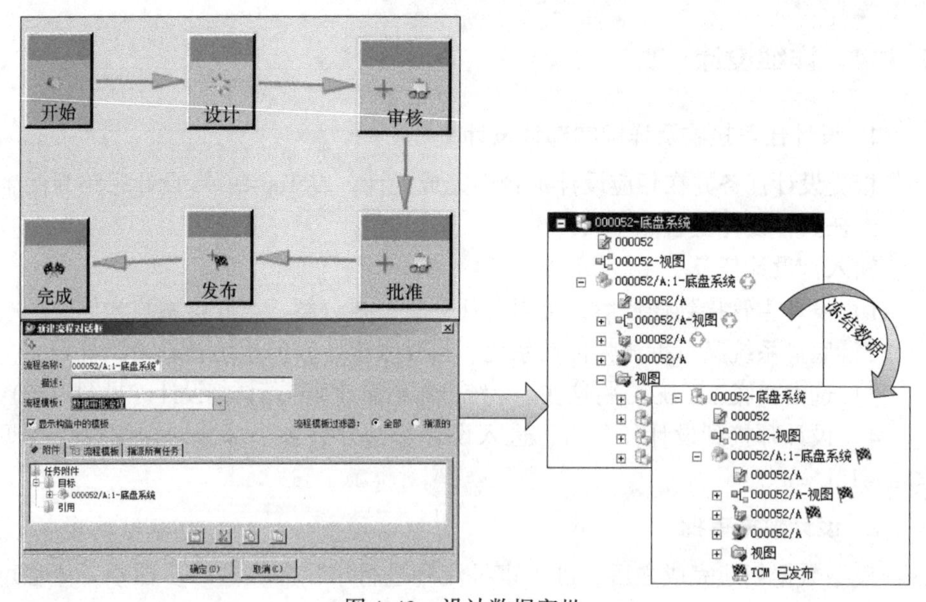

图 4-42　设计数据审批

3. BOM 管理

责任人：设计主管。

BOM 管理可以对现有 BOM 进行增减、BOM 克隆、BOM 比较，通过 BOM 版本规则设定查看不同版本 BOM 等，满足设计复用等需求（见图 4-43）。

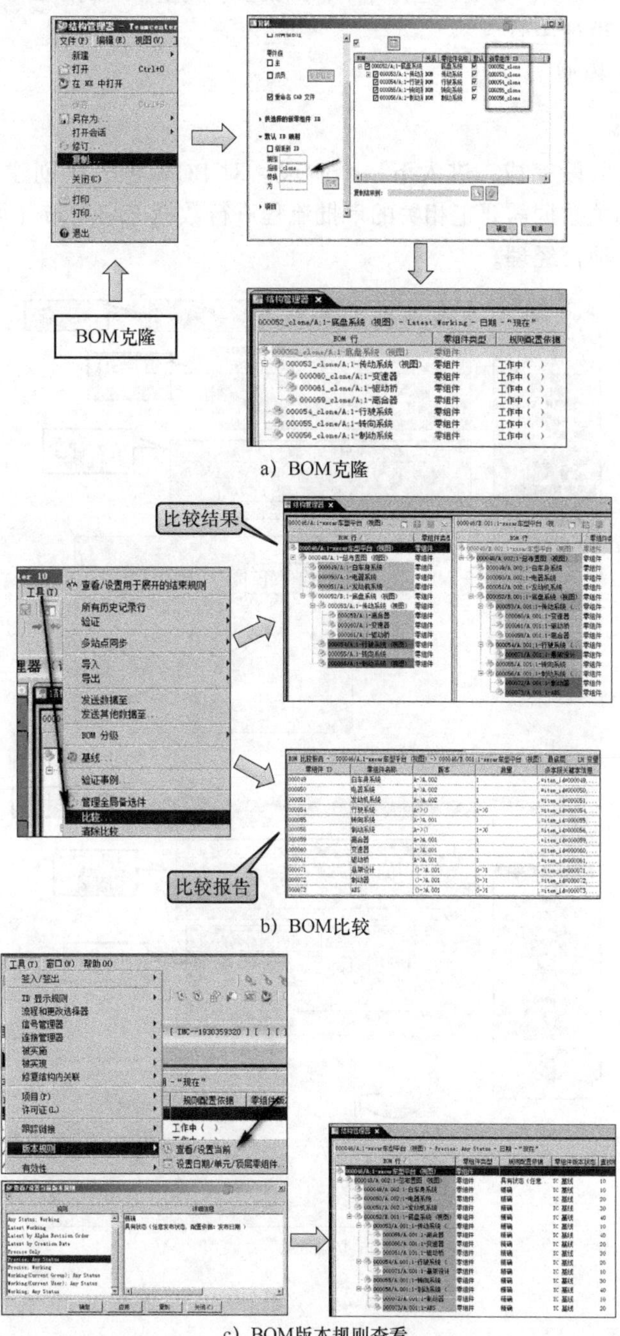

a）BOM克隆

b）BOM比较

c）BOM版本规则查看

图 4-43　BOM 管理

4. 产品评审

在产品评审阶段，对模型进行评审，如批注、测量、绘制截面等（见图 4-44）。

责任人：设计主管。

输入：JT 模型。

5. 转阶段

详细设计阶段完成，进入下一个阶段。对 BOM 再一次创建基线。其他文档、图标等相关数据需要走相关的审批流程进行数据冻结发布（见图 4-45）。

责任人：项目经理。

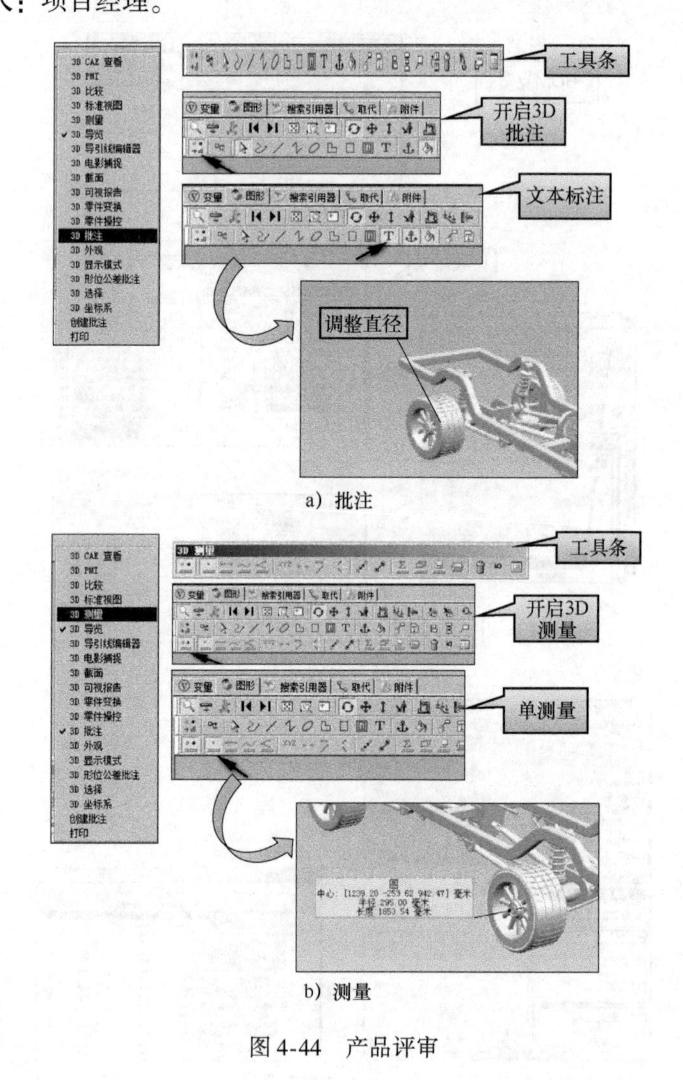

a）批注

b）测量

图 4-44　产品评审

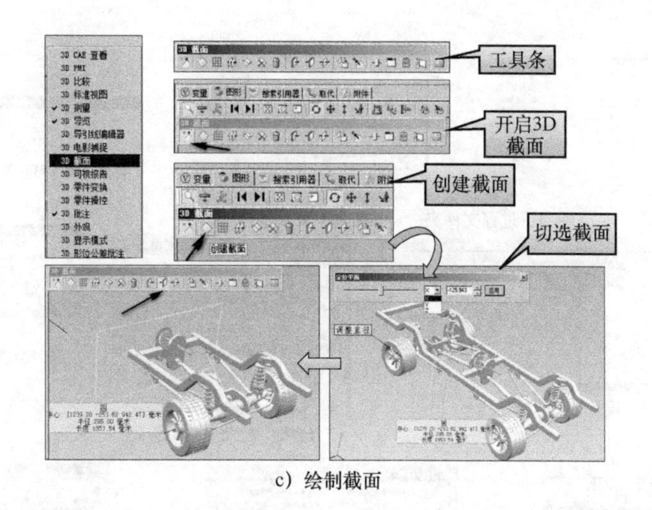

c）绘制截面

图 4-44　产品评审（续）

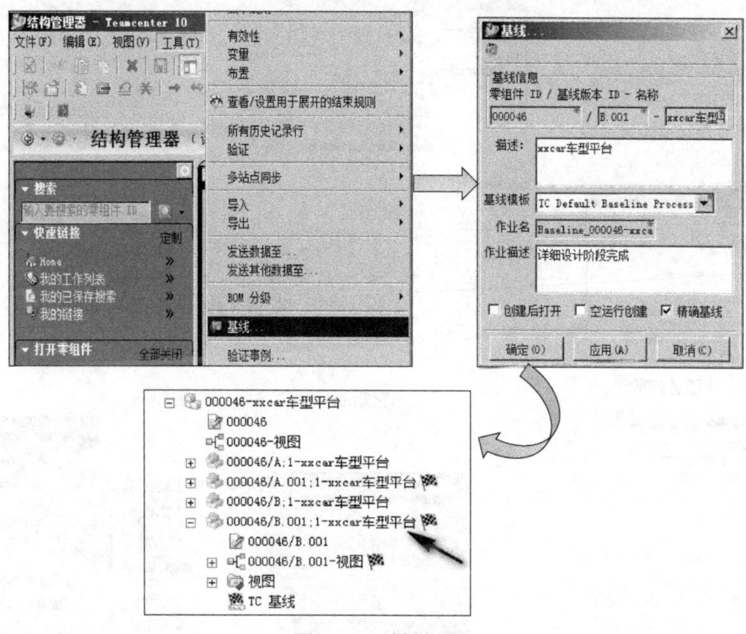

图 4-45　转阶段

以某型减速器为例，基于 PLM 平台开展设计（见图 4-46）。通过项目准备、方案设计、总体设计、详细设计四个流程，在完成减速器所有零件的设计和装配的同时，在 PLM 系统中生成了产品的结构，建立了零件之间的关系及数据的管理，并结合流程管理，完成产品的审核与发布，为产品进入制造生命周期阶段做好数据和信息的准备。

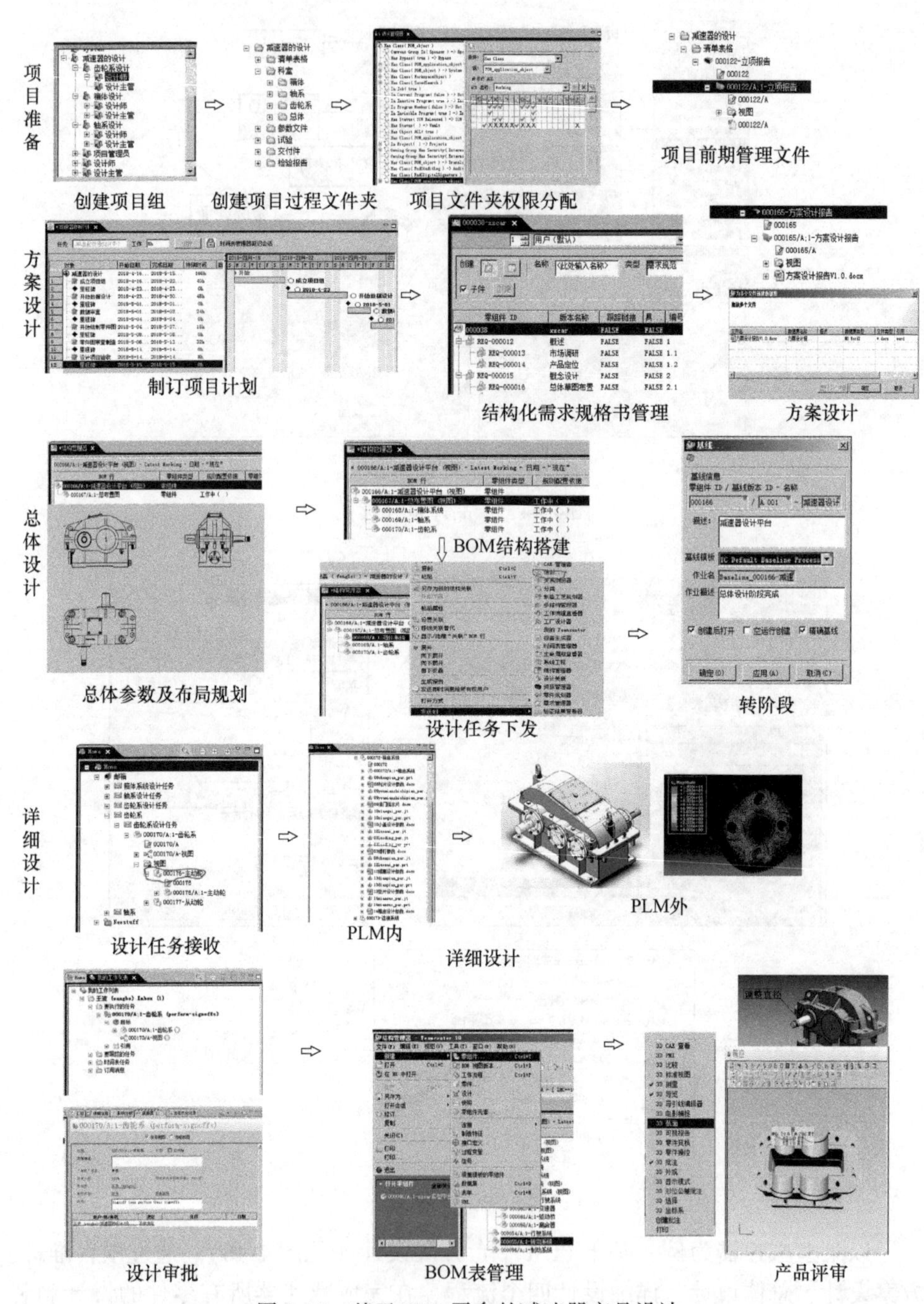

图 4-46 基于 PLM 平台的减速器产品设计

第5章 PLM的实施方法

PLM 技术和系统在企业的应用，不仅可以有效地对从概念设计、工程分析、详细设计、工艺流程设计、制造、销售、维护，直至产品报废与回收的整个生命周期与产品相关的数据予以定义、组织和管理，使产品数据在整个生命周期内保持一致、最新、共享及安全。同时，它还为 CAx、DFx 应用系统提供了统一的集成运行平台，是连接 CAD、CAPP、CAM、MIS、MRP II、ERP、车间管理与控制系统的桥梁与纽带。

PLM 系统在企业中是否真正成功发挥作用，关键是看如何实施。PLM 系统的实施是指在 PLM 框架下实现企业最佳运作（主要指产品开发）的过程。它根据企业需求和企业文化，将所有与产品相关的信息、资源、人员和过程都纳入 PLM 技术和管理框架之中，实现优化运作，是一个复杂的系统工程。本章将从 PLM 实施的需求目标到 PLM 选型及 PLM 具体实施方法开展介绍，为 PLM 成功实施提供解决思路。

5.1 概述

在 PLM 技术应用中，PLM 实施在整个 PLM 系统中占有举足轻重的地位。PLM 的实施不是单靠软件就可以的。据统计，企业在 PLM 软件上的投资只占总投资的 30%，而在人员培训、售后服务、系统集成和咨询服务等非技术因素上的投资占总投资的 70%。PLM 的实施是一项系统工程，它不仅涉及技术因素，同时涉及组织与管理等诸多因素。随着 PLM 功能的逐渐强大，各种软件子系统的集成应用，PLM 项目的实施工作实际上已成为一项复杂的系统工程，所涉及的知识面广且部门众多，不仅涉及技术，而且涉及管理业务、组织和行为科学。通过 PLM 系统的有效实施与管理，可及时提供给设计人员正确的产品数据，避免烦琐的数据查找，提高设计效率；保证产品设计的详细数据能有序存取，提高设计数据的再利用率，减少重复劳动；有效控制工程更改，决策人员可以方便地进行设计审查；可以进行产品设计过程控制，提供并行设计的协同工作环境；实现整个产品开发过程的系统集成（包括供应商、销售、支持与维修服务等）。

一个成功的 PLM 项目实施，包含了产品研发管理思想、PLM 软件、实施方法论、项目团队和企业管理者智慧。其中，产品研发管理思想是指导方针，软件是核心工具，实施方法是具体措施，项目团队和企业管理者智慧是成功的催化剂，这四方面合为一体，紧密联系，相互影响，缺一不可。所谓方法学，是为达到给定的任务目标而遵循的一系列系统的流程，这些流程细分为一个个步骤，每个步骤都运用某种技术来达到预定的任务要求，而每项技术都运用了一种或多种应用工具。PLM 系统实施方法学就是研究怎样成功地实施好 PLM 系统的学问。PLM 的实施决定了企业能否真正充分利用 PLM 系统及各应用系统的功能，达到 PLM 项目实施的预期目的。

一般地，PLM 系统实施应遵循的流程包括确定实施的目标、PLM 选型及解决方案评估、项目实施。其中，项目实施包括组建团队、流程分析、知识传输、确定功能需求、系统设计、编写说明、编码与系统构造版本验证、系统迁移与推广，以及优化应用等。

5.2 PLM 实施的需求、目标及效益分析

企业实施 PLM 首先必须要了解自身现状，对 PLM 实施效果有明确的目标，然后确定现状与目标之间的差距，对其进行分解，将复杂目标细化成一个个阶段性目标。首先，要确定 PLM 系统所支持的管理范围，是面向工作小组、部门、企业，还是跨地区的企业；其次，要确定 PLM 的应用范围，是面向一般的图文管理、设计与制造的过程管理，还是更广阔的应用；然后，确定实施的时间跨度，是对某一目标一次完成，还是分期完成；最后，确定 PLM 实施要达到的目标，是小目标还是大目标。

PLM 系统涉及的范围从原来工程设计制造人员的范畴扩大到工程技术管理人员，以及经营、计划、生产等部门的管理人员，甚至还涉及企业主管技术的主要负责人。因此，PLM 系统和 CAx 类技术系统实施的目标有很大的差别。企业实施应用 PLM 系统的目标是和企业的需求紧密联系在一起的，但需求和目标显然是两个不同的概念。需求是企业需要解决的所有问题，而目标是企业根据各方面实际情况拟定的在一定时间以内切实可行的计划，或者说是在一定时间以内能够解决的具体问题。有部分需求可能既定存在，但根据企业目前的情况，在预定的时间内是没法解决的，这些需求是不能作为目标的。所以，在企业拟定目标时，需要对企业的各方面情况和需求情况进行全面而详细的调查分析，同时明确企业信息化现状，分析是否满足 PLM 实施的基本条件，这样的目标才是有效的。

5.2.1　企业需求挖掘

PLM 系统除了受到技术环境的影响以外，还受到社会环境，尤其是“人”因素的影响，因而具有很高的不确定性。一方面，不同行业领域企业的业务存在较大区别，难以用同一套解决方案；另一方面，即使是同一行业，其组织架构、业务流程、员工素质、企业文化差异也导致其他同行业企业的成功解决方案不一定适用于本企业。因此，PLM 实施前必须对企业进行调研，对企业现状进行完整分析，从而提炼出企业的真正需求。

同时在企业内部，不同业务视角对 PLM 的需求不同。在企业需求挖掘过程中，需要注意以下几点：

1）调研必须涉及产品全生命周期的相关部门，即涉及从产品研发到质量、制造、工艺、采购、财务、市场等部门，对部门关键用户进行业务访谈调研。在调研中，在充分了解各部门领导的期望的同时，需要重点关注业务执行者的工作痛点、难点及改进建议。

2）除以上业务部门的需求外，对存在业务交叉的部门，根据各个部门的意见，统一协调，确定切实可行的执行方案，对无法协调的意见分歧，寻求上一级领导的支持。要避免项目实施后，相关业务部门的执行阻碍。

3）在业务需求挖掘过程中，注意区分解决方案和系统需求，正确确定需求的价值和优先级。

在需求挖掘过程中，企业需要明确自身的战略目标，由此确定明确的 PLM 实施目标，并根据企业现状，划分实施阶段，制定阶段性的目标并逐步推进。

5.2.2　企业实施的目标

在 PLM 实施以前，一定要根据企业的要求和实际情况，确定实施的目标层次。

一般来说，PLM 实施的总体目标是建立一个产品创新平台，覆盖企业的市场、开发、生产、销售、使用、维护等产品整个生命周期业务环节，与合作伙伴、供应商、客户进行有效协同，使产品生命周期在统一平台下进行数字化闭环管理，实现复杂产品的协同创新。在 PLM 实施以前，一定要根据企业的要求和实际情况，结合收益回报率，根据 PLM 成熟度模型来确定 PLM 软件的实施阶段目标。一般来说，实施的目标层次分为以下三个：

（1）*产品数据及文档管理*　这是企业普及 CAD 之后的基本需要，也是 PLM 的基本功能（如文档存储管理、产品配置管理、与 CAD 的集成、版本与变更管理、权限管理）。

通过实施 PDM，可以解决企业面临的以下问题：

1）数据分散零乱，信息共享程度低，信息重用性低，安全性差。

2）电子图档和纸质图样内容不统一，工程变更慢且信息一致性差，缺乏合理的版本管理和必要的打印控制。

3）缺乏 BOM 自动提取功能，人工提取容易造成信息不准确。

（2）*面向工作流的项目管理*　该实施层次是建立在第一层次已实现的基础之上的。与 ERP 实施一样，实施 PDM 也需要有细致的业务建模工作，而 PDM 的业务流程会以工作流的方式出现，一个工作流的启动和结束将伴随着产品数据对象及其属性的状态或版本改变，而这种改变是以审批决策作为流程的控制点。所以说，PDM 的业务流程是由评审贯穿的、基于条件的过程。PDM 的业务流程设计，主要是对评审权限的分配、评审条件及通过规则的定义。面临突发事件和紧急情况，通常某些业务流程还应该有相应的变通选择。IPD/NPI/CMII 等标准可以作为 PDM 流程设计的参考。

PDM 系统中的项目管理可以被认为是基于产品生命周期中可利用资源（人、财、物、时间）在不同阶段的分配与监控管理。其 WBS、AON、AOA 设计有其特定的内涵，要能够灵活配置项目管理信息粒度，以满足产品研发不可预知性与多变性的特点。项目管理是面向工作流的，将其中涉及的生命周期阶段与状态和工作流管理及变更管理等工具联系起来，能够实现生命周期的转变流程的自动化，从而完成最复杂的企业数据管理工作。工作流管理可以单独实施，也可以和项目管理联合实施。

（3）*基于上下游供应链的生命周期管理*　本阶段是 PDM 在上述层次上的进一步拓展，该层次引入了基于三维可视技术的上下游供应链协同产品商务，即 PLM 解决方案。应用范围从企业内部扩大到最终用户和合作伙伴。将产品的设计信息直接连入 ERP 系统，与供应链上的采购、生产、销售和商务集成起来，建立一个统一的产品研发信息集成和协同创新平台。

5.2.3　PLM 的效益评价

PLM 系统的实施是一件投资大、周期长、难度高的大型工程项目，全面认识 PLM 系统的效益和正确评估 PLM 的成本对于成功实施 PLM 具有十分重要的意义。

1）PLM 效益评价首先要分析清楚哪些是 PLM 管理的数据，哪些是 PLM 不管的数据。

① PLM 管理的数据。PLM 管理的数据是与产品相关的数据，包括：各类产品相关需求/规范/标准、产品定义、质量验证、工艺规程、制造过程、仿真分析、综合测试、使用维护、报废重用、相关开发人员与开发项目等。

② PLM 不管理的数据：包括人事制度、企业融资、生产计划、销售合同、采购合同、仓库管理、奖惩制度、物料运输、财务报销等与产品不相关的数据。

2）明确 PLM 可解决的问题，如加快产品上市时间、提高产品质量、增强创新能力、管理知识资产、降低整体成本、全球化协同等。

据此，确定 PLM 的效益评价方法。PLM 的效益评价采用定性和定量评价两种方法。

1）定量评价。定量评价方法通过比较 PLM 实施前后节省的成本进行衡量。具体的定量指标可以分为战略性的指标和战术性的指标。

① 战略性的指标一般指站在企业的全局立场分析实施 PLM 系统以后可能带来的效益的指标。例如，销售额增加 $x\%$、利润率增加 $x\%$、市场份额增加 $x\%$、缩短产品开发周期 $x\%$、缩短新产品上市时间 $x\%$ 等。

② 战术性的指标一般指站在某个部门的立场分析实施 PLM 系统以后可能带来的效益的指标。例如，缩短查找信息时间 $x\%$、减少零部件数量 $x\%$、减少产品开发/设计过程中的错误 $x\%$、减少工程更改的次数 $x\%$、降低客户投诉率 $x\%$ 等。

表 5-1 列出了可用于定量评价的指标（部分）。

表 5-1　定量评价指标（部分）

战略性的指标	战术性的指标
销售额增加 $x\%$	增加标准件数量 $x\%$
利润率增加 $x\%$	减少产品开发 / 设计过程中的错误 $x\%$
市场份额增加 $x\%$	减少工程更改的次数 $x\%$
缩短产品开发周期 $x\%$	缩短工程更改的时间 $x\%$
缩短产品原型制作周期 $x\%$	减少采购过程中的错误 $x\%$
缩短产品报价周期 $x\%$	缩短采购过程的时间 $x\%$
缩短产品转产时间 $x\%$	降低零部件制造成本 $x\%$
提高报价命中率 $x\%$	降低废品率和返修率 $x\%$
缩短新产品上市时间 $x\%$	错误提供备件的情况为零
缩短查找信息时间（零部件、文档等）$x\%$	减少由于产品维护而引起的停工时间 $x\%$
提高零部件重用率 $x\%$	降低质保费用 $x\%$
减少零部件数量 $x\%$	降低客户投诉率 $x\%$

2）定性评价方法。定性评价方法通过比较 PLM 实施前后企业信息化水平在行业中地位的变化进行衡量。定量评价指标可以从节省时间、降低成本和提高质量等方面评价效益。

①“节省时间”是指实施 PLM 以后，在销售、开发与设计、采购、制订生产计划、生产及产品售后服务等产品生命周期的不同阶段所节省的时间。

② 对于“降低成本”，由于 PLM 实施后提供了高效的、统一的管理产品开

发设计过程中相关数据和过程的平台，PLM 系统可以明显降低产品的开发和设计成本，提高零部件的重用率。此外，还对降低销售、采购、制订生产计划、生产及产品售后服务等产品生命周期的其他阶段的成本产生重要的影响，如降低返工费用，采用各种智能化开发设计方法辅助产品开发，在产品开发的初期快速发现问题和缺陷，各种专家知识方便调用。

③“提高产品质量”是指在实施 PLM 过程中，会影响产品质量的改善指标。

表 5-2 列出了可用于定性评价的指标（部分）。

表 5-2　定性评价指标（部分）

评价指标
在产品开发和制造中由于采用了并行处理方法，从而降低了错误率
减少由于工程更改引起的工作量
降低制造过程中的报废率和返工率
减少外协/外购过程中的缺陷
改进用户服务和产品维护
减少备件管理中的缺陷
减少停工时间
提高顾客满意度
实现产品的可靠性指标

5.3　PLM 系统的选型

5.3.1　PLM 系统选型要考虑的因素

随着信息化技术在企业的推广和应用，PLM 系统作为企业产品全生命周期信息集成平台被越来越多的制造企业所重视。因此，目前很多企业在实施 PLM 的过程中把相当大的精力投入到对能够满足企业实际需求的 PLM 产品的选型中，希望所选择的 PLM 产品在体系结构、可扩展性、易维护性和稳定性方面均有较好的性能。

企业选择 PLM 系统时首先要根据实际情况和需求分析，选择能够满足企业各项功能要求的 PLM 系统，不能脱离实际，一味地追求高档和功能齐全。其次，也是最重要的一点，就是看供应商是否有实施 PLM 技术服务的能力，即技术支持、二次开发、咨询服务和培训的能力。企业不仅要花钱购买 PLM 软件，还要花费一定的资金购买服务，在预算经费时，这些开销也要占到一定的比例，一定要规划在内。如果企业有较强的技术力量，那么就要仔细规划哪些工作必须由PLM产品的供应商来做，哪些开发和实施可以在供应商的指导下由自己来做，这样既可以节省部分资金，又可以尽早锻炼出自己的PLM技术力量，有利于企业今后PLM系统的正常运行和维护。

关于选型，要考虑多个方面，主要包括软件、供应商、用户等。

(1) 关于软件 应该考虑，软件的架构，结构是否灵活，是不是模块化设计；软件的集成性，是否能够做到与CAx软件的双向集成；开放性，与ERP、MES等第三方软件的集成；此外，需要考察方便、灵活的二次开发能力。

企业究竟应选择哪一个软件平台，主要应从能满足使用且投资比较经济为出发点，即以能提高产品的质量，缩短产品的开发周期，以便尽快地占领市场，为企业创造效益为准则，而不是越贵越好。选择PLM系统时，一般应结合以下几个方面进行考察：

1）满足功能要求。在选择PLM软件时首先要考虑PLM软件是否能满足企业当前及远景的功能需求。按照所需功能的优先级排定软件必备和可选的功能，先看软件能否满足必备的功能，在满足必备功能的前提下，再看可选功能满足的程度，以满足后期发展需要。

2）和企业信息化应用的水平相适应。实施PLM是企业信息化技术的深化，因此，PLM的实施要和企业CAx/ERP/MES等应用的水平相适应。

3）系统的开放性。从PLM系统的发展可以看出，一个优秀的PLM系统，必须具有良好的底层体系结构，能满足异构计算机系统的要求。这样才能保证企业在不断发展的同时，PLM系统也能随之扩展而不受太多技术因素的制约。PLM系统的开放性主要体现在以下几个方面：①支持多种软、硬件平台；②支持多种数据库；③支持多种网络协议；④支持多语种。

4）考虑和现有软件的集成性和接口问题。PLM涉及的领域很广，选择时还应考虑PLM产品和企业中现有技术应用系统（CAD、CAM等）之间是否具有较好的集成性，与其他系统接口的能力（如MRPⅡ、ERP、MES等）。系统的集成性主要表现在PLM系统与其他商用系统软件，包括CAD、EDA、Office、ERP、邮件系统等的集成。优先考虑有现成接口或是预留通用接口的PLM软件，然后再考虑需要做二次开发的PLM软件。

5）注重软件运行的速度和硬件配置。由于PLM软件共享工作空间都在服务器上，同时，产品信息的量较大，所以必须考虑PLM的响应速度这个问题。

6）系统的稳定性和安全性。系统的稳定性主要指系统正常运行时出现故障的频率，一般要求软件至少运行4年以上无问题。对于安全性，一般对于一些账号加密、存储文件加密、文件在传输过程中的加密，以及访问机制等方面必须要有完善的安全机制。

(2) *关于供应商* 要考察供应商的性质、规模；有过哪些成功客户、有过哪些与自己企业类似的客户；供应商有多少咨询顾问；他们发现问题和解决问题的能力如何；供应商的企业文化是否与用户的企业文化互相兼容；调查已实施 PLM 的单位目前应用的情况如何。

PLM 不同于一般的应用软件，一般购买 PLM 产品时，还要花费一定的经费购买其他服务，包括：软件费用、实施费用、二次开发费用、后期技术支持费用等。在 PLM 选型的过程中，需要注意考察供应商是否有实施 PLM 的经验，是否有二次开发和服务的能力，是否有专门的技术服务队伍，以及供应商的发展前景。

(3) *关于用户* 要考虑为什么上 PLM；确认企业的 IT 规划是什么；在企业的整个 IT 规划中 PLM 处于一个什么样的角色；企业的领导是否重视，相关部门是否配合，激励监督是否到位，有没有相关的责任机制。

在实施 PLM 之前，客户已经初步了解企业对 PLM 各功能模块的需求情况，因此，在选择 PLM 软件时，用户可根据分析结果选择功能，按照所需功能的优先级排定软件必备和可选的功能。与此同时，用户集成开发工具的功能将成为用户选择产品的基本条件。值得注意的是，PLM 软件面市后需要三年以上的成熟期，因此用户应尽量选择在 PLM 市场上处于领先地位的 PLM 供应商。

另外，企业的领导必须清醒地认识到 PLM 技术不是拿来就能用的工具，不像其他技术型应用软件，只要技术人员熟悉软件的一些命令即可使用。PLM 是一门涉及管理领域的技术，它为企业提供了一系列的科学管理工具，实施 PLM 是对企业动手术，针对不同的企业，按照各自的实际情况，利用 PLM 提供的管理工具可以创造出各种侧重点不同的 PLM 系统。因此，企业引进 PLM 系统时应充分做好调查和咨询工作，根据本企业的实际情况和需求分析，选择适合自己企业的 PLM 系统。

5.3.2 PLM 系统选型原则

在确定了 PLM 系统的研究开发的总体目标之后，就可以据此确定 PLM 系统的选型原则。由于各企业的业务特点及管理模式差异很大，所以对 PLM 系统的需求差别也是非常悬殊的，同时大多 PLM 供应商的产品均具备较为完备的功能模块，但也各具特色。所以要实施一个最适合企业的 PLM 系统，选型是具有重要意义的工作。PLM 系统的选型要考虑很多因素，对企业来讲存在很大的风险，选型的好与坏直接决定着 PLM 实施的周期、质量、效果和企业的发展，所以它值得企业投入大量的时间、人力和物力。

PLM 是需要有针对性实施的企业级管理软件，PLM 软件的选型不同于 CAD、CAM 软件的选型，不能仅通过简单的测试来决定其优劣。一般在 PLM 系统的选型过程中应遵循以下一些基本原则：

1）功能度。功能度是指软件所实现的功能和满足用户需求的程度。功能强大的企业级 PLM 系统应具有的关键特性及应提供的服务有：基本项目和外加项目。

2）实用性。实用性是指 PLM 系统应具有满足实际工程要求的能力，具体表现在：灵活性、易用性、规模性和可访问性。

3）开放性。开放性是指 PLM 管理系统结构的开放能力，具体体现在：独立性、用户化能力和集成性。

4）技术支持能力。技术支持能力包括 PLM 系统的维护、版本升级、技术支持等问题。同 MRP 软件类似，PLM 系统不仅是一个软件，更重要的是它提供了一种企业管理模式，这个特点决定了技术支持的重要性。PLM 系统同企业的管理有一个相互适应的过程，这就需要一个长期的、良好的技术支持。

5）行业匹配度、实施案例及成功经验。由于不同行业对 PLM 的功能要求不同，而 PLM 供应商可能也侧重于不同行业，因此企业需要对 PLM 供应商进行考察，了解其是否有同行业的成功案例，考察典型客户的应用情况。PLM 系统不仅是一门软件技术，而且是一门实施的技术，具有较强的实践性。实施案例和成功经验是项目成功的一个重要保证，丰富的成功经验可以减少实施的风险。

6）经济性。经济性是指在满足用户要求的前提下，应尽可能选用便宜的 PLM 软件，以便于节省投资，即应选用最佳性价比的软件项目。

5.3.3　PLM 系统选型步骤

在确定了 PLM 系统的选型原则之后，就要按照这个框架来实现。结合企业的实际，根据以下 PLM 系统选型步骤，最终完成 PLM 系统的选型工作。

（1）*项目前准备*　准备详细的技术资料，同时积极进行宣传，让企业全部员工都知道企业即将实施 PLM 系统的重要意义。这样在未来 PLM 系统的实施过程中才能得到各部门的支持和配合。

（2）*成立项目选型小组*　组建 PLM 系统选型小组，以保证顺利、高效地实施该项目。需要注意的是，这样的小组最好由企业的高级领导负责，目的是为了将来依靠领导得天独厚的优势来协调各部门各小组成员之间存在的问题，使事情达到事半功倍的效果。一般建议选型项目小组成员包括：研发总经理、研发各个部门经理、IT 经理、业务专家等。

（3）*调研业务部门，了解业务部门的实际情况*　广泛联系企业各部门，认真调研企业各个部门的信息，弄清产品研发目标和当前产品状态，了解各个部门的需求。弄清楚产品研究开发目标和当前的产品状态，详细分析企业的技术基础结构，撰写一份《企业需求分析状况报告》。最终编写《PLM 选型需求建议书》，这份报告在和供应商进行交流时使用。同时根据调研情况，还要编写《PLM 选型功能评估点》，该文件能保障有针对性地去考察软件供应商是否符合企业的要求，以便在前期考察供应商的时候项目选型小组有一个统一的关注点。

(4) 接触 PLM 系统供应商　在“知己”的基础上，还要“知彼”，在联系 PLM 系统供应商之前，可以从各种渠道了解供应商的情况。然后，联系多家供应商，但是不是越多越好，5～6 家即可，方便选择。再对这些供应商进行综合对比，确定几家供应商作为重点接触对象，这样不会浪费太多的人力、物力。

(5) 系统初步演示和初步的报价　确定一个时间进行产品演示。在产品演示前期，要准备一些企业最关心的问题或最典型的业务，要求 PLM 供应商进行现场解答或演示，同时通过价格的比较确定 2～3 个重点供应商。

(6) 供应商根据需求建议书，撰写相关方案书　把《企业需求分析状况报告》和《PLM 选型需求建议书》发送给重点考察的供应商，请他们根据报告，提供以下文件：项目计划书、项目解决方案、项目实施方案、软件功能详细清单、项目组织管理、项目经理和实施顾问及相关人员的资质、项目培训计划及安排等。

(7) PLM 供应商典型客户访问　通过对 PLM 客户的访问来具体了解：一是验证 PLM 供应商所说的功能是否真实；二是从侧面了解 PLM 供应商在实施以前项目时的一些真实情况；三是借鉴一些 PLM 实施经验，少走弯路。

(8) PLM 供应商考察　到 PLM 系统供应商所在企业实地考察。若资金允许，可以聘请专业的咨询公司来获得供应商的信息。对软件供应商的考察，具体了解以下内容：供应商的经济实力和发展方向；供应商的专业背景和技术、实施实力；供应商的管理规范（是否有测试部门和技术支持部门）；等等。

(9) 制定 PLM 选型表，对供应商进行综合评估　制定一个详细的评估表格，对供应商进行详细的评估。从以下几个方面来评估供应商：

1）供应商的实施方案比较。侧重在这几个方面进行比较：项目实施规划的合理性、对项目实施人员的配备与承诺、产品价格的比较等。

2）供应商产品演示情况比较。产品演示能够直观反映 PLM 供应商的产品功能，以及产品的管理思想。在此注意一点，就是有时候 PLM 供应商只是做了新功能的部分功能，还没达到实用阶段，这部分要注意看 PLM 供应商的客户应用情况；另外，一些功能有可能是其他企业定制的，还没有推广。

3）软件功能比较。从以下几方面进行比较：系统结构、用户界面、客户化的难易程度、系统管理特点、项目管理、变更管理、产品配置、工作流管理、文档管理、与 CAD 和 EDA 集成，以及 ERP 的集成、查询程度、接口的开放性、稳定性、安全性、可扩展性等。

4）供应商经济状况和实施队伍比较。主要从以下几方面进行比较：近两年的具体业绩、主要经济来源、获得其他的经济支持、实施顾问资源及能力等。

通过对上述几个方面的每一个小项给出分值，进行综合评分，最后确定软件供应商和 PLM 系统选型。

总之，整个 PLM 系统选型的过程大致包括以下几个基本步骤：

第一步，明确需求。对企业使用 PLM 系统所需要解决的问题有足够且清醒的认识。

第二步，确定选型标准。就选型过程达成一致意见，拟定用户需求表及系统比较评价参数表。

第三步，了解供应商。邀请供应商到企业进行软件技术介绍、演示和人员简单培训等。

第四步，对比分析。到有关从事 PLM 技术研究与咨询的部门聘请专家进行技术分析，并给出选型建议，或者到供应商已有的客户企业咨询 PLM 的实际应用情况。

第五步，确定选型。向企业领导提交选型书面报告，经共同协商，确定最终的选型。

5.4　PLM 系统实施的特点、原则和步骤

5.4.1　PLM 系统的实施特点

根据 PLM 系统的目标，可以看出，在 PLM 系统实施过程中，中心思想就是要调整企业的上层建筑，完善现有的生产关系，以适应现有企业各种信息技术系统和管理信息系统技术，创造新的生产力，进一步利用计算机技术为企业创造更大更强的生产力。PLM 系统实施具有以下特点：

（1）*涉及面广*　PLM 系统实施涉及设计、工艺等产品生命周期相关部门，因此，实施 PLM 系统时必须站在整个企业管理的角度，制定具体的方法和策略，而不仅只是完成设计、工艺部门的文档管理任务。

（2）*信息工作量大*　PLM 系统管理产品整个生命周期内的全部数据，其内容包括企业各部门产生和使用的产品信息，及与之对应的图形、文字、表格、数据与指针等类型的数据。将所有原来孤立分散的数据转变成相互关联的、有机的整体，这需要做大量的分析与整理工作。

（3）*管理模式调整*　PLM 管理模式的建立过程，实质上就是管理制度科学化的过程。将原有资料管理的方式转变为 PLM 的管理模式，既要兼顾原有的管理习惯，又要考虑信息集成的要求。如果没有企业级的统一规划和指挥，就不可能实现管理模式的调整，也就不可能真正实施 PLM 系统。

(4) 周期长，投入大　PLM 系统的实施绝非是少数几个人经过几天或几周的培训就可以投入使用的。实施 PLM 系统是对整个企业的信息管理做一次大的“手术”，无论是设备的投资，还是人员的培训，都远远超过一般应用程序的推广应用。

5.4.2　PLM 系统的实施原则

PLM 系统不同于其他应用软件，它是一个为企业量身定制的信息管理系统，是一项系统工程。在这项系统工程中，要注重一些重要的问题。

首先，领导的重视和支持对实施工作的开展至关重要，要在实施前就让管理者和使用者充分认识到 PLM 带来的好处，领导者和使用者还要实际参与到项目的实施中，才能起到事半功倍的效果；其次，实施过程一定要统筹规划、分步实施，先上企业重点关心和能带来直观效益的内容，然后再逐步扩充到其他应用；先在企业局部试运行，然后全面推广应用；文档管理是系统核心层中的核心，文档是 PLM 系统的基本对象，所有操作最终都几乎可以归结到对一个具体文档的操作，所以一般首先要实现的是文档管理；同时重视 PLM 系统和其他系统的接口，防止在企业中形成一个个的“软件孤岛”；开发者要经常和用户沟通，避免产生偏差，使问题在萌芽时期就得到解决；要使不同部门和阶层的人员尽快适应 PLM 系统给企业管理方式带来的变化，尽快摆脱传统不合理的管理方式，才能使 PLM 系统得以顺利的实施并最终走向成功。

在 PLM 的实施过程中要遵循以下几个原则。

(1) 实施项目化管理原则　为实施工作成立一个项目小组，由企业、技术依托单位有关负责人员组成，统一明确项目实施的目标、责任、权限和组织管理模式，共同推进整个系统的实施工作。

(2) 总体规划，分步实施　为减少系统实施的风险，必须在进行问题详细调研的基础上，明确系统实施的总体目标。在实施过程中，把总体目标划分为详细的分阶段可操作计划，按照由小到大、由易到难的原则，分阶段地进行系统的推广工作，以保证实施质量。

(3) 建立双方良好的合作制度　从“提出问题、分析问题、解决问题”的角度出发，要保证整个系统实施的效果，必须在实施过程中建立起一个问题交流（反馈）的良好机制，在实施项目有关制度中明确下来。组织多种方式的问题搜集、记录工作，定期以例会的方式进行讨论、解决。

(4) 完善项目实施过程中的文档管理制度　在系统实施过程中，建立一套完整的实施文档管理制度，包括系统调研报告、实施计划、会议录、备忘录、实施问题反馈单、现场实施工作记录单等文件在内的一套文档，做到有据可依、有历史可查，随时跟踪项目的进展情况，共同组织完成项目的实施工作。

(5) *培养企业内部的一支实施队伍* 从企业发展的长远利益看，有必要在企业内部培养一支能发现问题、解决问题的实施队伍，不断提高企业应用系统的能力。

5.4.3 PLM系统的实施步骤

PLM系统的实施涉及的范围广、部门多，不仅涉及技术，而且涉及企业管理、业务组织和流程再造，需要把人、过程和信息有效地集成在一起，作用于整个企业。必须把PLM系统作为一个系统工程项目来实施。因此，在实施的初期就要制定详细周密的计划，同时还要有强有力的执行力来保证。一般来说，PLM系统的实施可以分成以下几个步骤。

(1) *组建项目小组、实施队伍* 实施PLM系统是一个长期计划。PLM项目实施前的动员会议，企业的相关部门均要到会，由领导指定企业的PLM项目实施小组，并明确项目负责人和系统管理员。技术依托单位的相应项目实施经理和实施工程师也要到会参加。会议应有企业级的领导出席，由企业的项目负责人主持，建立项目架构，拟定项目章程、项目计划、运作方式，以及各个角色的责任与权力等，由双方的项目工作人员依照组织结构共同组成项目工作小组。

在整个实施过程中，要有专人负责协调各职能部门之间的信息联系，随时掌握项目实施的进度、项目的最后验收及日常维护工作。一般来说，PLM系统的实施队伍应由以下人员组成：

1) **负责人**。通常由企业主管技术的最高负责人担任，例如总工程师、技术副厂长等。他们对PLM系统的总体目标、运作模式和组织体系具有决策权，只有负责人的支持，才能保证PLM系统的正常实施和运转。

2) **分系统负责人**。PLM系统通常要管理设计、工艺、制造和经营等部门的与产品信息有关的数据。因此，相应的各个部门均应有一个分系统的负责人参加到实施队伍中来，以便及时沟通信息，协调数据管理的对象、使用方法和信息传递的原则。在PLM系统的原型阶段，必须有设计、工艺部门的人员参加，随着PLM系统的逐步完善，相应部门的人员也要逐步介入。

3) **系统管理员**。企业实施PLM系统的成败与否，系统管理员起了非常重要的作用。首先，PLM系统的日常管理就需要一位技术精通的管理员来做好数据的备份、人员的增减、组织机构的调整、工作流程的变化和软件系统的维护等工作。由于PLM系统涉及计算机硬件、操作系统、网络、数据库和各种应用软件（CAD、CAPP、CAM、EDA、Word、CAE等）及PDM等复杂系统，任何一个分系统出现的任何问题都会造成系统工作不正常，因而系统管理员的作用不容忽视。

4) **PLM系统实施人员**。实施人员要做好相应的需求分析、系统设计、详细设计、二次开发、安装与设置、人员培训及试运行等工作。企业实施 PLM 系统：初期，主要依靠 PLM 供应商的专业技术人员来实施；后期，主要依靠企业自身的力量组织实施人员。如果有必要，也可以依靠供应商的专业人员，减少企业培养专业人员的负担。

在 PLM 系统实施过程中，企业内部的实施人员既是项目的组织者，又是实施过程的参与者；在项目验收后，他们既是 PLM 系统的使用者，更是该系统的维护与管理者。因此，建立一个技术过硬、素质高的实施队伍是实施 PLM 系统取得成功的必要保证。

项目小组人员组成及职责见表 5-3。

表 5-3　项目小组人员组成及职责

人　员	组　成	职　责
负责人	企业主管技术的最高负责人，如总工程师、技术副厂长等	决策 PLM 系统的总体目标、运行模式和组织体系
分系统负责人	设计、工艺、制造、管理等部门的负责人	负责提供设计、工艺、制造、管理等各部门的数据和信息沟通
系统管理员	熟悉企业业务并熟悉系统的企业内部人员	负责 PLM 系统的日常管理，如数据的备份、人员的增减、组织结构的调整、工作流的变化和软件系统的维护等工作
PLM 系统实施人员	企业内部人员和 PLM 供应商专业技术人员	负责需求分析、系统设计、详细设计、二次开发、安装设置、人员培训、后期系统维护与管理

（2）*需求分析*　需求分析也就是问题识别，即了解需要解决什么问题、为什么解决、谁负责完成任务、在哪里解决问题和什么时间解决。要先了解企业目标、现行的企业系统存在的问题、企业的信息战略，然后才是如何用 PLM 技术解决这些问题。

不同企业对产品数据管理要求的宽度和深度不一样。因此，对于具体的某一企业的 PLM 系统来说，需要管理哪些产品数据、涉及哪些部门以及有哪些信息交换的要求、实施 PLM 系统的最终目标及各阶段的要求等都不同，这在一开始就必须有详细的分析。就系统运作范围，应了解应用代表的详细需求，进行产品开发流程分析，了解工作流程，图文档格式等，分析图文档彼此间的关系、继承关系及流动方式，资料存取权限与验证，区分系统模块，设计系统规格。

实施 PLM 系统的第一步是企业对产品数据管理的需求分析，明确企业管理中存在的具体问题，按照需求分析的轻、重、缓、急，制定 PLM 系统的近期、中期和长期目标，安排各阶段投入的人力、物力和资金，初步勾画出 PLM 系统的硬、软件体系结构，提出相应的选型意见，形成 PLM 系统的总体设计方案。

需求分析是实施 PLM 系统的第一步，也是最关键的一项工作。如果没有认真做好需求分析，就无法做好下一阶段的详细设计，到了系统实施后期，不可避免地要大量返工，甚至造成无法弥补的缺陷。

通常，企业对 PLM 系统的需求分析应包括以下几个方面：

1）**产品对象**。企业生产制造的产品有多种类型，如是小批量、多品种，还是小设计、大生产；是系列产品，还是单件生产等。例如生产各种机床设备属于小批量、多品种；生产电视、空调等产品则属于小设计、大生产；汽车和摩托车的生产属于系列产品；而人造卫星、飞机的制造属于单件生产。不同类型的产品面临的产品数据管理会有不同的特点。

2）**数据范围**。除了设计和工艺信息外，产品数据还应包括经营管理方面的信息。不同的企业对不同产品的管理要求不同。例如，生产电视机的厂商只需将电视机的设计与工艺数据进行有条不紊的管理，就可以满足生产的要求；而像交换机厂商，不仅要管理生产前的数据，还要对实际运行过程中发生的各种变化、维修、更改和升级等数据进行准确管理。因此，每个企业对 PLM 系统管理的数据类型有不同的要求。

3）**应用软件**。目前，计算机技术在制造业中得到广泛的应用，各种产品数据均由不同的应用软件产生，生成电子化数据。在使用这些数据时往往离不开原来产生这些数据的应用环境。例如，产品的工程设计离不开各种各样的 CAD 软件，工程分析离不开相应的 CAE 软件，昂贵的数控设备利用 CAM 软件进行数控加工、辅助工艺设计和产品检测也同样离不开相应的 CAPP 和 CAT 软件，电子产品和零部件的设计也需要用 ECAD 软件进行辅助设计与分析。因此，不同企业的 PLM 系统管理的应用软件也不尽相同。

4）**管理模式**。不同企业的 PLM 系统的管理模式也会有差别。随着计算机技术的全面推广，有的企业面临的问题是产品数据的“爆炸”，资料室一扩再扩；有的企业则产生大量的更改数据或借用数据，更改单一发再发；有的企业注重的是数据长期保存的安全性和一致性，反复复制、多重备份。因此，不同企业对 PLM 系统要解决的核心管理问题也各不相同。

5）**信息集成**。通常，在企业的各部门之间流动着的是产品的信息流，首先从市场部获取最新的产品信息，其次设计部门提出最新的设计数据，工艺部门编制出工艺信息，然后由物资部门采购原材料和零部件，计划部门安排生产计划，财务部门进行成本监督，生产部门根据计划按图样工艺进行制造，销售部门安排销售与发货计划等。有的企业关心的是整个信息流中全部产品信息的变化历程，为科学管理提供最原始的数据；而有的企业只需管理部分环节中的信息流。因此，不同企业实施 PLM 系统的目标有很大的差异。

6）**使用人员**。由于 PLM 系统管理的数据不同，相应的使用人员也不同，即使是同类型的人员，使用的方法与内容也不完全相同。有的企业设计人员只关心设计图，而有的企业设计人员还要控制产品的成本；有的企业只需要汇总工程材料清单即可，而有的企业还要汇总采购材料清单、加工制造材料清单、配套材料清单和维修备件清单。因此，每个企业使用 PLM 系统的人员也会有不同程度的差别。

综上所述，在实施 PLM 系统之前，企业必须要搞清楚上述六方面的问题，从而制定出本企业实施 PLM 系统的具体目标，在此基础之上，才能初步制定硬、软件配置方案。在具体设计过程中，首先应确定软件体系，不同的软件体系对硬件环境的要求会有差异，一旦硬件环境确定下来，就会限制软件功能的选择，造成不必要的损失。因此，首先要确定软件体系，然后再制定硬件环境。

(3) *系统设计*　在确定了 PLM 软件体系后，它是否能满足企业需求就取决于系统的设计。根据上述需求分析结果得出结论，确定实施，在明确目标以后，便需要制定具体的实施方案。在实施方案中，既要包括硬件和软件的配置，又要包括各职能部门在 PLM 系统中的地位和任务，还要包括各类人员的分工和权限，以及各阶段完成的标志。例如规划和建立稳定的体系结构和对象模型，并就如何转移到新的业务流程，以及如何配置、操作和维护 PLM 系统，编写系统设计方案书。

系统设计阶段是以前面的需求收集和分析为基础，设计小组的目标是使系统能够满足企业业务过程的需求，是对需求收集和分析阶段的又一次检查。在系统设计阶段，整个系统的任务是通过各个工作状态的实现来完成的。用户和实施分析开发人员需要密切合作，实时分析开发人员必须确保技术的设计满足用户需求，用户的项目小组负责人应该统筹初始化阶段的设计和评价。

(4) *详细设计*　项目实施小组根据需求分析报告，从系统架构、数据结构、业务流程、系统集成、权限管理五个方面进行详细方案设计。按照系统设计的任务和目标，进行系统建模，详细制定 PLM 系统人员、产品和工作三类模型。数据模型决定了 PLM 系统的处理能力，因此要求有相对的完整性，尽可能采用标准的数据模型。明确 PLM 系统目标的实现途径和输入/输出的要求，设计 PLM 数据库环境。详细研讨 PLM 实施应用系统的技术规格（数据库结构和客户化要求等)、零部件命名与编码，定义用户（权限）管理规则，并完善业务规范，明确规定数据库用户标准操作规程，最终确定推广实施的最佳方案。

(5) *二次开发*　由技术依托单位的二次开发工程师，结合企业的具体要求，根据系统设计方案书，利用 PLM 系统提供的开发工具，对现有软件不能完成的功能进行二次开发。通过二次开发，建立具有该企业特色的 PLM 系统，例如专用的各类标准件/通用件库、典型的工艺库、企业零件编码、特殊的工作流程管理、产品信息输入界面、各类统计汇总报表与各种应用软件的接口，以及在信息集成系统中的集成平台本地化工作。

（6）安装与设置　PLM 系统的安装需要分两次完成。第一次安装是在需求分析阶段，为用户设置一个 PLM 系统的基本软件环境，主要目的在于开展需求分析；第二次安装是在二次开发结束后，不仅为用户设置基本的软件环境，同时还要包括用户化的二次开发程序，通过对硬件和软件的安装调试，建立起一个真正的能够满足用户需求的 PLM 系统。

该过程由 IT 支持人员和实施顾问负责，实施人员进行系统安装。问题跟踪记录表记录从系统安装开始到项目正式上线实施过程中系统中的 bug 或者客户需求等，并形成问题跟踪记录表和系统安装信息档案等文档。

（7）人员培训　在需求分析、系统设计、详细设计和二次开发等阶段，都要对不同范围的人员进行不同程度的培训，这些培训称为“前期培训”。前期培训的目标是建立起 PLM 环境。当环境建立起来以后，就要进行后期培训。后期培训主要针对系统管理员、中层干部和一般用户等三类使用人员，目标是保证正确使用 PLM 系统。通过后期培训，一般用户要掌握 PLM 系统的基本操作，包括对文件的存、取、删、改、查等命令的操作；中层干部在掌握 PLM 系统的基本操作后，还要掌握文件管理的命令；系统管理员要掌握日常的系统维护，包括日常的开/关机、系统和数据的备份与恢复、PLM 系统的设置和必要的开发等任务。

（8）试运行　由企业 PLM 项目小组负责进行系统的试运行，可以用一个小项目来进行测试，并排除问题。PLM 系统管理的产品数据是企业最核心的信息，在正式运行前，对 PLM 系统涉及的企业管理工作，必须经过严格的试验。

在初始阶段先以某一个产品为试点，小规模的用户群对 PLM 系统进行实际应用，记录运行时发生的错误、缺陷、不确定性和问题，用户根据应用情况提出意见，为系统的改进和修改提供建议。和原来的管理体系平行开展工作，在取得试点经验，试运行成功后，再推广到一个系列的产品，乃至整个企业的全部产品信息的管理，进行满负荷运行，接受反馈意见。用户方负责人、系统供应商和咨询专家一起，由项目负责人组织召开一个正式的系统验收会。

无论在哪个阶段，都需要有一个试验的过程，一旦技术成熟，取得经验以后，才能用 PLM 系统来取代原来的管理系统。产品数据管理软件是一种管理软件，它的实施势必会导致企业管理模式的变动，所以要谨慎行事，可以先在某一两个部门运行，然后再深入推广。

（9）企业范围内推广　等到试点系统运行良好时，就可以向其他部门推广应用了。系统正式投入运行，可解决与各 CAx 系统和 Office 的集成、企业的图文档与信息管理、项目管理、工作流程管理、办公自动化管理、内部网络的电子邮件管理。这样，整个企业才能围绕在产品数据信息库的周围，全面发挥PLM的作用，使开发制造过程的每一个环节的效率都提高上去，实现企业的T（时间）、Q（质量）、C（成本）、S（服务）目标。

作为一项系统工程，实施PLM系统的上述9个步骤并不是绝对孤立的，在每一阶段的实施过程中，都会有相应的培训、分析、设计和开发任务。因此，做好实施PLM系统的组织管理工作是成功的必要保障之一。PLM系统实施改进不仅在技术方面，更应该在管理上对企业结构进行调整。同时，将PLM系统实施过程分为不同阶段，对各个阶段工作内容、所用工具及预期结果等做出明确定义，并能依据本阶段分析结果对前面各阶段所得结果进行检验，以便尽早发现错误并返回修订，从而在局部形成循环，然后从局部上升到整体，保证整个PLM系统实施过程的流畅和完整。

5.5 PLM应用成熟度分析

PLM应用成熟度是指企业实施PLM后能达到的应用程度和效果，PLM应用成熟度模型每一级都在前一级的基础上增加了新的应用内容，满足企业不断发展的业务需求（见图5-1）。通过PLM应用成熟度分析，为企业PLM应用的远景和规划确定目标。

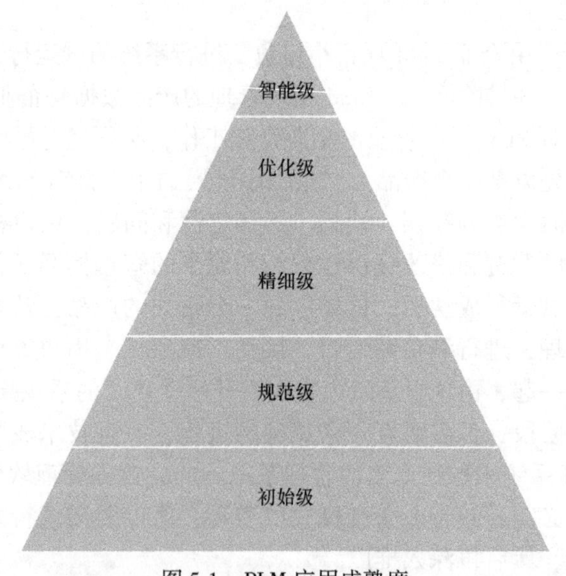

图5-1　PLM应用成熟度

1. 初始级

在初始阶段，企业的研发活动及其管理都需要做到基本的标准化和规范化，研发活动有据可依，按序执行。初始级 PLM 的应用范围为研发设计部门，主要用于解决企业技术信息的共享和数据存储难题，关注于如何集中存储分散的产品开发信息、解决数据的冗余、方便检索、保证数据的安全及共享等业务需求（见表 5-4）。

表 5-4 初始级 PLM 系统的主要应用

研发业务	PLM 模块	应用程度
设计软件	机电一体化管理	通过设计软件与 PLM 系统集成，自动提取图样和 BOM 数据，减少手工工作，提升效率
工艺管理	制造过程管理	通过 PLM 系统实现对工艺数据的创建和结构化管理；实现工艺 BOM 的管理，支持设计 BOM 向工艺 BOM 的转化；建立工艺资源库
图文档管理	工程过程管理	通过 PLM 系统支撑工装模具图文档的管理
流程管理	工程过程管理	通过 PLM 系统实现企业研发、工艺全部流程的电子化管理
变更管理	工程过程管理	通过系统自动汇总变更表单，减少手工工作，提高效率，包括 BOM 变更清单、图样变更清单、变更影响分析、变更影响的产品清单等，并支持对产品信息的更改进行临时变更管理
项目管理	战略规划与项目管理	1）通过 PLM 系统的固化，明确项目管理规范，包括项目管理的职责、项目管理体系、转阶段节点的成果要求、流程等 2）实现项目资源的初步管理，可以统计人员、资源的负荷情况，并且明确各研发人员的资质等级划分
异地协同研发管理	平台扩展服务	实现国内、国外异地的数据集中存储、共享和访问

研发相关的图样，将技术资料统一纳入 PLM 系统进行管理，并从图文档的非结构化数据（如二维图样）中提取出结构化信息（如零部件信息、BOM 信息等），建立科学的分类体系，以方便数据的组织和检索。PLM 与 MCAD/ECAD 系统进行集成，实现数据的双向传递。

2. 规范级

规范级 PLM 的应用范围为跨部门级，包括企业内部的机、电、软、工艺、采购、销售、财务等多专业协同。这一层级定义了 PLM 流程，包括项目管理流程及变更管理流程等，支持跨部门协作，通过角色权限管理及在线审批功能完成流程的签审，实现产品的配置管理，建立起模块化、系列化、标准化的零部件库，支持零件的重用（见表 5-5）。

表5-5 规范级PLM系统的主要应用

研发业务	PLM模块	应用程度
设计软件	机电软一体化管理	通过PLM系统与三维工具的一体化管理，实现企业产品设计全三维化；通过PLM系统与仿真工具的一体化管理，实现企业产品设计仿真协同管理；通过PLM系统与软件管理系统的集成管理，实现企业产品机电软一体化管理
软件管理	工程过程管理、应用程序生命周期管理	通过PLM系统对软件开发的结果进行管理，实现软件代码的生命周期管理
产品库管理	工程过程管理	通过PLM系统实现产品库和产品系列管理，并实现标杆产品与企业产品的差异对比管理
图文档管理	工程过程管理	1）通过PLM系统实现企业产品研发过程中图样与各类文档的结构化管理，并实现基于版本的图文档实时追溯和关联管理 2）实现部分业务部门的无纸化，包括研发、工艺、质量、销售、采购、生产等部门的无纸化
流程管理	工程过程管理	通过PLM系统实现企业研发流程的无纸化审批和电子签名
工艺管理	制造过程管理	实现研发、工艺一体化管理，研发数据可以让工艺直接重用，加强工艺设计与产品设计的紧密性
项目管理	战略规划与项目管理	通过PLM系统实现企业开发项目的透明化管理，并通过多维度统计和汇总，实时监控各项目的进度
系统集成管理	系统定制化、平台扩展服务	通过PLM系统与ERP系统的集成，包含物料、BOM、工序、工时定额、材料定额等，实现设计与制造一体化管理

模块化产品开发通过产品结构、设计结构的重用与重组，以大规模生产的成本实现了用户化产品的批量化生产及大规模生产条件下的个性化，使产品在品种与成本、性能之间找到最佳平衡点。模块化也是协同化的基础，没有模块化很难做到产品研发的协同或协作。

3. 精细级

市场竞争的压力迫使企业关注核心竞争力的提高，而将非核心竞争的零部件外包出去。但是，这会经常出现各种问题。例如，对于供应商设计团队的知识和经验，核心企业不能够同时分享，导致核心企业提出供应商不能够完成的零部件需求。这些情况的出现都是因为核心企业和供应商不能够很好地沟通和协调而出现信息不一致。在这一阶段，需要建立协同化的产品开发体系，分布在不同部门或者分布在异地跨领域的开发人员针对各自的任务，对整个产品的部分数据对象进行操作（见表5-6）。

表5-6 精细级PLM系统的主要应用

研发业务	PLM模块	应用程度
需求管理	需求管理	通过PLM系统实现企业需求BOM管理
仿真管理	仿真管理	通过PLM系统实现仿真一体化管理（包括仿真任务、流程等）
工艺管理	制造过程管理	实现基于结构化的控制计划管理，并且通过控制计划实现质量标准等技术文档的自动生成
图文档管理	工程过程管理	1）通过PLM系统实现企业设计和工艺文档的结构化管理（如DFMEA、PFMEA），以及知识库管理，可在图样和文档中增加产品的关键性描述和说明（工序能力、CPK值等），实现知识的快速检索、查询和重用 2）通过PLM系统实现企业产品结构的多视图管理（设计、工艺、制造），实现BOM的快速搭建，消除人工干预造成的数据及时性和准确性风险
流程管理	工程过程管理	通过PLM系统的移动APP等，有效、便捷地监控流程和接收处理任务
项目管理	战略规划与项目管理	实现项目的预算和成本管理，以及资源和质量的精细化管理
变更管理	工程过程管理	通过对变更进行实时跟踪，实现变更申请、变更通知、变更执行的闭环管理
系统集成管理	系统定制化，平台扩展服务	通过PLM系统与CRM系统的集成，实现商机信息的集成管理；通过PLM系统与QIS系统的集成，实现控制计划（质量标准数据）的集成；实现与OA、BPM、SRM系统的集成，支持任务通知、单点登录等；通过PLM系统与MES系统的集成，包括物料、BOM、工序、工时定额、图样、工装、模具、刀/夹/量具、设备等，进一步实现设计制造过程一体化管理

精细级PLM的应用范围为跨供应链合作伙伴级，通过基于Web的PLM，可以实现与供应链合作伙伴的协同工作。客户的需求/变更能够及时、准确地传递给开发团队，设计信息能够快速传递给供应商，供应商随时保持与企业开发团队协同开发等。

4. 优化级

优化级是更深层次的研发模式，目的是降低在产品设计中的制造成本，消除产品设计中的浪费，加速产品上市时间，使得企业产品在竞争中处于有利地位。精益产品开发的实施转变了企业产品研发的管理模式、流程模式和各种工具及信息系统的选择、使用、优化的模式。这一级对企业的管理思想是一种挑战，要求企业一切从客户利益出发，植入研发是为客户服务的思想（见表5-7）。

表 5-7 优化级 PLM 系统的主要应用

研发业务	PLM 模块	应用程度
需求管理	需求管理	通过 PLM 系统实现企业产品需求信息的结构化管理，集成产品生命周期所有过程（需求开发、概念设计、详细设计、生产制造、销售、使用、维护以及回收等）的需求目标，并关联到文件、产品主数据及物料清单上，明确各阶段需求的相关角色和职责，确定其他过程开始的先决条件和技术策略，并在产品生命周期内动态地反馈与产品需求相关的各种信息，使产品生命周期各阶段及时响应需求变化，确保需求管理的顺利实施
工艺管理	制造过程管理	通过 PLM 系统实现机械加工仿真、装配仿真、工厂仿真、人机仿真、物流仿真等
图文档管理	工程过程管理	实现全面无纸化，与 ERP、MES 集成，实现生产的无纸化；与 SRM 的集成，实现供应商无纸化
产品结构及零部件管理	工程过程管理	通过 PLM 系统实现企业零部件的分类管理，实现产品设计过程中零部件的高度重用性，并且通过基于标准化的零部件管理逐步降低研发和管理成本
MBD/MBE	工程过程管理	结合 PLM 系统，建立便于系统集成和应用的产品模型和过程模型，通过模型进行多学科、跨部门、跨企业的产品协同设计、制造和管理，并支持技术创新、大批量定制和绿色制造

在这一层级，PLM 被视为跨越整个产品生命周期。PLM 与企业的其他信息系统，如 ERP、CRM、SCM、MES 等进行集成，能够实现双向的、快速的数据交换，方便产品数据在企业各个业务环节的贯通和流转，避免数据的重复定义。在此级别，产品生命周期变得透明化，从而提升企业的整体流程效率，实现正确的产品决策。企业内实行了工艺仿真和工厂仿真，能够对生产过程、加工细节进行优化。

在这一阶段，企业实施基于模型的系统工程，通过模型来看待不同的产品要素，并对其进行模型化抽象和统一化架构，从而强化机械、电子电器、软件等要素之间的关联，让产品成为一个有机的整体。

5. 智能级

智能级是指整个的研发及管理活动做到智能，即按照合理的流程，运用智能的方法准确理解和把握顾客需求，对新产品/新流程进行健壮设计，使产品/流程在低成本下实现高质量，实现在提高产品质量和可靠性的同时降低成本和缩短研制周期，具有很高的使用价值（见表 5-8）。

表5-8 智能级PLM系统的主要应用

研发业务	PLM模块	应用程度
异地协同研发管理	平台扩展服务	通过基于异地的协同研发管理，实现从概念设计转换为本地制造的高效研发协作 基于云PLM与供应商，合作伙伴、客户进行协同研发，让所有人都能够参与到开放式创新中来，帮助企业在产品早期研发过程中与设计伙伴、供应商等进行协同，通过实时协同、信息共享、移动化，使企业能够更有效地开展合作，并能利用社交实现更大范围的协同创新，加速产品开发
系统集成管理	系统定制化、平台库扩展服务	实现与其他业务系统的全面集成，包括现有的和未来增加的系统
系统工程	系统工程管理	将“系统工程”融合在PLM系统中，将研发过程中不同部门所产生的模型系统数据集中在一个单一的环境下进行管理，对产品进行设计综合和系统验证；此外，对这些系统模型还可以进行权限管理与版本管理，并实现研发流程的相关联，保障数据的可靠性及追溯性
物联网	平台扩展服务	管理基于物联网收集的产品运行数据，对产品性能、质量进行实时监控；基于大数据分析和智能优化对搜集到的海量数据进行处理和分析，用于预防性的维修和维护；也可以明确在以往产品研发过程中出现的问题，继而在下一代产品研发中改进设计，使产品能够不断地动态优化来改善用户的体验，持续改进产品质量和功能

此阶段实现基于全球的PLM系统。PLM作为开放式的创新平台，支持运行各种与产品及流程相关的工具软件，并借助大数据分析等技术实现对结构化和非结构化数据的查询和分析，实现智能决策。

真正满足支持从概念、设计、样机、生产、销售、服务到退市的产品生命周期管理，借助互联网，实现工程协同和产品协同，包括企业内部、企业合作伙伴及与终端消费者之间的协同，企业能够从产品设计之初就面向供应、成本、制造、质量并合规。

这一级别，在基于模型的系统工程思想指导下，结合基于模型的定义（Model-based Definition，MBD）和物联网技术，企业可以将产品的虚拟世界（产品的设计和验证环节）和物理世界（产品的制造和使用环节）融合在一起，以数字孪生为抓手，以虚驭实，以实证虚，缩短研发周期并提高研发质量。此时，产品定义由产品及产品构件的数字孪生网络所构成。

5.6 典型行业 PLM 需求要点分析

装备制造行业是指为国民经济各部门提供装备的各类制造行业的总称，其范围包括金属制品行业，通用设备制造行业，专用设备制造行业，汽车制造行业，铁路、船舶、航空航天和其他运输设备制造行业，电气机械和器材制造行业，计算机、通信和其他电子设备制造行业，仪器仪表制造行业等。本节以专用设备制造行业，计算机、通信和其他电子设备制造行业（电子行业），汽车制造行业，船舶行业，轨道交通行业为对象，分别介绍各行业 PLM 需求要点。

5.6.1 专用设备制造行业 PLM 需求要点分析

1. 专用设备制造行业的 PLM 应用现状

专用设备制造行业的产品一般需要长期运行，产品结构及制造模式复杂，属于项目型制造模式，具有典型的多品种、小批量的特点，可按订单设计（Engineer To Order，ETO），甚至单件定制。PLM 系统不仅需要管理产品的研发、工艺规划、制造过程，还需要对产品服役过程中的维修维护、备品备件进行有效管理，甚至还需要管理产品的再制造过程。

专用设备制造行业 PLM 应用难度较大。在企业内部表现为：产品研发项目过程缺少有效管理手段，项目管理难以实现；变更控制困难，版本的控制、设计的可追溯性难以保证；企业内部电子化的管理不规范，文档管理困难，数据传递延迟；设计与制造的一体化管理没有落实；PLM 与 CAD、ERP 等系统集成度低，多个部门之间的协同效率低下。在企业外部表现为：客户需求的变化越来越快，交货的周期越来越短，准时交货的压力越来越大，客户对产品的质量要求越来越高。

2. 专用设备制造行业的 PLM 需求分析

专用设备制造行业呈现出高端化、个性化、服务化的发展趋势，这对企业产品研发提出了新的要求和挑战。

PLM 作为支撑专用设备制造产品研发的重要平台，已经成为专用设备制造行业企业研发信息化的核心组成部分，引入 PLM 解决方案能显著提高企业的研发效率和竞争优势，PLM 对于专用设备制造行业产品生命周期的有效性、效率和控制都有非常大的改进。装备制造行业的 PLM 需求主要体现在：

（1）*产品数据管理*　以产品结构为中心管理所有与产品相关的数据，实现产品数据的合理组织和有效共享、快速搜索和重用、有效性和安全性控制，保护企业知识资产的安全，积累企业知识和经验。

(2) 配置管理 企业需要通过PLM系统来进行产品的配置管理，管理完整的、可变化的“企业级BOM”，形成对产品系列或产品平台的管理。应用PLM系统对具体的产品需求进行选配，生成不同的产品。PLM系统提供的自动化的产品配置管理工具，在满足客户个性化需求的同时，还可以保证企业产品研发的效率和准确度。

(3) 变更管理 当图文档版本发生变化时，修改会留有痕迹和记录，并能通知所有使用人员避免犯同一错误或同一错误重复出现。通过应用PLM系统，可以建立电子化的工程变更流程，对工程变更进行实时监控。

(4) 知识管理 推动和规范企业“零件标准化、通用化设计”，提高零部件重用率，缩短产品的研发周期，降低产品成本。

(5) 工作流程管理 能定义各类业务流程任务节点，包括签审、任务通知、工作节点，满足复杂流程的控制要求。

(6) 服务生命周期管理 企业需要与客户建立更加主动的服务方式，持续改进产品和服务。同时，可以分析服务及产品历史数据，优化产品性能和服务绩效，提升设计和制造能力，继续为客户提供除产品以外的服务。

5.6.2 电子行业PLM需求要点分析

电子行业包括3C产品（计算机、通信和消费类电子产品）、通信设备、电子元器件、仪器仪表、芯片等制造企业。

1. 电子行业的PLM应用现状

电子行业具有产品种类多、生命周期短、产品开发划分阶段多等特点。产品研制涉及嵌入式软件、PCB设计、结构设计等多个学科的协同设计和工艺规划，对产品集成性开发与管理的要求较高。

电子行业PLM应用存在的共性问题包括：在产品研发阶段，由于成本原因会产生大量的工程变更、如何管理好这类变更、如何进行硬件和软件间版本的控制，是电子行业PLM实施的难点；其次，电子行业的产品生命周期短，需要不断对产品进行迭代式开发，这也是电子行业PLM实施的又一难点；第三，电子行业制造企业在研发、工艺和制造阶段，会应用多种类型的工具软件，例如EDA、ECAD、MCAD、电磁仿真、工艺规划等，多学科的集成应用难度较大。

2. 电子行业的PLM需求分析

电子行业的特点决定了其信息化的特点，以下列举了电子行业对PLM的几个主要核心需求。

(1) 产品数据管理 作为PLM最基础的功能，对产品数据进行管理是后续一系列管理活动的基础。企业围绕产品研发产生了大量的数据，如CAD图样、产品规格书、产品说明书、工艺文件、产品实验数据等，而对于电子行业制造企业，除了常规的图文档数据，还涉及元器件管理、软件管理、ECAD 文件等的管理。

（2）*产品配置管理* 电子行业产品周期短、产品品种多、产品呈系列化，需要对大量的零部件做分类管理，建立标准化、模块化产品数据库，对于可以借用的零部件直接借用，提高零部件的重用率，减少重复开发。

（3）*流程管理* 电子行业研发工作涉及跨学科、跨部门的工作，通过流程管理，能够梳理企业的流程和组织架构，打通各个环节的障碍，将集成产品开发思想和结构化工作流程纳入 PDM/PLM 平台，建立有效、协同的工作机制。

（4）*项目管理* 电子行业新产品研发项目较多，单纯依靠人工制作 Excel 表格进行管理，已经远达不到实时、高效的管理效果，而且不便于依照权限、角色等方式进行项目分享。项目管理人员将大量的时间浪费在同研发人员确认项目进度、样品交期等各种琐碎事务中，极大地降低了工作效率。

（5）*集成管理* 将 PLM 系统与 ERP、ECAD、CAE、CAPP 进行集成，是企业打破信息孤岛，实现信息有效流通的必要手段。通过 PLM 系统，研发产生的数据可以实现从数据源头输入，保证数据的一致性及正确率。

（6）*知识管理* 电子行业在产品研制过程中，不同阶段会形成不同的知识经验，这些知识经验是企业宝贵的财富，把获得的显性及隐性知识固化到 PLM 系统中，为后续产品设计制造提供参考与借鉴，避免重复犯错，对缩短产品设计周期、提升产品质量具有重大意义。

（7）*协同管理* 电子行业产品复杂程度较高，通常由行业链上的一系列跨地区、跨专业的众多企业参与完成，企业之间的协同变得格外重要，这不仅涉及企业内部的协同，也涉及全球各地的众多供应商或者客户的协同工作。

5.6.3 汽车制造行业 PLM 需求要点分析

汽车制造行业可分为汽车整车行业及汽车零部件行业。纵观整个汽车制造行业，产品复杂性正不断增加。在机械方面，表现为实现结构轻量化而采用各种先进的设计和制造技术；在电气和软件方面，智能汽车及互联汽车对汽车产业提出了更高要求。同时，汽车制造行业的全球化不仅带来了跨地域的设计与生产，也带来了更严格的法律法规及更苛刻的市场准入要求，这些转变使得汽车制造行业的 PLM 需求变得异常迫切。

1. 汽车整车行业的 PLM 应用现状

作为典型的离散制造业，汽车整车的研发是一项复杂的系统工程，一般正向开发的研发流程分为方案策划阶段、概念设计阶段、工程设计阶段、样车试验阶段和投产启动阶段。

在方案策划阶段，根据市场分析得到可行性分析，经过项目设计目标的确认最终生成汽车设计目标大纲。概念设计阶段包括总体布置草图设计和造型设计两个部分。工程设计阶段主要是完成整车各个总成及零部件的设计，协调总成与整车和总成与总成之间出现的各种矛盾，保证整车性能满足目标大纲要求，包括总布置设计、车身造型数据生成、发动机工程设计、白车身工程设计、底盘工程设计、内外饰工程设计及电器工程设计等。样车试验阶段包括性能试验和可靠性试验。投产启动阶段即验证装配阶段。

从产品研发的角度，汽车整车行业的产品特点主要有：

1）产品结构复杂，产品更新快，新车型、新规格层出不穷。

2）产品的工序、BOM 复杂，生产流程多，工艺路线灵活，设计变更频繁，制造资源难以有效协调等，加大了汽车整车企业的技术管理难度。

3）汽车整车企业内部研发中心地域分散，产品研发工作由多家单位协作完成。

4）产品研发已扩展到了更多的专业领域，如电子、软件等专业，形成了集机、电、液、软等于一体的跨专业协同研发。

5）产品质量要求高，并要求对成品、重要部件有质量跟踪记录。

6）在产品研发阶段，就要考虑产品的合规性，如 ISO/TS 16949 等。

2. 汽车整车行业的 PLM 需求分析

汽车整车行业的特点决定了其信息化的特点。以下列举了汽车整车企业针对 PLM 的几个主要核心需求。

（1）*产品数据管理*　汽车产品从设计、工艺、制造直至销售等整个生命周期过程中，每个阶段都会产生大量的数据，这些数据不但种类繁多、格式广泛，而且随着零部件的工程变更，会衍生出众多数据版本。因此，汽车产品在生命周期数据管理方面的需求包括：数量对象的准确划分及属性定义、数据对象版本的控制、数据对象之间的联系、数据对象状态的控制、数据对象访问的控制、数据对象一致性控制、数据对象映射及转换控制等，以保证产品数据的共享性、一致性、完整性和追溯性等。

（2）*产品协同开发的需求*　在汽车产品开发过程中，跨地域地参与协同产品开发已成为常态，这些参与者来自不同的地域、不同的专业领域，使用不同的应用工具。因此，汽车整车企业需要协同产品开发平台支持异地异构协同，以保证产品数据对象在异地异构环境下的共享与安全维护；需要一种协同产品开发过程的管理机制，以实现分布式环境中开发链成员各项活动的调度和监控，进而实现协同开发链成员之间的信息交换与协同工作。汽车整车企业对产品协同开发过程的需求主要包括项目协同、生命周期产品开发协同和产品开发过程消息的协同。

(3) 产品规划管理　多品种、小批量生产是汽车行业发展的趋势。在最短的时间内，以最低的成本设计并生产出满足客户需求的产品是企业制胜的关键。因此，在产品规划与管理方面，汽车整车企业存在的需求包括汽车产品型谱管理及知识管理，主要表现在对产品型谱及有关产品知识的定义、维护及搜索与共享方面。

(4) 相关标准与规范　目前我国汽车整车企业虽然已经形成了比较完善的生产线及产品系列，但是各汽车企业发展参差不齐，很多企业普遍存在编码混乱、流程不规范等问题。汽车整车企业在标准与规范方面的需求包括：产品数据编码标准（如零部件编码体系标准）、CAD 建模标准、CAE 分析标准（如有限元分析、动力学分析等的标准流程、参照的规范、标准的分析结果输出等）、数据交换与共享标准（定义上游产品阶段向下游产品开发阶段传递的数据格式与内容、明确定义交换数据的产生和维护规范、定义需要零部件供应商提供的数据格式与内容、定义需要协作开发商提供的数据格式与内容）、产品开发流程标准（包括具体类型零部件的设计流程、规范的设计变更流程、标准化的产品数据发放流程等）。

(5) 系统集成　我国汽车整车企业信息化建设已具有相对较高的水平，在设计、仿真分析、加工制造、成本估算等方面都拥有相应的系统工具，而且很多汽车企业在信息化建设过程中购买了格式不一的众多 CAx 软件。这些同构或异构的各类系统工具之间的无缝集成是汽车产品解决信息孤岛，实现产品协同开发的关键。汽车企业在系统集成方面的需求主要表现在：CAx 与 DFx 工具的双向集成，ERP、MES、PLM 等各系统之间的集成，机械、电气、电子、软件等多专业一体化的产品创新平台集成等。

3. 汽车零部件行业的 PLM 应用现状

汽车零部件行业是指机动车辆及其车身的各种零配件的制造行业。具体包括：①汽车部件：离合器总成、变速器总成、传动轴总成、分动器总成、前桥总成、后桥总成、中桥总成、差速器总成、主要减速器总成及前后悬架弹簧总成等。②汽车零件：缓冲器（保险杠）、制动器、变速箱、车轴、车轮、减振器、散热器（水箱）、消声器、排气管、离合器、方向盘、转向柱及转向器等零件。不包括：机动车辆照明器具、汽车用仪器仪表，以及挂车、半挂车零件。

从产品研发的角度，汽车零部件行业的特点是：

1）多批次、多品种产品研发和制造。

2）主机厂对产品质量要求严格，ISO/TS 16949 是汽车零部件企业与主机厂配置的通行证。

3）承接不同主机厂的产品图样，并对承接的三维数据进行读取、修改、使用、输出，甚至与主机厂之间进行异地协同设计。

4）伴随着新车型产品的层出不穷，零部件企业也要不断研发出相应的配套零部件，且批次增加、批量减少、交货周期缩短。

5）以订单为导向，基于产品质量先期策划（Advanced Product Quality Planning，APQP）的五大阶段来组织各部门的工作，对工程变更通知单（Engineering Change Notice，ECN）控制严格。

4. 汽车零部件行业的 PLM 需求分析

根据汽车零部件行业的特点，其 PLM 核心需求包括：

（1）技术文档统一管理　汽车零部件行业变型设计多、技术资料存储量大，为了保证技术文档的正确性、一致性和共享性，需要进行统一的存储。对产品数据管理方面的需求为：以产品结构为中心管理产品图样、工艺文件、工装图等结构化数据，对企业在贯彻标准 ISO/TS 16949 和执行 APQP 的过程中产生的各种技术文档进行集中管理，并对版本进行记录。

借助产品和零部件分类、权限管理、技术状态来控制对数据的操作，使企业现有工作文件、新产生的文件都能集中进行管理并灵活设定管理规则，以保证统一的设计源头。

（2）零部件分类管理　个性化需求增多、变型设计多是汽车零部件行业的特点，从而造成零部件数量增多、设计重用率低。通过零部件分类管理可以控制零部件数量，降低库存，提高设计重用率，有力地支撑了研发的模块化设计、变型设计。对零部件分类管理的需求有：通过零部件分类形成企业可复用的设计单元库，例如注释库、标准件库、基础件库和通用件库等；建立零部件的检索机制，方便设计人员检索，使产品数据得到有效的重用。

（3）工作流管理　汽车零部件企业最复杂的流程就是 APQP 流程，该流程通过工作流按体系要求定义 APQP 工作流程模板，每个产品加载流程模板，以随时掌握产品开发的执行情况。此外，还包括协同设计审批流程及研发变更流程的管理。

（4）基于 APQP 的项目管理　为了通过整车企业严格的质量体系认证标准要求，汽车零部件企业会以 APQP 来组织产品研发。对基于 APQP 的项目管理的需求是：基于 APQP 的研发业务流程模板、良好的项目计划进度控制、对业务部门任务跟踪、具有项目交付齐套性控制等，从而实现对 APQP 各个阶段进行有效的整合、控制、传递，以及组织各种研发评审活动。

5.6.4　船舶行业 PLM 需求要点分析

船舶行业由造船行业、海洋工程、船舶修理与改装行业、船用配套产品生产行业组成。其中，造船行业主要是指设计、建造、修理和测试军用及民用船舶的重工业。本书主要讲的是造船行业。

1. 船舶行业的 PLM 应用现状

船舶行业是典型的综合加工装配行业。对于船舶制造企业而言，除了部分新产品研发业务，一般均需要按客户要求的品种、规格、交货期、价格等进行变型设计。

从产品研发的角度，船舶行业具有以下特点：

1）产品品种多、生产数量少、规格多变、零部件数量巨大、按订单进行设计和生产。

2）产品各零部件之间的时序约束关系和成套性要求严格，关键设备的能力和利用率是生产与控制的关键环节。

3）交货期要求严格，且每个订单上所需求的产品与以往相同的不多，虽非全新产品，但可能在设计、大小、尺寸、形状上有新的变化。根据交货期，一般以订单中的独立需求为对象下达工号组织生产。

4）产品结构复杂、重复作业率低，为了保证交货期，一般需要边设计、边生产、边修改、部分并行作业，这导致了设计与制造周期长，且变更频繁。

5）维修和改进先进船舶的成本高，可能是购买价格的几倍。因此，新的造船计划必须符合总拥有成本要求，同时还要满足性能、耐用性和有效载荷等方面的运营要求。

船舶行业面临的主要困难有：参与部门多、人员多、图样种类多、设计更改频繁；PLM 与 CAD、CAPP、CAM、ERP 等软件缺乏必要的集成；产品数据的保存和继承容易出错；基础数据收集困难；产品数据的一致性难以确定；生产作业现场与设计中心的数据交换频繁；缺少标准束缚，且难以统一全部的业务流程。

因此，我国船舶行业要想成功实施 PLM，就必须从基础做起，通过不断进步和积累来解决目前长期存在的问题，才能最终实现船舶行业 PLM 的成功应用。

2. 船舶行业 PLM 需求分析

随着船舶行业的经营者对船舶的建设速度、设计与建造质量提出了更高要求，需要全面引入 PLM 解决方案，才能应对这些需求，同时提高船舶的整体性能并降低总运营成本。船舶行业企业对于 PLM 解决方案的需求主要体现在：

（1）*产品数据管理的需求*　造船是一个非常复杂的过程，从产品合同签订、开发、设计到生产、装配、试航、交船、维护及报废等多个阶段，不同的阶段会产生不同的数据，且产品变型设计多、BOM 不稳定。因此，在产品数据管理方面，对 PLM 的需求为：建立统一的电子资料存放规则，有效组织技术资料，进行集中存储；提供便利的查询思路和工具，让技术人员可以随时方便依据权限获得企业的技术资料；对工程变更的结果如 BOM、文档等进行有效管理，对版本进行记录。

（2）*工程变更管理的需求*　在船舶行业，边设计、边生产、边修改的现象普遍存在，涉及大量工程变更，需要通过变更管理控制更改的过程，保证其他部门使用的信息的准确性，并解决更改单的签发问题等。在工程变更管理方面，对 PLM 的需求包括：提供审批环节的控制、历史数据的追溯、版本控制及更改影响范围分析等功能。

（3）*项目管理的需求*　船舶企业的船舶类型一般比较固定，但工程项目的任务分解非常复杂，通常包含几千个任务节点；另外，船舶工程中涉及如船体、舾装、轮机等多专业，船舶根据结构又划分为各个分段，分段和专业之间存在着大量的交叉，这直接影响船舶企业的项目管理和任务分配。在项目管理方面，对 PLM 的需求为：项目的模板化管理，即提供符合船型要求的任务模板，简化项目管理者的工作，保证项目任务分解的准确率，并对整个项目过程进行跟踪和监控。

（4）*成本管理的需求*　船舶产品的造价较高，对成本的控制非常重要。在成本管理方面，对 PLM 的需求为：在经营报价的基础上，对目标成本进行分解，通过设计、采购、发料和制造等过程分别控制工艺成本、采购成本、材料消耗成本和制造成本，实现对船舶制造企业目标成本的生命周期管理和实时动态控制，保证船舶实际成本与目标成本的吻合。

（5）*系统集成的需求*　在系统集成方面，表现为 PLM 系统与 CAD、ERP、CAPP 等系统的集成。其中，与 ERP 系统的集成需求表现为：由设计 BOM 产生制造 BOM，由于在船舶行业边设计、边生产、边修改的现象普遍存在，因此制造 BOM 难以一次成形，需要随技术资料而逐步完善，并保持与设计 BOM 的同步更新。PLM 与 CAPP 的集成需求表现为：同一时间内设计工艺人员可以同时对同一个产品结构树的不同位置开展工作，并实现信息的同步更新，设计与工艺的并行，以提高效率。

（6）*质量管理的需求*　船舶产品在设计、制造过程中，为了保证质量，有多方面的质量规范与检验。在质量管理方面，对 PLM 的需求为：将各方面的质量规范要求进行有效的统一，达到质量数据的监控和共享。

（7）*售后服务管理的需求*　船舶航行在世界各地，快速对出现故障的船舶提供保修服务是企业的重要工作之一。在售后服务管理方面，对 PLM 的需求为：对发生的质量故障要通过相关的渠道及时通知生产商和货代公司，按时、准确地提供维修的备件和服务。

（8）*知识管理的需求* 船舶企业在长期的发展过程中积累了大量的设计及工艺知识，但大多存储在工程师、工人的大脑里。在知识管理方面，对 PLM 的需求为：把这些知识挖掘出来，加以整理，给予存储和继承，并通过权限管理供员工学习和分享。

5.6.5 轨道交通行业 PLM 需求要点分析

常见的轨道交通有传统铁路、地铁、轻轨和有轨电车，新型轨道交通有磁悬浮轨道系统、单轨系统和旅客捷运系统等。根据服务范围差异，轨道交通行业一般分为国家铁路系统、城际轨道交通和城市轨道交通三个子行业。

1. 轨道交通行业的 PLM 应用现状

轨道交通行业的产业链较为庞大，上游主要是基础建筑领域的企业，包括土木工程、隧道等承接商，以及工程机械类企业；中游包括车辆制造企业，以及牵引供电系统、通信信号系统等电气设备企业；下游为公共运营、客货运输、安全检测等企业。

对于轨道交通设备制造产业，其产品研发具有面向订单设计，需求呈现多样化、系列化、小批量，并且后期设计变更多；结构复杂，涉及机械结构、电子电路、软件等多专业学科；品种多、交付周期短、技术难度大；多部门协同开发等特点。

2. 轨道交通行业的 PLM 需求分析

近年来，随着我国大中城市的发展，轨道交通行业进入了黄金发展期，各种高科技技术在轨道交通行业不断得到深入应用，涉及机械设计、电子电路、软件等多专业学科。同时，轨道交通项目往往涉及多部门协同开发，管理难度大，协同要求高，而引入 PLM 解决方案可以很好地解决上述问题。轨道交通行业对于 PLM 系统的个性化需求，主要包括：

（1）*项目管理的需求* 轨道交通行业的产品研制大部分以项目的形式展开。在项目管理上，对 PLM 的需求包括：对项目信息及与项目活动相关的资源进行统一管理；根据项目管理的流程，管理项目的计划、执行，对项目的进度、成本和质量进行统一监控，确保项目优质高效完成；能够依据项目任务临时分配资料权限，灵活、有效地把控数据的安全和共享问题；对项目任务与交付物实施关联管理，确保项目交付物的完整性。

（2）*产品数据管理的需求* 轨道交通产品的研发涉及机械设计、电子电路、软件等多专业。在产品数据管理方面，对 PLM 的需求表现为：可对不同软件生成的各种电子数据进行统一管理，对数据版本进行有效控制，实现数据的有效共享、重复利用。

（3）*集成管理的需求*　轨道交通行业也面临 PLM 系统与其他系统集成管理的需求。例如，与设计工具（CAD、EDA 等）的集成，以实现产品数据有效地签入 PLM 系统，同时自动构建 EBOM；与 CAPP 系统的集成，以向 CAPP 系统传递设计 BOM，编制 PBOM 并生成工艺数据文件；与 ERP 的集成，以向 ERP 系统传递零部件信息与 MBOM。

（4）*产品配置管理的需求*　轨道交通行业是按订单研制，具有小批量、多批次、周期短的特点。在产品配置管理方面，对 PLM 的需求包括：以面向订单的配置来满足用户对产品及功能的个性化需求，减少重复设计，管理相似产品，简化产品维护工作，减少产品数据量；产品模型的分类管理和查询，能够导入具体产品结构信息以简化产品模型的定义。

（5）*工程变更管理的需求*　轨道交通行业变更多，产品数据更改过程复杂，因此需要一个统一的变更管理机制对产品生命周期中的变更进行管控。具体对 PLM 的需求表现为：

1）将相关数据的更改权限设置在数据产生源头，以保证数据的一致性和有效性。

2）提供变更影响分析，使变更人员对变更影响范围、变更发生成本有一个较清楚的了解，以帮助其进行有效变更。

（6）*工作流与过程管理的需求*　轨道交通行业涉及较多业务流转的过程，包括项目管理、变更管理、设计签审等流程，因此，需要运用 PLM 系统，通过工作流引擎及工作流管理平台对业务流程进行统一管理。例如，项目管理流程，需定义一个完整的项目执行的过程阶段，并针对不同类型的项目制定不同的项目路径，在立项时可以根据实际情况自行选择不同的项目路径。

（7）*其他管理需求*　此外，对于轨道交通行业，在对 PLM 系统的需求上还表现为知识管理、用户与权限管理、编码管理等方面。利用知识管理，可以有效管控企业级技术成果，为知识积累和重用奠定基础；借助用户与权限管理，可以实现基于角色和用户灵活定制其对文档或属性拥有的静态和动态权限，以确保研发数据的安全和保密；通过编码管理，可以实现通过统一的编码平台处理物料编码的领码与回收工作，避免出现一物多码或一码多物的现象。

第6章 产品生命周期中的应用系统集成技术

企业的智力资产由企业的全部产品和流程定义的组件构成，包含生命周期范围内的所有机械、电子、软件和文档组件，以及所有业务流程。这些生命周期中的文档组件常由不同的应用技术系统，如 CAD、CAPP、CAM 等产生。除此之外，PLM 系统和其他管理信息系统，如 ERP、MES 等分别管理企业的不同信息，但是它们管理的信息又有很多交叉的部分和相互依赖的部分，只有将它们有效集成，才能发挥这些信息系统的巨大潜力，实现企业信息的共享。在 PLM 集成平台的支持下，企业才能真正实现对智力资产的系统创建、使用、管理和传播，支持从概念产生到产品生命周期终结的整个产品生命周期。

本章主要讨论产品生命周期中的应用系统集成问题，从两个方面来进行讨论：一是 PLM 与产品研发的应用工具 CAx 系统的集成；二是智能制造“三架马车”PLM、ERP、MES 系统的集成问题。

6.1 概述

PLM 系统集成包括应用工具集成和管理系统集成。应用工具集成主要是产品开发中的各种应用工具软件 CAx（如 CAD、CAE、CAPP、CAM）等的集成，管理系统集成是指与 ERP、MES、SCM 等管理信息系统的集成。应用 PLM 系统的目的之一就是集成人、流程、信息和业务系统，通过集成来消除信息孤岛，减少无附加值的工作和冗余的流程，通过尽可能少的手动操作来降低管理成本。由于 PLM 系统和 CAx、ERP 等系统在功能和特性上存在较大的差异，如何将这些系统结合起来，构造统一的企业信息共享和协作平台是 PLM 系统集成的主要目标。

信息系统集成是一种系统化思想、方法和技术的综合应用，不是单纯的硬件和软件问题。对制造企业而言，多种软件、硬件平台的应用共存，带来信息系统在集成和应用时的种种问题，需要加以合理解决。

根据美国信息技术协会（Information Technology Association of America, ITAA）的定义，信息系统集成是根据一个复杂的信息系统或子系统的要求，把多种产品和技术进行链接，以形成一个完整的解决方案的过程。信息系统集成是一个寻求整体最优的过程，是根据总体信息系统的目标和要求，对现有分散的信息子系统或多种软件、硬件产品和技术，以及相应的组织机构和人员进行组织、结合、协调或重建，形成一个和谐的综合信息系统，为企业提供全面的信息支持。

6.2　PLM 与 CAx 系统的集成

6.2.1　PLM 与 CAx 系统的集成模式

PLM 系统与 CAx 系统的集成可分为三个级别：封装、接口及集成。这三个级别的难度依次增大。

（1）封装　封装是最容易实现的集成方案。所谓封装，是指把对象的属性和操作方法同时封装在所定义的对象之中，用操作集来描述其外部接口，从而保证对象的界面独立于对象的内部表达。封装意味着用户看不到对象的内部结构，但可以通过调整程序的操作来使用对象。

对于 PLM 系统而言，封装的内容包括应用工具本身和由这些工具产生的文档。封装一方面需要 PLM 系统能够自动识别、存储并管理由应用工具产生的文档；另一方面当存储于 PLM 系统中的文档被激活时，可自动启动相应的工具。例如，一个 CAD 工具被封装后，PLM 系统就能够直接查找并打开该文档。但是在这种情况下，PLM 系统无法对文件内部的数据进行管理。

（2）接口　接口相对于封装而言，实现难度要大一些。接口通过两个应用系统所提供的 API 函数进行用户编程，通过 API 函数来抽取各自所需要的信息，然后转换成相互约定的格式来实现信息交换。在这种集成模式下，应用系统通过 API 函数访问系统的内部数据。

接口是目前比较常见的集成方式，但它有时会受到一些因素的限制。一般而言，由于应用系统的 API 函数是有限的，这成为集成的一个瓶颈。同时，在集成时，必须充分了解各 API 函数的数据结构。

接口可以实现 PLM 与应用程序在无须用户介入的情况下自动交换文件和一些元数据，可以从应用系统的菜单中启动 PLM 系统，CAD 产品结构可以单向传递给 PLM 系统。

（3）集成　集成（又称为紧密集成）的难度最大。这种情况要求两个需要集成的应用系统在面向特定功能的数据定义上都有统一的描述格式，这些数据的传递不必经过 API 函数的转换。在这种模式下，PLM 系统和应用系统相互可以调用对方的有关服务。

集成是最高层次的集成方式，在这一层次中，应用系统成为 PLM 系统的有机组成部分，它们不仅共享数据，还可以共享操作服务。要做到这样的集成，首先必须在系统之间建立共享信息模型，使 PLM 系统或应用系统在数据变更时，另一方也能自动修改；其次，在应用系统中需要插入 PLM 系统相关的数据编辑或操作功能。

这种集成需要项目实施人员同时精通应用程序与 PLM 系统数据结构知识，同时需要与应用程序的供应商协同开发。集成方式可以保证所有产品数据与元数据均实现完全自动交换，应用程序特有的数据（如产品结构）可以双向传递，并由 PLM 系统解决方案统一管理。所有 PLM 系统的功能都可以在应用程序中链接，用户可以在一致的环境中工作。

在实践中，接口是较为常用的集成方式。

6.2.2 PLM 与 CAD 的集成

1. PLM 与 CAD 双向集成架构

CAD 系统的信息是产品信息的源头，信息量大、类型多。因而，CAD 系统与 PLM 系统的集成是用户最关心的，也是 CAD、CAPP、CAM 中与 PLM 集成难度最大的。PLM 与 CAD 集成的关键在于保证两个系统数据变化的一致性，同步或异步一致。PLM 系统管理来自 CAD 系统的产品设计信息，包括图形文件和属性信息。这些图形文件既可以是零部件的三维模型，也可以是二维工程图，如产品的二维设计图样、三维模型（零部件模型和装配模型）、产品数据版本及状态等；属性信息是指零部件的基本属性及装配关系、技术参数、产品明细、材料等。CAD 系统中产生的数据有二维模型、三维模型、零部件属性及产品结构关系等多种类型，不同的数据要求集成模式也不同。

其中，二维 CAD 文件与 PLM 的集成方式通常采用封装即可。此时，PLM 系统能够读取 CAD 文件中的标题栏、技术要求等信息，但是无法对图样的内容进行编辑管理。在 PLM 系统中激活被存储的文件时，可以启动 CAD，并可在其中对源文件进行编辑修改。

三维 CAD 文件与 PLM 的集成通常采用接口模式。接口模式使 PLM 不仅能管理 CAD 图形文件，而且可以实现与工程图相关的管理信息的双向交换，同样的数据只需要输入一次即可，保证了产品数据的一致性（见图 6-1）。此时，CAD 与 PLM 两个应用系统之间集成的核心任务是：将 CAD 用户的工作结果连同有关的元数据对象一起构建在 PLM 数据模型中，使产品信息模型所描述的零部件视图、模型、工程图等对象、元数据对象和数据成为一个整体。随着 MBD 技术的推广应用，接口模式成为 CAD 与 PLM 的主要集成模式。

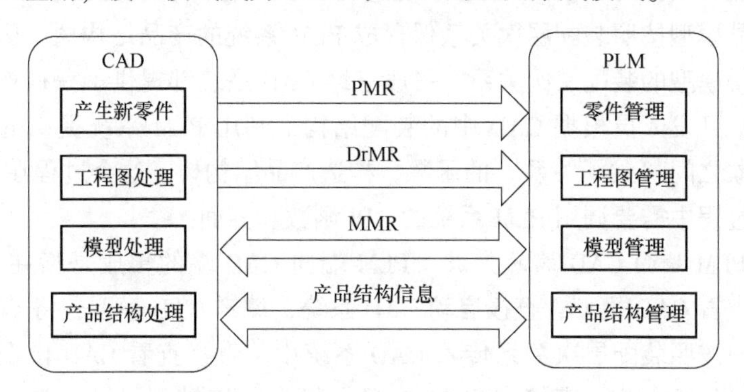

图 6-1　CAD 与 PLM 双向集成总体架构

在 CAD 与 PLM 集成过程中，实现的目标是：第一，将 CAD 产生的数据自动导入 PLM 系统中，并根据图纸的明细表及产品模型建立产品结构图，如从 CAD 装配文件中的装配树通过接口程序自动生成 PLM 产品结构树，实现 PLM 系统对产品设计过程的控制；第二，在 CAD 系统中可以直接从 PLM 系统中读取产品结构信息和零部件信息，使 CAD 系统能共享 PLM 系统中的数据，如 CAD 可以从 PLM 中提取最新的产品结构关系或已构建的产品结构，在 CAD 中修改装配文件或新生成的装配树，使二者保持异步一致，从而保证产品图样与 PLM 中的产品数据一致，这也规范了产品设计过程。CAD 装配文件中的装配树或 PLM 系统中生成的产品结构可以构成双向交互。

在 CAD 与 PLM 双向交互过程中，CAD 模型中包括三维模型拓扑和几何信息、模型参数信息、属性信息、结构信息等。其中，拓扑和几何信息无法直接集成；属性信息是集成的重点；模型参数信息应有选择地集成，一般用于 CAD 模板库；产品的结构信息与 PLM 产品结构树存在着对应的关系。在集成的过程中，CAD 只需提取结构信息、属性信息及部分模型参数信息即可。

2. PLM 与 CAD 集成功能模块分析

根据 CAD 与 PLM 集成的功能需求，要实现 CAD 与 PLM 数据保持一致，必须保证 PLM 要能从 CAD 中读取数据信息，同时 CAD 也能从 PLM 中获取相关的数据信息。那么，CAD 与 PLM 集成的功能模块可以从 CAD 与 PLM 两个方向来进行分解。

(1) CAD 端向 PLM 端的集成　CAD 端向 PLM 端的集成是指设计人员在 CAD 的设计环境中，可直接查询 PLM 系统中的设计信息，并可直接将设计信息导入 PLM 系统中。一般包括查询功能、存储功能、生命周期管理功能。对于查询功能和生命周期管理功能，可以直接将 PLM 系统中的功能封装到 CAD 中，但存储功能必须针对不同的 CAD 系统进行开发。存储功能是指在 CAD 环境中直接将产品模型按照装配层次关系保存成 PLM 系统的产品结构树。因此，开发人员要获得模型的装配层次关系。一般三维 CAD 系统都提供了获得产品装配结构的函数，开发人员根据 CAD 中的装配结构，利用 PLM 系统提供的增加对象及增加对象之间“父子关系”的函数，构造产品结构树。这个过程在 CAD 环境中进行，过程中需要调用 PLM 系统的 API 函数和界面。

(2) PLM 端向 CAD 端的集成　PLM 端向 CAD 端的集成是指在 PLM 系统中，直接查看 CAD 模型，直接启动 CAD 系统，编辑 CAD 模型，将 PLM 系统中产品结构树按照装配层次关系传入 CAD 系统中。直接查看 CAD 模型有两种方式：一是以图像方式，直接在 PLM 中显示模型，该模型可被旋转、缩放、圈点，作为选择模型和修改的依据；二是以嵌入方式启动 CAD 系统，方便进行查看和修改等操作。但由于后者要启动应用程序，占用内存较大，因此单纯查看多采用第一种方式。

在 PLM 系统中启动 CAD 系统可以利用封装功能将 CAD 系统封装到 PLM 系统中，这样可以在 PLM 系统中激活 CAD 系统。将 PLM 系统中的产品结构树按装配层次关系传入 CAD 系统中进行装配，是指根据用户需求，在 PLM 系统中选用已有零部件或已有零部件的变型，形成一棵新的产品结构树，或修改了一棵已有的产品结构树。根据该产品结构树，可以在 CAD 系统装配出一种新的产品。装配可分为两种：对于可以预定义装配关系的 CAD 系统，并且在装配关系可以预先确定的情况下，则根据产品结构树的装配层次关系及装配参数，利用 CAD 系统的 API 函数编制程序，操纵 CAD 的数据结构，自动实现装配过程。装配过程可以在后台执行，最终向用户显示装配结果，也可以在前台执行，给用户直观地显示装配过程；对于不能进行装配关系预定义的 CAD 系统，或者在产品配置过程中无法确定准确装配关系，需要进入 CAD 系统中进行试装配的情况下，则必须把与产品结构树对应的 CAD 模型文档及装配参数，按照装配层次关系，以对话框或其他可视化形式传入 CAD 系统界面中，由用户按照该层次关系自行装配。

由以上分析可知，CAD 端的功能模块主要是面向产品的设计修改及存储的，PLM 端的功能模块则面向对产品的结构管理、项目管理等。也就是说，在 CAD 系统中，在其设计功能的基础之上开发出辅助管理的一些功能，如文档导入、检出、搜索及设计调用等；而在 PLM 系统中，着重研究与 CAD 相关的产品结构管理、文档管理模块。系统将通过这些功能模块来实现数据的交互，达到 CAD 系统与 PLM 系统的双向集成。

6.2.3 PLM与CAPP的集成

计算机辅助工艺规划（Computer Aided Process Planning，CAPP）是在计算机辅助下，根据产品设计所给出的信息完成产品的加工工艺设计。CAPP系统的功能主要包括毛坯设计、加工方法选择、工序设计、工艺路线制定，以及工时定额计算等。其中，工序设计包括装夹设备选择或设计、加工余量分配、切削用量选择，以及机床、刀具、夹具的选择、必要的工序图生成。

CAPP与PLM集成的目的是通过PLM系统向CAPP系统传递设计BOM，CAPP系统接收设计BOM后，编制PBOM并生成工艺数据文件。工艺文档、工艺数据及其版本、工艺审签流程、工艺任务的下发和接收等的管理是否在PLM中进行，则取决于PLM与CAPP的集成程度。

PLM与CAPP集成的主要内容有：

（1）*产品结构树* 对于PLM的产品结构树信息，CAPP系统能够实时获取，并能生成自己的工艺结构树。

（2）*设计信息的集成* PLM中关于零件的设计信息（如毛重、类型、图样文件名等），CAPP系统可以自动提取，为工艺人员所用。

（3）*零件图样的集成* 用CAD绘制的零件设计图样，可以集成到CAPP系统中，工艺人员可以参照设计图样编制工艺（只能浏览，不能修改）。工艺人员在CAPP系统中也可以自动调用CAD系统进行工艺简图的绘制、修改、打印等操作。

PLM与CAPP集成后一般应具有如下功能：

1）在EBOM的基础上，生成PBOM。

2）能自动提取工艺设计中的统计信息。

3）以产品结构为中心组织所有工艺文件，使工艺文件的检索十分方便。同时还应提供强大的查询工具，实现在产品全局范围内的工艺查找。

4）支持组合工艺设计，即多个零件的工艺可以用同一份工艺文件。

5）提供多种工艺管理属性，如工艺文件名称、版本、设计者名录、签审者名录、签审意见、完成日期、通过日期、生效日期、失效日期、批注、设计更改记录等。

PLM系统与CAPP系统集成的解决方案：CAPP与PLM之间除了文档交流还要从PLM系统中获取设备资源信息、原材料信息等，而CAPP产生的工艺信息也需要分成基本单元存放于工艺信息库中。所以CAPP与PLM之间的集成需要接口交换，及在实现应用封装的基础上，进一步开发信息交换接口，使CAPP系统可通过接口从PLM中直接获取设备资源、原材料信息的支持，并将其产生的工艺信息通过接口直接存放于PLM的工艺信息库中。

(1) *PLM 数据库与 CAPP 数据库集成* PLM 中管理了许多数据，工艺人员（CAPP 系统）真正需要的是设计人员的 CAD 设计图样、零件图样信息（如材料、重量、件数等）、CAPP 特征库中的信息和产品结构树。因此，需要将工艺人员所需的数据过滤出来。

具体的办法是：选择 PLM 中的多个数据表，并将其字段重新组合、更名，按照 CAPP 系统所需要的过滤条件编写 SQL 语句，在 CAPP 的数据库中建立一张来自 PLM 数据库的视图（视图仅是一种映射，它并不生成真正的数据，而只将 PLM 的数据组合过滤），定制出一张符合 CAPP 系统数据要求的数据表。由此，CAPP 系统还是相当于与 PLM 系统共用了一个数据库，PLM 系统的数据进行添加、删除、修改等更新操作会直接反映到 CAPP 系统的这张表中，而 CAPP 系统则无法通过视图修改 PLM 系统中的数据，从而保证了 PLM 数据库的唯一性。这就是 PLM 系统与 CAPP 系统的数据库集成。

(2) *产品结构树的集成* PLM 中有产品结构树，但工艺设计的产品结构树并不完全等同于 PLM 的产品结构树，它是一棵工艺任务树，也就是视图映射之后的结果集。由于 PLM 中有一个零件编码系统，零件的编码是唯一的，因此可以将视图中的零件编码通过一个接口程序导出到 CAPP 的任务表中，并根据编码系统生成工艺任务树。这样就可以实现 CAPP 自动获取装配图样的产品信息，生成工艺产品任务树。工艺设计部门可以以此任务树为基础，进行工艺的编制工作。

(3) *设计属性信息与设计图样的集成* PLM 中的设计属性信息映射到 CAPP 数据库的视图中，按照零件的唯一编码可以到视图中查找该零件的设计信息，并能供工艺人员使用。同时，零件的图样是工艺人员进行工艺设计的重要依据，可以采用接口的方法，将 PLM 的设计图样集成到 CAPP 系统中。

6.2.4 PLM 与 CAM 的集成

CAD 中的设计结果，经过 CAPP 工艺编排生产工艺流程图后，最终在 CAM 中进行加工轨迹生成与仿真，产生数控加工代码，从而控制数控机床进行加工。可以说，CAM 功能的强弱直接决定着整个设计过程的成败，CAD 和 CAPP 的效益最终也是通过 CAM 体现出来的。一般将 CAM 的内容理解为计算机辅助编制数控机床加工指令，故 CAM 系统一般包括零件的几何造型、零件加工轨迹定义、零件加工过程仿真，以及生成数控加工代码等功能。

与 PLM 集成的 CAM 系统，首先在 PBOM 的基础上形成 MBOM，从 PLM 数据库中提取与加工有关的零件的特征信息和加工工艺信息，生成刀位文件，经过加工仿真和通用的后置处理，生成加工程序，并将程序传至数控机床，进行零件的加工。目前，市场上提供的很多软件已经实现了 CAD、CAM 系统的集成，可以直接由设计信息生成刀位文件。通过规定的工艺路线和参数，配合适当的后置处理，CAM 系统可以自动生成相应的刀位轨迹和数控代码。

由于 CAM 与 PLM 之间只有刀位文件、NC 代码、产品模型等文档信息的交流，所以 CAM 与 PLM 之间采用封装就可以满足二者的集成要求。

6.3 PLM 与 ERP、MES 系统的集成

6.3.1 PLM 与 ERP、MES 集成的必要性分析

产品生命周期管理（PLM）、企业资源计划（ERP）和制造执行系统（MES）是智能制造中不可或缺的“三驾马车”，它们涵盖了从项目招投标、商务合同、订单处理、研发设计、工艺规划到生产制造、产品交付、运维服务、报废回收等诸多环节，帮助企业最终实现产品可视化、数据结构化等整个业务运营的全面数字化，为逐步迈向智能化夯实基础。

在企业中，PLM 与 ERP、MES 分别在不同时间处理不同的任务，但又相互关联成为一个有机整体。PLM 和 ERP、MES 系统是企业信息化重要组成部分，并且它们互为信息基础。PLM 系统为 ERP、MES 系统提供了产品设计相关信息，而 ERP、MES 系统则为 PLM 系统提供了制造成本、制造过程状态等相关信息。在 PLM 系统中，在产品研发阶段用制造和维修过程中获得的经验和知识来支持产品的创新，同时制造过程所发生的故障、例外事件分析、处理的数据等信息向工程领域反馈，以形成闭环产品生命周期过程（见图 6-2）。

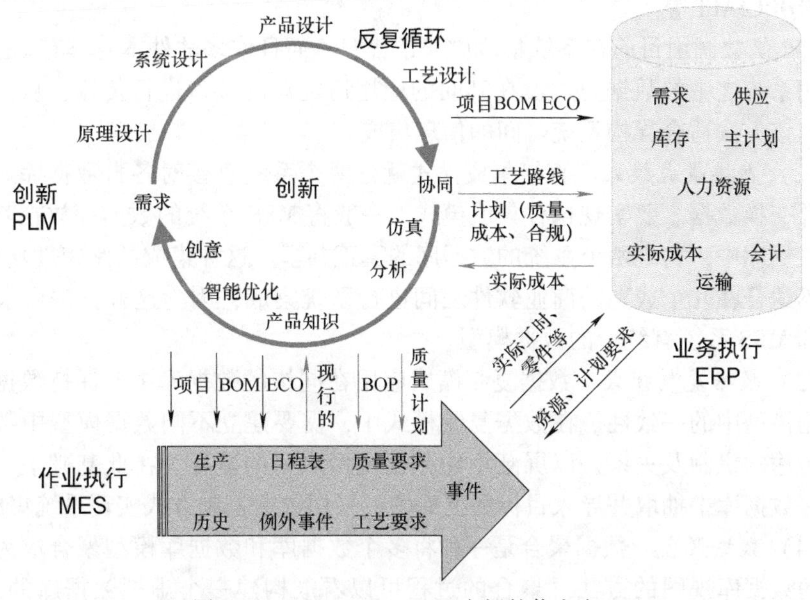

图 6-2　PLM、ERP、MES 之间的信息交互

然而长期以来，PLM 系统和 ERP、MES 系统处于分而治之的状态，造成企业信息交互困难。且由于目前的 PLM 系统与 ERP、MES 系统的提供商各有所长，通常情况下企业采用不同系统提供商的 PLM 和 ERP、MES 产品，而这些产品之间数据相互独立，且数据库、数据格式均存在差异，有效集成难度较大，大量数据（如产品 BOM 信息、工艺路线信息等）不仅割裂了数据之间的联系，而且割裂了企业的业务流程。因此，将不同公司开发的 PLM 系统与 ERP、MES 系统进行集成具有重要的现实意义和价值。

实践证明，只有以上三个系统集成才可以使工程和制造部门之间快速和精确地交互信息，加速工作流程，促使整个企业各个部门协调工作，才能保持企业的竞争力，给企业带来巨大的效益。

6.3.2 PLM 与 ERP、MES 的集成模式

PLM 与 ERP、MES 的集成模式主要有 API 函数调用、基于中间件技术，以及基于 XML 的信息集成等。这些集成模式同时也适用于 MES 与其他软件系统的集成。

（1）*封装调用集成模式*　封装是指对象的属性和操作方法同时封装在定义对象中。用操作集来描述可见的模块外部接口，从而保证了对象的界面独立于对象的内部表达，接口作用于对象的操作集上是对象唯一可见的部分。用户看不到对象的内部结构，但可以通过调用的方式来使用对象。封装以后，通过接口调用就可以有效实现系统集成。比较典型的调用方法是 API 函数调用，如 JDBC、ODBC API 等。

API 函数调用目前在系统集成中非常普遍，而且许多软件本身具有 API。两个应用系统之中的数据通过设在其间的应用适配器的接口进行传输，从而实现集成。该方法适合异构系统之间的信息集成。

（2）*直接集成模式*　直接集成模式就是两个系统直接对各自数据库进行操作，并交换数据。要实现这种集成模式，一般将 MES 系统的数据存放在其他系统的数据库中，实现两个系统的数据库的真正共享。这种集成的紧密度比较高，但并不适合在几个成熟的商业软件之间进行系统集成，因为这种方法要求 PLM 系统和 MES 系统有统一的数据模型。

（3）*数据复制模式*　数据复制模式应用在同构的数据库中，保持数据在不同数据模型中的一致性。在数据复制模式中，需要建立不同数据模型中数据转化和传输的机制及关系，以屏蔽不同数据模型之间的差异。在此基础上，将数据从源数据库中抽取并导入目标数据库中，采用数据复制方式实现系统集成。

（4）*数据聚合*　数据聚合是一种将多个数据库和数据库模型聚合成为一种统一的数据库视图的方法。聚合的过程可以看成构建一个虚拟数据库的过程，

而此虚拟数据库包含了多个实际存在的数据库。这个构建的过程对于处于数据库以外的应用层的各具体应用的用户来说是完全透明的，用户可以使用访问数据库的通用方法访问企业中任何相连的数据库。但是对于企业中存在多种异构数据源的情况，此方法有时难以构建一个良好的通用接口来访问所需的数据。

（5）中间件集成模式　中间件集成模式主要包括通过中间文件、中间数据库、XML数据流及消息中间件等来实现PLM系统与MES系统的集成。

1）通过中间文件实现MES系统与其他系统的集成。可以把MES系统需求的其他系统文件做成适合MES系统数据格式的或者统一格式的文件，通过访问中间文件库实现系统的集成。

2）通过中间数据库的集成模式。建立中间数据库实现共享数据格式统一定义，通过访问中间数据库抽取数据实现其他系统与MES系统的信息集成。这种集成模式的关键是多数据库集成技术的应用，比较适合完整的ERP、MES系统的自行开发和实施。

3）通过消息中间件的集成模式。MOM（Message Oriented Middleware）指的是利用高效、可靠的消息传递机制进行与平台无关的数据交流，并基于数据通信进行分布式系统的集成。通过提供消息传递和消息排队模型，它可在分布环境下扩展进程间的通信，并支持多通信协议、语言、应用程序、硬件和软件平台。目前流行的MOM中间件产品有IBM的MQSeries、BEA的Message Q等。消息中间件适用于任何需要进行网络通信的系统，负责建立网络通信的通道，进行数据或文件发送。消息中间件的一个重要作用是可以实现跨平台操作，为不同操作系统上的应用软件集成提供服务。

（6）基于XML的信息集成方式　XML是可扩展标记语言（Extensible Markup Language）的缩写，它是一种用于标记电子文件使其具有结构性的标记语言。XML的关键特点是可作为不同应用数据交换的通用格式。在XML技术出现之前，为了将某一数据源的数据转换到各个不同的目标数据源中去，只能在每个应用系统中都实现一次数据分析处理。数据解析只是在两个点到点的系统之间产生作用，无法用于其他系统中。XML作为一种对数据格式进行描述的通用元语言标准，目前来看是跨平台的数据集成的最佳解决方案。

6.3.3　PLM与ERP的集成

从产品生命周期来看，ERP主要应用于生产制造、销售和后勤服务阶段，对企业资源进行管理；而PLM则主要应用于设计、工艺部门，并进一步扩展到产品的整个生命周期，管理整个生命周期中的产品信息。PLM和ERP管理的领域不同，但相互之间有很多交叉的信息，包括零件分类信息、部件信息、产品结构、工作流程、项目管理等。在PLM和ERP集成中，制造BOM是集成的关键。

PLM 与 ERP 集成除了基本的产品结构信息外，还包括物料的属性信息、工艺过程信息、设备工装信息等。只有拥有了这些信息，才能组成 ERP 真正需要的制造 BOM（MBOM）结构。这也是 PLM 与 ERP 集成的真正目的。

PLM 与 ERP 的集成主要包括以下几方面内容：

1）PLM 提供零部件基本信息，以及经设计 BOM 转换后添加工艺流程、工艺定额等信息形成的工艺 BOM，并经工艺 BOM 进行结构调整，添加工艺辅料、原材料等形成制造 BOM，用于 ERP 制定计划目标和进行成本计算。

2）ERP 可以查询和读取 PLM 的工程图、工艺过程规划、NC 程序等信息。

3）PLM 可以调用 ERP 中的物料属性信息，例如供应商、交货期、成本信息、原材料详细目录清单状态等。

1. PLM 与 ERP 异构信息系统的数据映射模式

（1）PLM 与 ERP 异构信息集成的思路 随着网络信息技术的发展，用户可以访问的信息越来越多，这些信息以不同的格式、不同的组织方式分布在不同的地方。这些数据源中的信息，一般采用一些语义表达比较弱的模型，如关系数据库模型、XML 等来描述，信息的语义主要通过与数据源关联的应用程序来表达。这就导致数据源中信息的语义只能在系统内部交换，不同的信息系统之间无法交换有意义的信息，成为互相隔离的“信息孤岛”，为信息的共享和重用带来了极大的障碍。为解决这一问题，通过接口对多个异构数据源进行无缝访问和集成，为分布异构的信息源提供统一的接口，使分布异构的信息系统之间可以适时交换有效的信息。要达到这一目的，首先要解决的核心问题是消除多个分布异构的数据源之间的语义异构。

异构数据源进行无缝访问，实现数据源集成法是最直接的方法。就 PLM 系统与 ERP 系统的数据源来说，消除两个分布数据源直接的语义异构是比较理想的解决思路之一。

语义异构主要有三个层次：模式异构、上下文异构和个体异构。

1）模式异构：主要是由不同的数据源采用不同的逻辑结构或不一致的元数据来描述数据源模式引起的。

2）上下文异构：是指不同数据源中具有相同模式语义的信息（包括实体和属性）。由于不同数据源在设计数据模型时采用了不同的假设导致对信息具有不同的解释。例如，数值型数据具有不同的单位和度量，日期型数据具有不同的格式等。

3）个体异构：主要表现为不同数据源中的个体识别。在不同的数据源中，即使是现实世界中的同一个个体，其表现形式也会不尽相同。

在一个语义信息集成系统中，必须将以上三种语义异构全部解决，用户通过集成系统接口得到的结果才是正确并有意义的。

(2) PLM 与 ERP 的映射数据分析　EBOM 向 MBOM 的转化和传递是 PLM 系统和 ERP 系统集成的根本所在。在 PLM 系统中，EBOM 描述了产品设计指标和零部件之间的设计关系。在 ERP 系统里面，MBOM 是在 EBOM 的基础上，根据工艺 BOM 信息，综合产生的。这个信息传递的过程也就是 PLM 系统到 ERP 系统信息传递的过程，也就是二者所要映射的数据（见图 6-3）。ERP 系统中还有计划 BOM、成本 BOM、销售 BOM 等。这些 BOM 信息都是根据 MBOM 来的，只要有了 MBOM，通过 ERP 系统自身功能即可生成相应的信息。

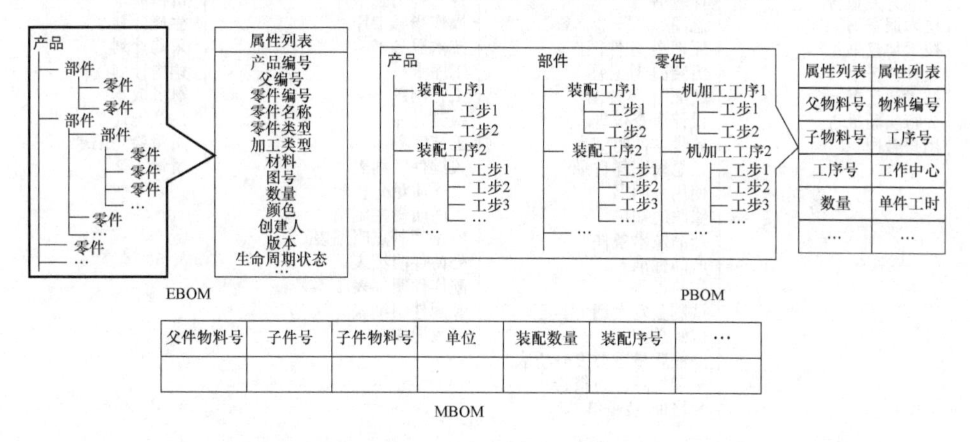

图 6-3　BOM 在 PLM 系统与 ERP 系统中的信息形式

2. PLM 与 ERP 异构系统集成架构

(1) PLM 与 ERP 异构系统集成的业务过程分析　以设计为中心的 PLM 和以生产为中心的 ERP 两个系统的结合是企业信息化的核心任务。要分析 PLM 与 ERP 集成的内容，首先需要深入了解各业务过程之间的联系，根据业务过程的衔接，确定设计与生产制造之间的数据交换，进而确定 PLM 系统与 ERP 系统之间的集成方式和模型。

ERP 系统的核心是产品结构，同时产品结构也是 PLM 系统的中心，因而，PLM 与 ERP 的集成主要是基于产品结构实现的。在产品形成过程中，BOM 也经历了从工程设计物料清单（EBOM）到制造物料清单（MBOM）的演变和传递。MBOM 是在 EBOM 的基础上，参照装配工艺补充工艺信息，进行必要的修改后形成的，其基本数据是 EBOM 的数据。

EBOM 的基本数据可分为两类：一类为物料信息，即物料（零件、部件、材料）的属性信息，包含物料的编码、名称、有效性控制等；另一类为产品的结构信息，包含物料父件、子件的编码和物料数量等。这些数据就是 ERP 需要从 PLM 中导入的基本数据。如果 PLM 集成了 CAPP 或 PLM 系统，包含 CAPP 功能模块，那么还应包括第三类数据，即加工工艺信息，如加工该物料的工序和设备等。另外，PLM 也需要从 ERP 中获得设计指导信息和反馈信息，这也主要涉及 BOM 的数据交换。但是，集成的主要数据还是由 PLM 系统到 ERP 系统，信息流的形成过程如图 6-4 所示。

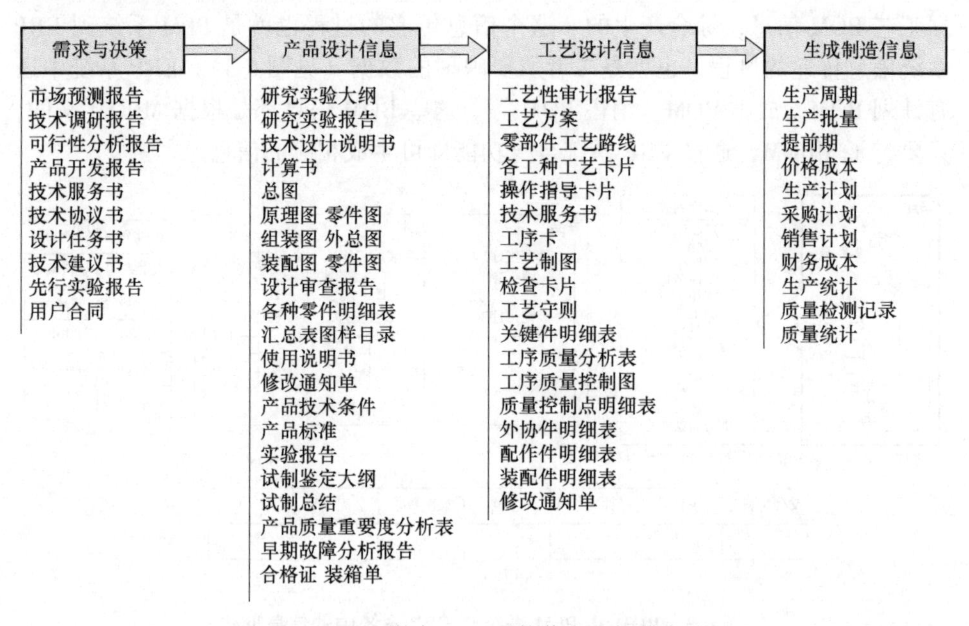

图 6-4　PLM 系统与 ERP 系统信息流的形成过程

信息流的形成过程也是 EBOM 到 MBOM 及其他 BOM 的过程。BOM 的演变和转换过程是伴随着一个产品从启动、分析、设计、工艺分析、试制及批量生产和销售等整个过程的。具体的 BOM 转换过程如图 6-5 所示。

（2）*PLM 与 ERP 异构系统集成的方式*　随着集成技术的发展，PLM 与 ERP 也形成了各式各样的集成方式，如数据库集成、接口集成、基于 BOM 的信息模型集成。其中，数据库集成是效率最高的集成方式。数据库集成方式通过 PLM 与 ERP 的数据库进行分析，通过中间件进行数据映射，实现实时交互数据。此外，可以采用混合集成方式：采用基于 API 函数调用的 PLM 与 ERP 系统集成和基于 BOM 信息模型 PLM 与 ERP 系统两种集成模式，利用中间件技术，设计出一个数据库的集成环境。PLM 与 ERP 混合集成方式如图 6-6 所示。

（3）*基于集成器的 PLM 与 ERP 异构信息集成架构*　由于 XML 在数据集成与交换中具有不可替代的优越性，基于 XML 数据传输和交换技术设计的集成器（中间件）驱动的 PLM 与 ERP 集成架构成为发展趋势。通过 XML 的文档接收、转换和管理，屏蔽了不同数据库通信方式和数据格式的差异；而在数据层，采用基于 XML 的数据转换方式，借助成熟的关系数据库技术来管理庞大的集成信息，同时提供给用户一个统一的数据访问接口，从而全面实现 PLM 与 ERP 的“无缝集成”。PLM 与 ERP 集成架构如图 6-7 所示。

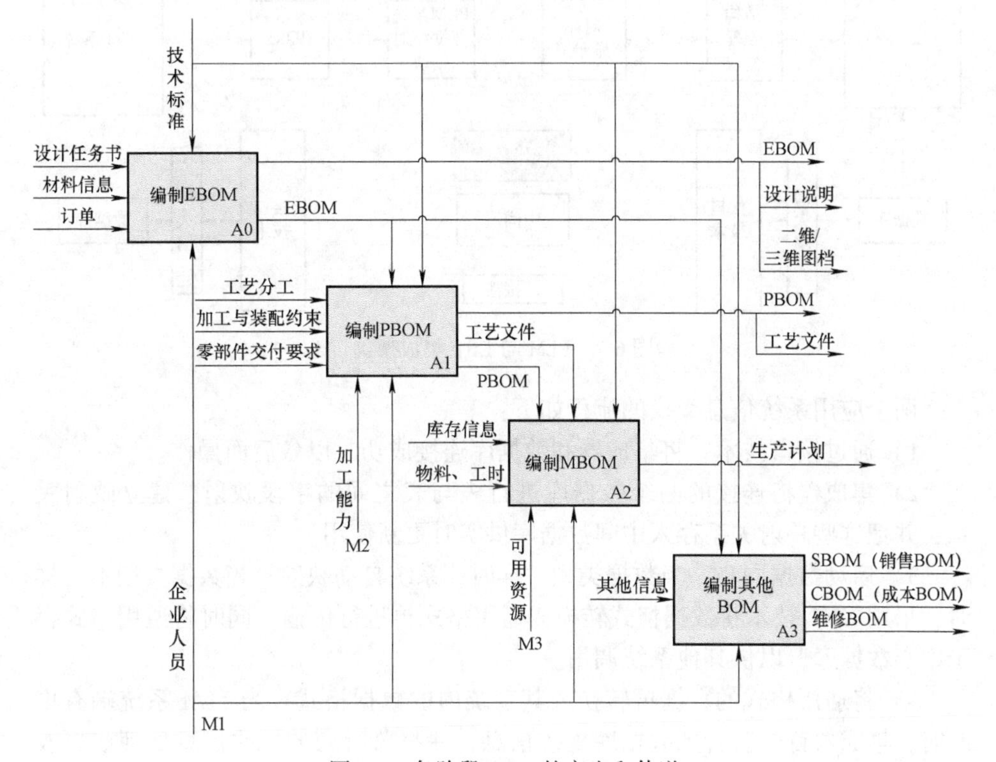

图 6-5　各阶段 BOM 的产生和传递

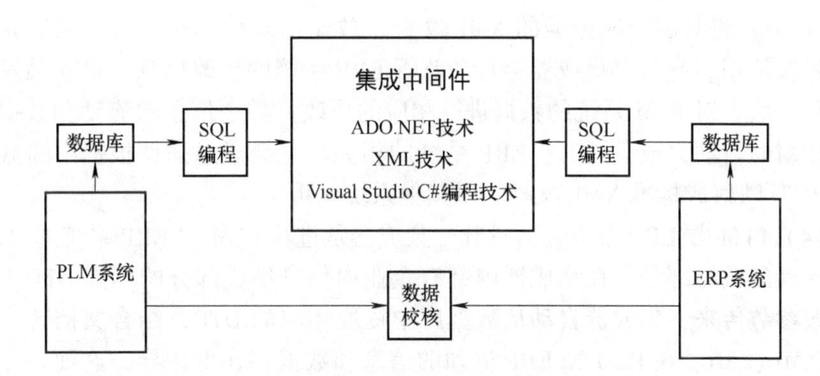

图 6-6　PLM 与 ERP 混合集成方式

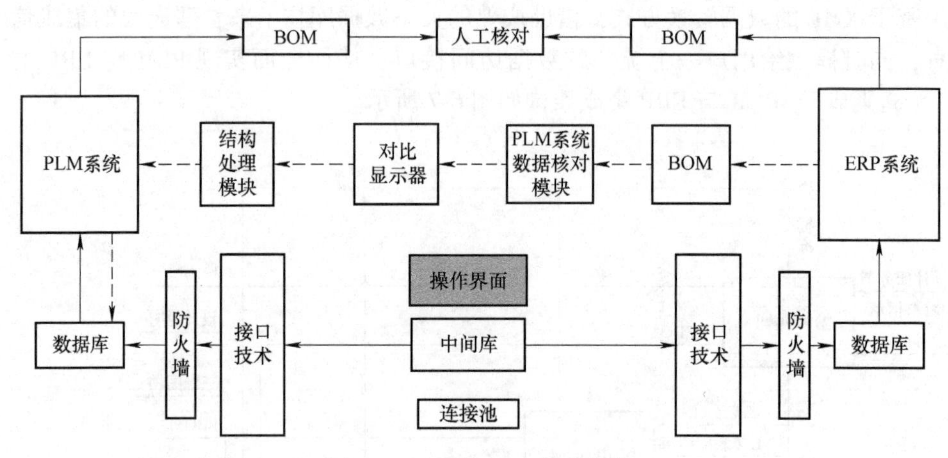

图 6-7　PLM 与 ERP 集成架构

两个应用系统信息交换的流程如下：

1）通过接口技术，将集成器和数据库连接成功，以备后面操作。

2）集成器将连接的两个数据库进行表与表之间的字段映射，建立映射关系，并把这些映射关系存入中间数据库供实时更新使用。

3）启动数据同步，当数据类型一样时，系统自动映射；当数据类型不一样时，采用 XML 技术将数据格式转换成通用格式再进行传输，同时将通用格式存于中心数据库，以供其他系统调用。

4）将通用格式的数据再转换成其系统内的数据格式。当 PLM 系统端有更改时，集成器首先监听到数据库更改信息，并将监听到的更改信息处理成更改参数，传到集成器。集成器根据预先定义的文档类型定义（Document Type Define，DTD）将其翻译成标准的 XML 文档，放于中间数据库，以提供给其他的应用系统使用。此时，集成器会自动监听 ERP 系统的更改信息，自动触发相应的执行模块，对 PLM 系统的数据进行相应的更改。整个信息的流动和数据的更改都在瞬间自动完成。同时，ERP 系统的相关信息会通过插件根据中间数据库中的 DTD 映射成标准 XML 文档，供其他系统调用。

(4) PLM 与 ERP 集成器的设计　集成器是进行 PLM 和 ERP 系统的 DTD 翻译和转换的核心部分，在集成器内部有企业内信息集成部分的不同 DTD。每当有更改参数传来，集成器自动从数据库中提取相应的 DTD，结合文档转换模块生成 XML 文档。在 PLM 和 ERP 流动的信息和数据存在着差异，这种差异对应 XML 文档中体现为 XML Schema 不同。为了实现 PLM 和 ERP 之间的信息和数据准确交换，集成器接收 XML 请求和结果集，并将来自 PLM 与 ERP 的更改信息与系统信息数据库中保存的该系统的 DTD 进行绑定，再送到数据库中，以保证数据的准确性和有效性。

集成器用户根据业务需要设计数据集成的映射关系、集成模式和响应时间间隔，根据数据集成的模式，中间件启动对数据变化的监视线程。通过数据连接池进行统一调配和管理。同时，用户对数据库访问的请求通过数据库中间件中的技术层统一发出请求消息，数据库服务器返回的应答也是由中间件返回用户。连接池根据映射关系的连接情况减少建立或断开相关数据连接，以减少产生的资源损耗，当用户请求发生堵塞时，系统利用负载均衡进行调度。集成器的工作原理如图6-8所示。

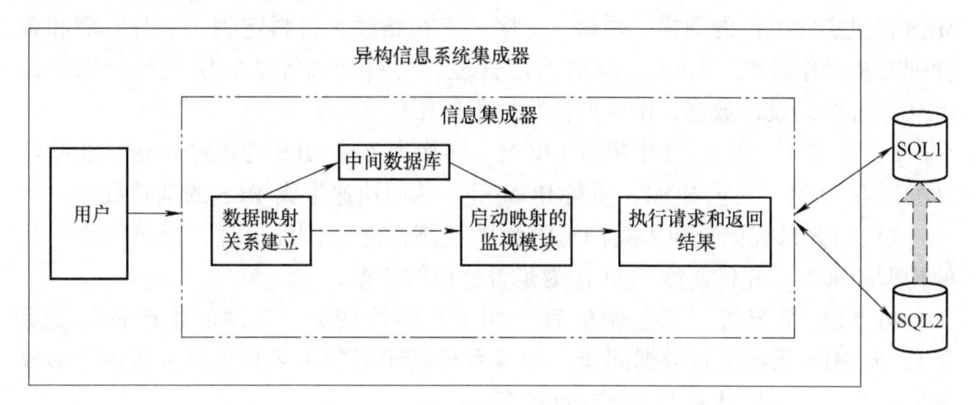

图6-8　数据库集成接口工作原理

集成器在数据两端的功能模块具有双向监听的功能，即同时能监听到中间数据库和PLM、ERP系统数据库的更改信息。如在PLM系统数据端，可以监听到PLM系统的相应数据的更改，将监听信息通过执行模块的转换，以参数的形式提供给集成器；同时，也可以监听到中间数据库来自ERP端的更改，并调用相应的执行模块执行对PLM系统相应数据的更改。

6.3.4　PLM与MES的集成

1. PLM与MES信息集成的需求

制造企业生产过程执行系统（MES）是一套面向制造企业车间执行层的生产信息化管理系统。制造执行系统提供从生产计划编制、制造数据发布、作业调度管理、产品加工过程控制和质量监控，直到现场生产数据采集处理的数字化集成，将虚拟产品和现实生产统一起来，提高数字化制造能力和数字化协同水平。

MES作为企业生产现场进行综合管理的信息化系统，需要物料信息、生产任务数据、工艺路线信息、生产资源等基础数据作为其计划的源头和基础，进行生产任务的下达。为了适应数字制造环境，形成了产品生命周期的真正闭环。

在 PLM 框架内，MES 的主要功能是记录、存储及共享实时的用以描述产品加工过程的信息，例如工时和原材料的消耗、产品追踪及装配关系、加工过程偏差等。只有通过 MES，才能知道已生产出哪些产品、这些产品的生产过程，以及这些产品是否按照规格和计划生产出来，如有偏差，偏差有多大。PLM 与 MES 集成利于企业提高各类资源的利用率，并促进产品的更新换代。

PLM 与 MES 集成的需求是：

1）PLM 系统的设计数据向 MES 系统的相应管理模块进行同步，PLM 为 MES 提供实际生产的图样、物料、工序、工艺路线、材料定额、工时定额和各种配方及操作参数。MES 系统的工艺管理、物料管理等功能模块会分别存储 PLM 系统中的设计数据，供生产执行过程使用。

2）MES 可以从 PLM 中提取 EBOM，转换为支持 MES 的各种 BOM，包括产品的制造 BOM、工艺 BOM、质量 BOM 等，从而快速生成 MES 的基础数据。

3）MES 系统记录和采集制造过程的状态信息和例外信息，记录每个产品的构型和来源，并传递给 PLM 作为是否合规的依据。

4）PLM 系统进行工艺调整后（如工艺路线变更、工序的生产资源变更等），向 MES 系统进行数据同步，MES 系统基于当前工艺自动升级版本，形成新的工艺，并且将其置为当前有效状态。

2. MES 与 PLM 系统的紧密集成架构

在 PLM 与 MES 集成过程中，需要考虑在运行设备上及操作过程中采集的实时数据，如何有效地、快速地提供给相关的设计及工艺部门，以帮助企业判别物理产品的生产过程与设计的虚拟产品、工艺方案之间的偏差，以进一步提高各类企业资源的利用率，并促进产品的更新换代。为了满足这些需求，PLM 与 MES 可以采用紧密集成架构。

PLM 与 MES 紧密集成要求 PLM 设计系统与制造执行系统之间的业务关系不仅是数据的简单同步，还要考虑业务逻辑的可操作性。PLM 与 MES 之间可以通过与底层自动化控制系统之间底层函数互调实现紧密的系统集成（见图 6-9）。集成的前提是基于一个统一的数据源。同步数据内容不仅是文字性的、静态的、局部的，还包括各种结构化参数、生产指导文件和三维数字化模型等全局数据的完备数据包，保证了各种主数据信息，如产品编号、物料编码、工装刀具编码等信息在两个系统中的一致性和百分百的匹配度。

PLM 将完整的数据包通过内部通道传递给 MES，MES 内部的各个模块分别负责接收和存储不同类型的产品设计数据。

MES 的物料管理（MM）模块负责物料数据管理，它存储来自 PLM 的产品编号、物料类型与分类、物料编码（零部件、刀具、工装等）和物料属性等信息。

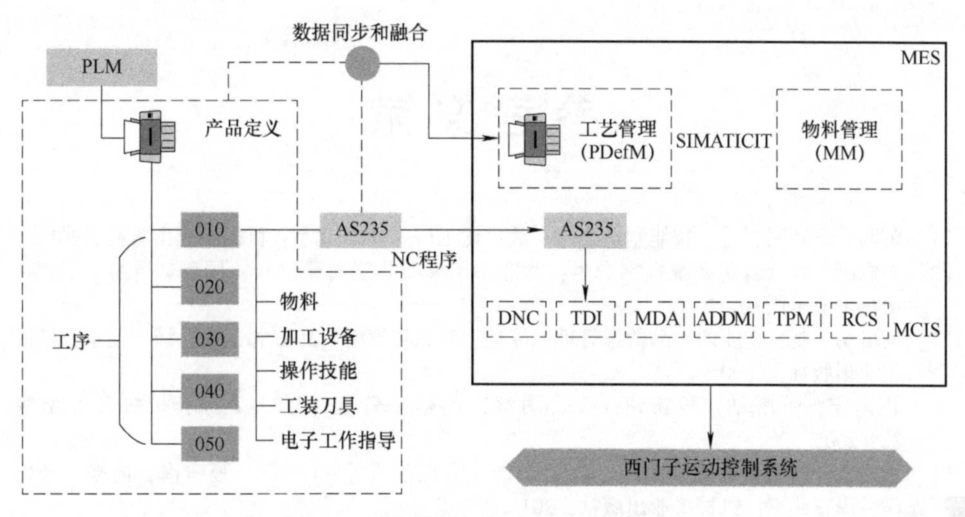

图 6-9　西门子的 PLM 与 MES 集成架构

MES 的产品定义管理（PDefM）模块负责工艺数据管理，它存储来自 PLM 的工艺数据，与 PLM 中的工艺数据结构保持高度一致，包括完整的工艺路线信息，每道工艺涉及的毛坯、刀具、设备类（或指定设备）、操作技能、刀具类（或具体刀具），以及生产指导文件等。

MES 的运动控制信息系统（MCIS）模块负责程序传输、数据采集、在线刀具管理等。PLM 可以直接将数控机床程序通过内部通道下载至数控系统中，并且整个过程都是在系统的监控下进行的，相应的容错程序能够保证数控机床程序传输的完整性和正确性。

参考文献

[1] 陈明，梁乃明，等．智能制造之路：数字化工厂［M］．北京：机械工业出版社，2016.
[2] 方志刚．复杂装备系统数字孪生：赋能基于模型的正向研发和协同创新［M］．北京：机械工业出版社，2020.
[3] 萧塔纳．制造企业的产品数据管理：原理、概念与策略［M］．祁国宁，译．北京：机械工业出版社，2000.
[4] 祁国宁，萧塔纳，顾新建，等．图解产品数据管理［M］．北京：机械工业出版社，2005.
[5] 斯达克．产品生命周期管理：21 世纪产品实现范式［M］．2 版．杨青海，俞娜，孙兆洋，译．北京：机械工业出版社，2017.
[6] STARK J. Product Lifecycle Management：Volume 1 21st Century Paradigm for Product Realisization［M］. 4th ed. Berlin：Springer International Publishing AG 2020.
[7] 莫欣农．产品创新过程管理的发展与应用趋势［C］//2012（第八届）中国制造业产品创新数字化国际峰会．深圳：e-works，2012.
[8] e-works. PLM 产品全生命周期管理软件选型手册：2018 版［EB/OL］．（2018-06-21）［2023-01-22］. https：//www. e-worknet. cn/report/2018plm/plm. html.
[9] STARK J. Product Lifecycle Management：Volume 3 The Executive Summary［M］. Berlin：Springer International Publishing AG，2018.
[10] IFIP 2018. Product Lifecycle Management to Support Industry 4. 0：15th IFIP WG 5. 1 International Conference，PLM 2018，Turin，Italy，July 2－4，2018，Proceedings［C］. Berlin：Springer，2018.
[11] 全国工业自动化系统与集成标准化技术委员会．企业应用产品数据管理（PDM）实施规范：GB/Z 18727—2002［S］．北京：中国标准出版社，2002.
[12] 全国工业自动化系统与集成标准化技术委员会．产品生命周期数据管理规范：GB/T 35119—2017［S］．北京：中国标准出版社，2017.
[13] 全国工业自动化系统与集成标准化技术委员会．以 BOM 结构为核心的产品生命中期数据集成管理框架：GB/T 32236—2015［S］．北京：中国标准出版社，2015.
[14] 全国技术产品文件标准化技术委员会．机械产品生命周期管理系统通用技术规范：GB/T 33222—2016［S］．北京：中国标准出版社，2016.
[15] 周秋忠，范玉青．MBD 数字化设计制造技术［M］．北京：化学工业出版社，2019.
[16] 崔剑，陈月艳．PLM 集成产品模型及其应用：基于信息化背景［M］．北京：机械工业出版社，2014.
[17] 张和明，熊光楞．制造企业的产品生命周期管理［M］．北京：清华大学出版社，2006.
[18] 久次昌彦．PLM 产品生命周期管理［M］．王思怡，译．北京：东方出版社，2017.
[19] 安晶，殷磊，黄曙荣．产品数据管理原理与应用：基于 Teamcenter 平台［M］．北京：电子工业出版社，2015.
[20] 涂彬．智能制造时代下，PLM 系统应用趋势浅析［EB/OL］．（2018-01-25）［2023-01-22］. https：//articles. e-works. net. cn/viewpoint/article140182. htm.